JN182421

Marine Seismology

Kiyoshi SUYEHIRO

University of Tokyo Press, 2017

ISBN 978-4-13-060762-9

MARINE SEISMOLOGY

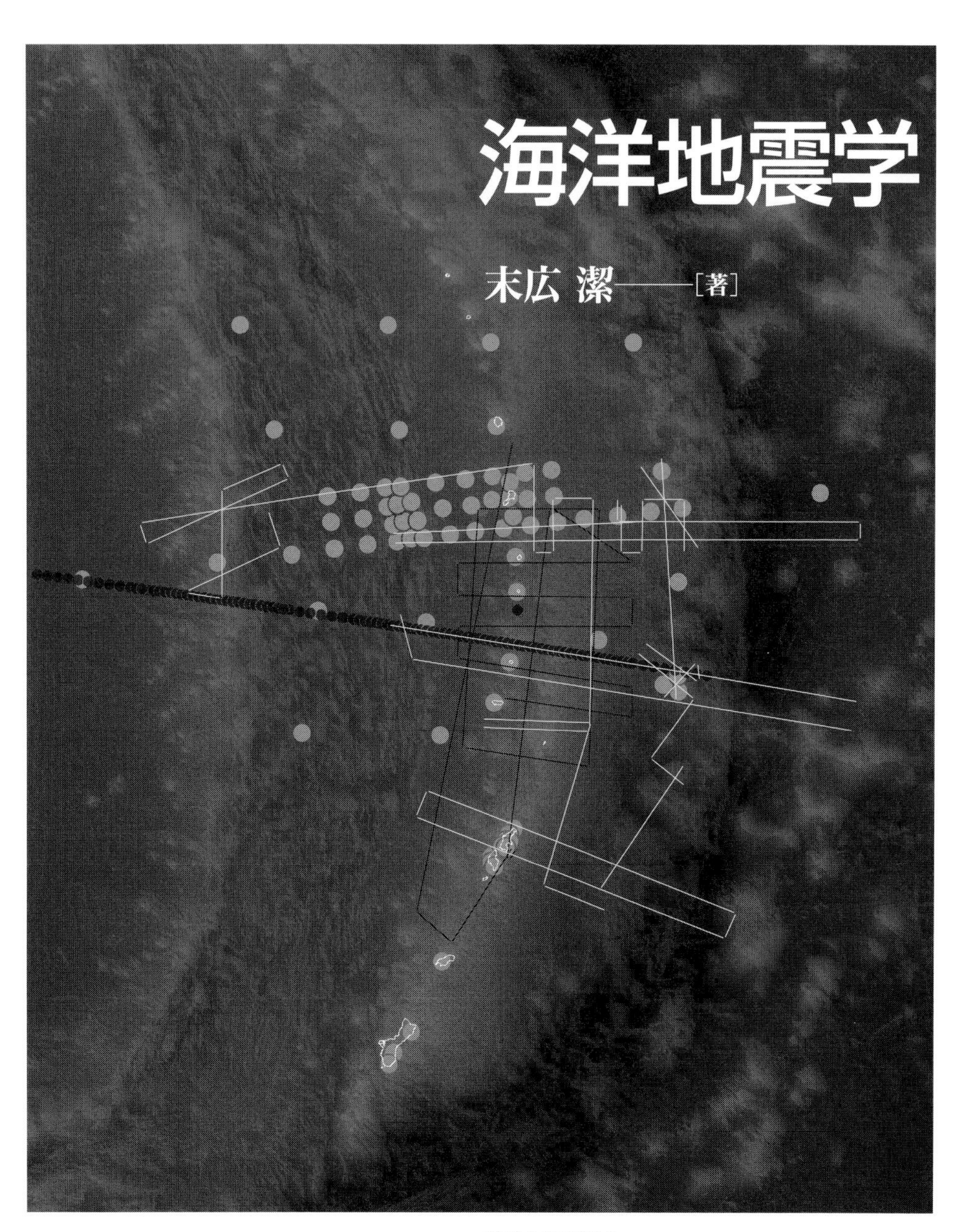

海洋地震学

末広 潔――[著]

東京大学出版会

まえがき

Preface

"... Wir müssen wissen, wir werde wissen." D. Hilbert, 1930.
(We must know, we shall know.)

地震は，海底の下に起きることが圧倒的に多い．津波を伴って大きな被害をもたらすこともある．日本列島は，まさにそのような現場におかれている．2011 年 3 月 11 日のマグニチュード 9 の東北地方太平洋沖地震と津波による東日本大震災は，1 万 8000 人を超える死者・不明者を出し，原子力発電所のメルトダウン事故の原因ともなり，日本という国のありかたを考え続けさせる重大な災害となった．

地球内部から誕生し成長し消滅する海洋プレートの運動は，地震を引き起こすことを含めて地球が生きている証でもある．しかし，海洋というベールが表面の 7 割方を覆ってしまっている．電磁波を通さず，大気よりもはるかに密度の大きい海水で覆われた海洋フィールドは，地震学の挑戦を拒むところがある．そこを乗り越えて重要な発見のカギを握ろうとすることが海洋地震学の使命であり醍醐味である．現在の地球像・地球観を進展させるためには，フィールドでの発見と検証が必須である．本書は，その立場で，海洋地震学の可能性を示したい．

なぜ知的好奇心をもつ私たちが存在するのかというのは，よく究極の質問とされる．地球はこの広大な宇宙にユニークであり，地球の歴史も一度限りのものであろう．そのとき本質的と私が思うのは，宇宙の真理は偏在し，ローカルに発見できるということである．リンゴが落ちたとき，一見落ちてこない月を見上げてわかること（ニュートンの万有引力の法則）がある．この地球については，そういう科学のもつべき普遍性と私たちがそこに生活しているという特殊性とが共存している．普遍を極めることと，生活の役に立つことは表裏一体である．

地震学は，地震そのものの理解を進める目的と，地震の波の伝播から地球内部構造を求める目的と，大きく二つの目的をもつ．地震が発生して，エネルギーの一部が波動として周りに伝播し，それが観測されることによって，データとなる．したがってこのデータには二つの目的に関わる情報が重なっている．しかも構造が地震の場となり，地震が場を変えていく．これをできるだけ客観的に区別しつつ研究を進めることで，両者の知識は互いに深まっていく．

本書で試みることは，海洋地震学に必要な科学的原理をできるだけ明確にし，それを現実の地球に適用し，どのような理解に到達できるのかを，臨場感をもって示すことである．アイデアを試す喜びが海洋にはたくさん待っている．

一つ例をあげよう．Hess と言えば，海洋底拡大説を提唱した一人として有名だが，彼の輝かしい貢献の一つに，海洋底マントル最上部が水飴のように流れるという観測に基づく証拠をあげて，マントル対流と海洋底拡大を結びつけた 1 ページ半程度の論文がある (Hess, 1964)．地震波の伝わる速度は海嶺軸からプレートが拡大する方向に速い．それは，マントルを構成する岩石のかんらん石 (olivine) 鉱物が海洋底拡大に適合するように流れて変形したからであると説明したのである．アイデアと野外観測と岩石実験を結びつけたこの結果は半世紀後の今日まで新しい地球観の発展をうながしてきた．

科学的アプローチとしては，帰納法と演繹法があると言われる．前者はボトムアップ的，後者はトップダウン的である．観測を積み重ねて結果に法則性を見出し仮説を立てこれを支配する原理を見つける行き方か，理論から仮説を導いて，それを検証するため（普遍から特殊に向かう）に観測するのか．前者は探検的でわくわくする発見がありそうに思えるかもしれないが，見る眼がなければ簡単に見逃してしまう．後者は，得てして，もっていた仮説とはまるで異なる仮説を打ち立てるはめになる．結局，両者を円環的に組み合わせて，観測から仮説が立てられ，検証の観測があり，仮説が修正され，というようなサイクルになる．失敗を恐れてはならない．失敗しない人は新しい挑戦をしない (A. Einstein) からに過ぎない．

本書の構成を示そう．第 1 章では，海を地球観測のフィールドにする動機を考えよう．そのとき海洋地震学はなにをねらうのか．第 2 章は，海洋地震学が対象とする観測データ，つまり地震計の記録の意味するところを知る基礎を学ぼう．第 3 章では，陸上とは異なる海洋観測フィールドとはどのようなところか，そこでどのような地震観測ができるのか見よう．第4章では，海洋での観測データをいかに新知見に変えるのか，データ解析の基礎を概観する．第5章では，海洋地震学が地震と地球のダイナミズムの理解をいかに進めたか今後の展望と合わせて見て行く．必ずしも順番に進まず，まず第1，5章から，その後その科学的根拠となる第2–4章に戻ってもよい．

海洋地震学の挑戦に魅力を感じ，やってみたいと思ってもらえれば，本書は成功したと言える．

本書が陽の目を見るか不安にかられたこともある．ここまで来れたのはたくさんの方の励ましと協力があったおかげである．きっかけをつくってくれた巽好幸さん，早い段階で意見をくださった深尾良夫さん，川崎一朗さん，篠原雅尚さんに深く感謝します．また，荒木英一郎さん，倉本真一さん，篠原雅尚さん，杉岡裕子さん，高橋成実さん，鶴哲郎さん，日野亮太さん，三浦誠一さん，Dmitry Storchak さん，Doug Wiens さんらからは，図版の作成に際して協力をいただいた．一部の地図の作成には GMT 5 (Wessel *et al.*, 2013) を使用した．校正の段階では，沖野郷子さん，中西正男さんにていねいに目を通していただいた．記して感謝いたします．本書は編集者との共同作業であって東京大学出版会の小松美加さんの眼がなければとてもここまでこれなかった．本書中の間違いはひとえに著者の責任でありご指摘を乞う．

2017年1月

末広　潔

目次

Contents

第1章　地球と海洋地震学

Earth and Marine Seismology

"...Le beau est aussi utile que l'utile...Plus peut-etre."
Les Misérables, V. Hugo, 1862
(「...美しいものは有用なものと同じように役に立つものだ. ...いやおそらくいっそう役に立つだろう.」ユーゴー作, 豊島与志雄訳「レミゼラブル」岩波文庫)

1.1　海洋地震学 (Scope of marine seismology)

海洋地震学とは，地震学を海洋で実践することである．ほとんどの地震は，海洋下に存在する海洋プレートの沈み込み境界に起きる．その海洋は地球表面の71%を占め，海洋プレートは，海洋底拡大と沈み込みによって，マントル構造をリフレッシュしている．地球のこの活発な営みを現場で観測し，新しい発見によって新しい理解をもたらそうとするのが海洋地震学の主な目標である．

しかし，海洋の存在そのものが海洋地震学の実践を難しくしている．観測データをいかに記録し回収するのか，時刻と位置をどう測り，電源をどう確保するのか，そもそもどのように観測点を選び，どのくらいの期間配置するのか．海底では数 km の深さの水圧がかかる環境に測器を運んで行き，音波しか通さない海水，その塩分が測器の腐食・電食を促進するなどの，海洋特有の問題を克服しなければならない．しかもそこで，観測の周波数幅 (frequency range) とダイナミックレンジ (dynamic range) の「窓」[1]を広げた地の利を得た質の高い観測を目指したいのだ．

海洋地震学による地震学的な成果とは，地震の破壊過程や地震波速度構造である．最上部マントル程度の深さ数十 km までの詳しい不均質構造は，観測船によって面的に密に人工地震を配することで，明らかにできる．それよ

[1] 周波数幅は，地殻変動（$\sim$1 日周期なら$\sim 10^{-5}$ Hz）から微小地震（数～数十 Hz）そして岩石破壊 (kHz) までである．振幅の強震動から雑音レベルまで 8 桁以上の幅のうち観測しうる振幅幅が振幅のダイナミックレンジである（第 3 章図 3.2)．

りさらに深部の構造については，自然地震からの信号の観測が必要だ．大きな地震ほど起きにくいので長期間の観測がだいじである[2]．海底下に起きる自然地震の検知能力と震源過程の決定精度は，地震計を海底に設置して震源に近接して取り囲むことによって，飛躍的に向上する．

海洋地震学の知見は，地球のダイナミクスという観点での理解に敷衍することも大いに重要である．そのためには，他の地球科学分野からの知見との照合，総合が不可欠である（中西・沖野，2016）．たとえば，地震学だけでは，地球を構成する物質が具体的にわからない．海洋では，海底下数mから数kmのきわめて限られた範囲になるが，物質（試料sample）を得ることができ，岩石学，地球化学的手法などから，その物質がどうしてそこにあるのかを知り，またより深部の変成作用も推測できる．このように，地震学の構造データと，室内高圧実験からの推定も含めて物質科学からの知見との間で矛盾がないか，地球のコアに至るまで外挿作業が行われている．また，地震断層としてすべるダイナミクスを検証するために，地震の断層物質を採取することも試みられている．

他分野の知見と総合的理解を進める際には，それぞれ何を見ているのか誤解がないようにしたい．地震波ではその波長によって解像度が決まる．波動伝播速度が4–6 km/sの媒質を伝わる波の周波数が10 Hzであれば，波長は，400–600 mにもなってしまう．マントル深部ではさらに波長は長く，軽く10 kmを超えるオーダーになってしまう．一方で，物質を見る地球科学者たちは，手のひらに乗るくらいのサイズから研究を行っている．この見るスケールの違いも認識しておこう．

理学的な面白さが，研究を突き動かす重要不可欠な要素である．一方，地震は人間社会に被害をもたらすという視点も忘れてはならない．とうぜん日本に暮らす人々からはこちらの方が重要視される．海洋地震学実践の場で発生し，東日本大震災の悲劇のもととなった東北地方太平洋沖地震から得られた痛い教訓は，将来の海域の地震がどのように準備され発生に至るのか，まだわからないことが多く残されているということである．わからないことは，

[2] 全世界で地震の規模（マグニチュード M）が6以上の地震は年間150回程度で，M が1増えれば地震の数は1桁減る．

わかるまで調べるしかない．社会の役に立つことと研究者の好奇心を満足させることは不可分である．

1.2 大地震と津波 (Large earthquakes and tsunamis)

1.2.1 地震津波災害のリスク (Risk of earthquake and tsunami disasters)

災害のリスク（危険度）とは，自然現象そのものの脅威（ハザード hazard）と被害に遭う可能性 (exposure) とをかけ合わせたものである．大きな地震はハザードだが，距離が十分離れていたり，耐震建築その他の防御があれば被害は低減化され，リスクも低まる．建物など人工物の脆弱性，あるいは二次的に発生する地すべりの起こりやすさなどがリスクを高める．たとえば，人口と人口密度の増加もリスクを増大させる方向に働く．世界人口は加速的に増加しており，50%以上は沿岸域に居住し，大都市も増加している．防災，すなわちリスクの低減は，これらを総合的に視野に入れて取り組むことがだいじである．

個人にとっては自分と家族の生命と生活を守ることが第一である．2004 年スマトラ島沖地震が起きたとき，島の住民は，地震を体に感じても津波の恐れを知らなかった人がほとんどだった．一方地震があったことすら知らない離れた国のインド洋沿岸の人々はいきなり津波に襲われた．これらの事例は，情報を個人に届けるシステムがあることと，届いた情報を防災の知識に照らして活かせることの 2 点が重要であることを示す．

どのような自然災害にも耐えられるような社会の建設は，日本においても現実的ではなく，ましてや世界を見渡せば，不可能であろう．災害情報には，(1) 平常時の災害啓蒙情報，(2) 発災前の災害予報･警報，(3) 発災直後の災害情報，(4) 復旧･復興過程の災害関連情報があると言われる（広井, 1982）．いかに災害情報を命を守る有用なものとできるか，学問の貢献が望まれている．たとえば，工学は，自然の脅威が襲ったとき，人命，生活基盤，産業を守る方策を示すことが役に立つと考える．理学は何が脅威かを正確に把握することが役に立つと考える．あわせると，理学がどのように地面がゆれるかを示して，工学がどのように人間社会を守れるかを示すことが，地震防災に資することになる．

1.2.2　被害をもたらす地震 (Earthquakes as geohazards)

日本は地震災害大国であり，いかに地震被害を軽減するかという問題につねに直面させられている（図 1.1；表 1.1）．

20 世紀からの世界の巨大地震をリストアップすると海域に発生していることが一目瞭然である（表 1.2）．Utsu (2002) の表によると，世界人口が 10–20 億人に増加した 19 世紀の地震の死者は 50 万人規模で，100 人以上の死者を出したケースは 170 件（津波を伴ったのが 35 件）ほどある．被害国は，インドネシア，日本など太平洋・インド洋沿岸国がほとんどであるが，地中海沿岸国も含まれる．世界人口が 60 億人に増加した 20 世紀には，同様の被害地

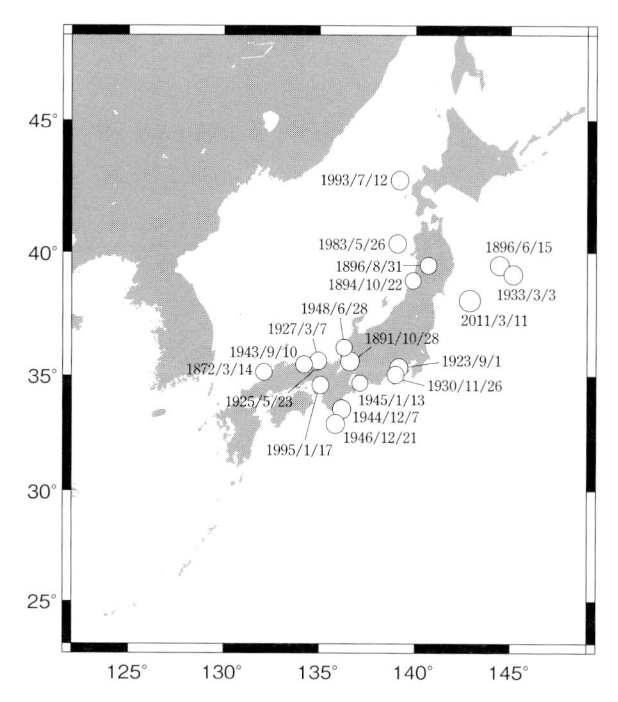

図 1.1　日本周辺被害地震図
明治以降 2011 年までの主な被害地震（100 人以上の死者，不明者含む）（出典：気象庁）．海域の地震は津波による被害が大きい．

表 1.1 19 世紀以降の日本周辺の大地震（死者約 50 人以上）（日本地震学会資料，理科年表などを参考に作成）

海域の被害地震			
年月日	地震名	M	死者数（不明者含む）
1833/12/07	羽前・羽後・越後・佐渡	7.5	約 140
1854/12/23	安政東海地震	8.4	約 3000
1854/12/24	安政南海地震	8.4	数千
1896/06/15	明治三陸地震津波	8.5	2 万 1959
1923/09/01	関東地震	7.9	約 10 万 5000
1933/03/03	三陸地震津波	8.1	3064
1944/12/07	東南海地震	7.9	1223
1946/12/21	南海地震	8.1	330
1968/05/16	十勝沖地震	7.9	52
1983/05/26	昭和 58 年日本海中部地震	7.7	104
1993/07/12	平成 5 年北海道南西沖地震	7.8	230
2011/03/11	平成 23 年東北地方太平洋沖地震	9.0	約 1 万 9000
内陸の被害地震（濃尾地震以降）			
年月日	地震名	M	死者数（不明者含む）
1891/10/28	濃尾地震	8	7273
1894/10/22	庄内地震	7	726
1896/08/31	陸羽地震	7.2	209
1914/03/15	秋田仙北地震	7.1	94
1925/05/23	北但馬地震	6.8	428
1927/03/07	北丹後地震	7.3	2925
1930/11/26	北伊豆地震	7.3	272
1943/09/10	鳥取地震	7.2	1083
1945/01/13	三河地震	6.8	2306
1948/06/28	福井地震	7.1	3769
1995/01/17	平成 7 年兵庫県南部地震	7.3	6434
2004/10/23	平成 16 年新潟県中越地震	6.8	67
2016/04/14, 16	平成 28 年熊本地震	6.5, 7.3	49

震は 300 件（津波を伴ったのが 46 件）ほどで，155 万人以上の死者である．そのうち死者 1 万人を超えるケースは 19 世紀の 15 件から 25 件に増加しており，かつ，10 万人を超えたのが，関東大地震 (1923)，唐山 (Tangshan) 地震 (1976)，海原 (Haiyuan) 地震 (1920) である．21 世紀に入っての被害を見ると，プレート境界型とも見られるハイチ地震（2010，M 7.0）が最も多く，死者 31 万 6000 人規模であった（津波による死者は数名）．海域の地震では，スマトラ島沖地震（2004，M 9.1）が最大で，津波被害が大きく死者行方不明者は 22 万 8000 人との報告がある．スマトラ島沖では 2005 年 M 8.6，2009

年 M 7.5 の地震でもそれぞれ 1000 人以上の死者があった．2016 年のエクアドル地震（M 7.8）では 650 名の死者が報告されている．マグニチュードは 5 程度でも死者が 100 人を超える場合がある．海溝沿いの地震で死者が 100 人を超えるのは，マグニチュードが 8 クラス以上の場合が多い．同じマグニチュードで比較すれば，内陸地震の死者の方が多い．

表 1.2 20 世紀以降の巨大地震（規模順 M 8.5 以上）

場所	日付（世界標準時）	M	死者数（不明者含む）	緯度	経度	文献
チリ沖	1960/05/22	9.5	約 2000	-38.24	-73.05	Kanamori, 1977
アラスカ沖	1964/03/28	9.2	139	61.02	-147.65	Kanamori, 1977
北スマトラ沖	2004/12/26	9.3	約 23 万	3.30	95.78	Tsai *et al.*, 2005
東北沖	2011/03/11	9.1	約 1 万 9000	37.52	143.05	Nettles *et al.*, 2011
カムチャツカ沖	1952/11/04	9.0	約 1 万〜1 万 5000	52.76	160.06	Kanamori, 1977
エクアドル沖	1906/01/31	8.8	約 1000	1.0	-81.5	Kanamori, 1977
チリ沖	2010/02/27	8.8	525	-35.98	-73.15	CMT
西部アリューシャン沖	1965/02/04	8.7	0	51.21	178.50	Kanamori, 1977
北スマトラ沖	2012/04/11	8.6	0	2.35	92.82	CMT
北スマトラ沖	2005/03/28	8.6	1313	1.67	97.07	CMT
中部アリューシャン沖	1957/03/09	8.6	0	51.56	-175.39	Johnson *et al.*, 1994
アッサム・チベット	1950/08/15	8.6	1500–3000	28.5	96.5	Kanamori, 1977
南スマトラ沖	2007/09/12	8.5	21	-3.78	100.99	CMT
千島沖	1963/10/13	8.5	0	44.9	149.6	Kanamori, 1977
バンダ海	1938/02/01	8.5	0	-5.05	131.62	Kanamori, 1977
カムチャツカ沖	1923/02/03	8.5	3	54.0	161.0	Kanamori, 1988

CMT は Harvard CMT カタログ；www.globalcmt.org．緯度の-は南緯，経度の-は西経を表す．

1.2.3 津波災害 (Tsunami disasters)

2011 年の東北地方太平洋沖地震津波は，防災の意識も高く，対策も先進国である日本で起こったにもかかわらず大災害となった．結果的に，M 9 の地震を想定しきれず，地震が発生した後の津波到来までの数十分の猶予も活かしきれなかった．海底の地すべり，海山の山体崩壊なども津波の原因となるが，地震は海底を上下させて海水全体を振動させるので巨大なエネルギーが津波に変換される．

表 1.1 の海域の被害地震の被害はおもに津波による．津波の被害は，地震

のゆれによる被害と重なって，明確に区別した統計が得られないことがある．渡辺 (1998) によると，津波の高さが 2–6 m 程度以上で人的被害が生じる．津波が沿岸を襲うときは，高潮，低気圧，風波，海流その他の影響も重なりうる．津波警報は，日本では気象庁が発令し，基本的に地震観測に基づく．1952 年 3 月 4 日の十勝沖地震（M 8.2）では，数 m の津波が岩手県から北海道を襲ったが，同年 4 月から実施されていた気象庁の津波予報システムの練習が前日にあったこともあり，被害の軽減につながった（地震による死者行方不明 33 名）．1960 年 5 月 22 日（日本時間では 23 日）のチリ地震では，地震から 23 時間後であったにもかかわらず太平洋対岸部の住民に警報が伝わらず，三陸地方には最大 6 m の津波が襲い，日本で 100 名以上の死者（行方不明を含めて 139 名）を出した．途中ハワイでも 60 余名の死者を出しており，以後，太平洋の警報システムが構築された．しかし，2004 年スマトラ島沖地震津波はその守備範囲を超え，インド洋に警報システムが展開されたのは地震後となった．2011 年 3 月 11 日の東日本大震災の津波被害を忘れるときが来るとは今は思えないが，貞観の大津波（869 年）ほか，過去の大津波を忘れかけていたという現実もある．

気象庁は，1979 年から東海沖に，陸上までケーブル接続した海底地震常時観測システムを運用しており，センサーには，津波を検知する水晶圧力計（感度 1 Pa～0.1 mmH_2O）が含まれている．震源のそばで感知したデータは，沿岸の複雑な海底地形による影響を受けないので，より直接的に海底地殻変動とそれによる海面変動を表す．

現在では日本周辺に海底地震計に加えて津波計を備えたケーブルシステムが沿岸から 100 km 以上の遠方まで複数設置され運用されている．また東日本大震災を機に，日本海溝沿いの地震活動や津波捕捉のために海底ケーブルネットワークの構築運用が進んだ（3.7 節）．

津波被害の軽減をさらに進めるためには，古津波の研究，津波の数値モデリング，地震データからの津波予測，リアルタイム警報のための観測手段開発などから，国土利用計画に役立つ浸水予測，わかりやすい啓蒙まで，理工学から社会科学までを総合したアプローチが必要とされている．

地震発生の即時検知は津波予測に役立てられる．日本の近海で津波発生海底現場の情報がリアルタイム通信されれば，津波の伝播速度は数十～200 m/s 程度なので，沿岸到達までの数分～数十分の猶予が目前のリスクを避ける重要な時間となる．その前に来る地動に対しても，海底で即時検知すれば，数秒～数十秒の猶予がリスクの直前回避に使える．

1.3　地震の発生 (Occurrence of earthquakes)

地震学の歴史をもってしても，M 7–8 クラスの地震が 2 回以上同じところに再来したという観測例はほとんどない．近代的観測網が整ってからでは，1952 年，2004 年の十勝沖地震が貴重な例である．ところが，この規模の地震は，地質学的年代スケールの 100 万年間には 1 万回起きた勘定になる．それを左右しているのがテクトニクスである．

1.3.1　地震とテクトニクス (Earthquakes and tectonics)

地震は，プレートテクトニクスの一現象であり，マントル対流の一部であり，地球進化の過程の一つである．マントルの対流により，100–1000 年スケールの準備期間を経て，わずか 1～数分程度で断層を一気にすべらせる現象が発生する．

海嶺，トランスフォーム断層系の地震 (earthquakes at ridges and transform faults)

プレート境界の一つである海嶺，トランスフォーム断層系の地震発生は，全地震活動のエネルギーの 5%程度を占める．海嶺系に沿って浅い地震が起きていることが明瞭に見えてきたのは 1950 年代であった．M5 クラス以上の地震のメカニズム（発震機構）から (Honda, 1962; Sykes, 1967)，海嶺域は引張り応力場であることが推定された．これらの地震は，海洋地殻の生成現場である高い温度場での活動なので，断層の大きさは限られるが，海洋地殻の生成，マグマの上昇とどう関わるのかなど海洋地震学の威力発揮の独壇場でもある．

また，海嶺軸をずらすようにずたずたに切る断裂帯 (fracture zone) のうち海嶺に挟まれる部分にほぼ限定して地震発生があり，そのメカニズムは断裂帯の方向を断層面とする横ずれ断層によって説明される (Sykes, 1967). すなわち，横ずれといっても断裂帯をはさんで海嶺の相対距離が保たれるトランスフォーム断層である[3](Wilson, 1965).

プレート沈み込み帯の地震 (earthquakes at plate subduction zone)

地球全体の地震エネルギーのほとんどがプレートの沈み込み帯で放出される．日本の太平洋・フィリピン海側には，千島海溝，日本海溝，南海トラフと大地震発生帯が並んでおり，日本に住む人は一生の間にここのどこかで起きる大地震に遭遇するだろう．1923 年の関東地震 (M 8.2) は，プレート沈み込み型であるが，震源が内陸に入り込んでおり，日本史上最悪の死者 10 万人余を出した．一方で，北米西沖カスカディアのように 1700 年に M 9 クラスの地震が起きて以来，匹敵する規模の地震が起きていない例もある．

次に，沈み込み帯を横断的に俯瞰してみよう．東北を横断する地震学的な模式断面図（図 1.2 上図）を見ると，太平洋プレートが東北地方から日本海，そしてアジア大陸の下に向かって折れ曲がりながら沈み込んでいる．陸側プレートとの境界部のすれ違いと変形による力（応力）が，図にあるような地震を発生させている．海溝軸より海側から陸側に入っていくにしたがって地震を発生させる応力が変化している．日本海溝軸から陸側の東北地方沿岸の範囲（地震発生帯 seismogenic zone）では，陸側のプレートと海洋プレートとの境界部で逆断層型（大陸プレート側が海洋プレートの上方にすべる）の地震が起きる．これらの地震によるエネルギーの放出は世界の地震全体からの放出のおよそ 9 割を占め，しかもプレートの移動過程の一部でもあり，理解すべきもっとも重要なタイプの地震である．また，海底下の断層すべりは，海水をゆらすので津波を伴う．

この図でわかるように沈み込むプレート境界での地震発生帯はほぼ海底の下にあるので海洋地震学の知見が重要な貢献となる（図 1.2 下図）．震源から離れた陸上の観測データのみでは，海底の近傍で得られるデータに比して，震源の深さの違いが判別しにくいのと，伝播距離による波の減衰により検知

[3] 米国西海岸のサンアンドレアス断層は陸にあがったトランスフォーム断層であり，サンフランシスコ大地震（1906 年，M_W 7.8，死者 3000 人余）の再来が米国の社会的関心事になっている．

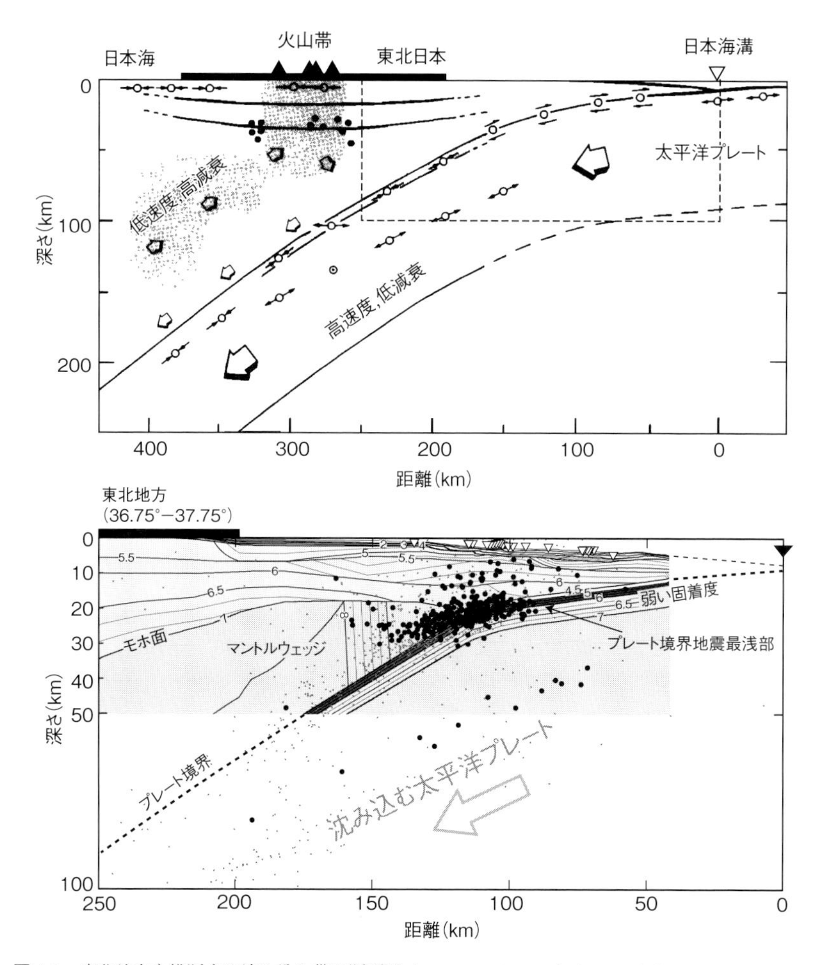

図 1.2　東北地方を横断する沈み込み帯の断面図 (cross sections of plate subduction zone across northeast Japan)

（上）東西断面模式図．横軸は海溝軸が原点の東西距離を示す．大地震（白丸）の発震機構は沈み込むプレートの場所によって変わる．海溝軸の海寄りからプレートの屈曲による東西引張力による正断層型，さらに沿岸に向かってプレート境界面にせん断応力が働く逆断層型，陸の下では海洋プレート内部で沈み込む方向にそろう圧縮力による逆断層型と正断層型が二重面を作るように発生する．海洋プレート内の地震波は周囲より高速度かつ低減衰（低温）で伝播する．島弧側の火山帯の下には低速度，高減衰（高温）構造が見られる（Hasegawa *et al.*, 1994 による）．破線で示した範囲の海底観測例を下に示す．

（下）福島県沖の小さな地震の海底地震観測例（Shinohara *et al.*, 2005 より）．黒点は海底観測による震源分布を表し，背景の小灰点は陸上観測点による震源．海底面に沿った逆三角形が海底地震計の東西分布を示す．等値線で示された地殻最上部マントル P 波速度構造（灰色部）（Miura *et al.*, 2003 より）と地震活動の関係が見て取れる．弱い固着度と記されているのは低地震波速度，無地震活動からの推定．

能力が下がるからである．現在のグローバル観測網（Global Seismographic Network が代表的）に海底からのデータは反映されないのが現状なので，海域で発生した地震は，$M\,7$ クラスであっても，位置と深さは 10 km オーダーの誤差をもつこともある．日本の観測網は世界トップクラスであり，日本海溝周辺の活動は陸上観測網により $M\,2$–3 以上であれば捉えられるが，位置の精度は陸で起きる地震のようには高くない．

沈み込み域の地震発生帯では，大地震と次の大地震が起きる間は陸側と海側のプレートが固着しており，大地震ごとにプレート間の相対移動が進むとすると，たとえば，南海トラフでは 150 年程度ごとに $M\,8$ クラスが繰り返すことが説明される．年間 4 cm 移動するフィリピン海プレートが 150 年分固着して陸側を引きずりこめば，その歪は，6 m 分すべる地震（$M\,8$ 程度）によって解消する．しかし，日本海溝では，そう簡単ではなく，地震発生帯の地震活動だけではプレートの移動が説明できない．伊豆・小笠原海溝では，ほとんど地震によらずプレートの沈み込みが進行しているようだ．ということから，沈み込み帯は地域的にも時間的にも多様性があることがわかる．したがって地震発生帯の中でも完全固着と地震すべりのどちらでもない中間的なすべりがあるはずである．最近その糸口が低周波地震や海底地殻変動の観測から捉えられてきた．

多様性を決めているのは，何らかの不均質の分布であろうが，その何かがわからない．一つの考え方は，物質の違いに注目する．海洋プレートが沈み込むとき，たとえば南海トラフでは数百 m の厚さの堆積物が削剥され陸側に付加されるので，陸側前弧[4]が隆起する．一方，日本海溝では陸側の堆積物を削剥してマントルへ引きずり込むので，陸側前弧部が沈降する．より短期的な 1000 年スケール以下では，沈み込むプレート上部に含まれる流体がプレート間の固着とその時間変化に影響をおよぼしているだろう．水は，動ける水の状態あるいは含水鉱物として存在しており，岩石の間隙圧を受けもち岩石の巨視的摩擦強度を変える．あるいは，力学的な相互関係，つまり海洋プレートと陸側プレートの巨視的な密度差やプレートの相対速度に注目することも

[4] forearc：海溝と火成活動による島弧との間の領域．

できる．いまでは，大地震がどのように始まり終わったか，さらにその応力変化がマントルをゆっくり動かすことまで，地震と地殻変動データと併せて推定することができる．その確からしさは，地震直上からのデータに負う．

地震時の応力降下が周囲より大きく地震波動エネルギーを大きく放出する部分も特定でき，アスペリティ (asperity; Kanamori, 1981) と呼ばれる．このアスペリティの物理的実体は，よくわかっていない．たとえば，強度の高い不均質構造があって，そこが百〜千年のオーダーで不変なアスペリティとなるのか，地震破壊の進行にしたがって応力分布が動的に変化して「気まぐれに」形成されるという見方もある．

図1.2に戻って，もう一度全体を俯瞰しておこう．プレート境界型地震を起こす範囲は海陸のプレートが互いにすれ違う部分（大局的に陸側は陸のまま残り，海側が深部へ向かう）であるので，地質学的時間スケールで眺めれば固着していないと言える．さらに深部の延性変形を起こす範囲では，プレート間の境界部は固着したまま相互すべりはなく変形していると見ることができる．つまり，マントルも沈み込みプレートに巻き込まれているような状態である．

プレート内部地震 (intraplate earthquakes)

これまでの観測結果では，海洋プレートのまっただ中では地震はほぼ起きていない．しかし，世界の地震カタログを調べれば，ホットスポットもなく，沈み込み帯近傍のプレートの折れ曲がりにも無関係に見えるプレート内でも，数はきわめて少ないが地震が見つかる (Wysession *et al.*, 1991)．海嶺軸から大きくはずれた火成活動を見ているのかもしれないが，充分近くで検証する海底の観測所がないため不明である（たとえば Padmos and VanDecar, 1993; Hirano *et al.*, 2006）．1998年3月25日に南極プレートの海洋プレート部分で起きた $M\,8$ クラスの例もある (Nettles *et al.*, 1999)．

1.3.2　地震のスケール (Scales of earthquakes)

地震の発現様式はサイスミシティ (seismicity) と呼ばれ，震源の規模と時空間分布である．個々の地震の大きさと，多数の地震の統計的な発生頻度について見ておこう．

地震モーメント (earthquake moment)

地震波の発生は，遠くから見れば，震源域を点と見なして（点震源），ここにダブルカップル (double couple) と呼ばれる互いに 90 度の角をなす力対 (couple) のペアが作用したことと等価と見なせる．力対は，合力ゼロだがモーメントをもつ（2.2 節参照）．さらに，これに直交する力対を加えてモーメントを打ち消すことが内力で発生する地震のモデルに適当であり，観測を説明する．このときの力対 1 組に対して定義されるモーメントを地震モーメントと呼ぶ．じっさいの地震は，大きさ（断層）もあれば，始まりと終わり（断層のすべりが終わるとき）があるが，地震過程全体に対して定義できるパラメターである．

地震モーメント M_0 とは

$$M_0 = \mu DS \tag{1.3.1}$$

と表される．M_0 の単位は $\mathrm{N \cdot m}$．右辺は，剛性率 (rigidity, μ)，断層のすべり量 (D)，そして断層の面積 (S) の積である．剛性率は，密度 $\times$ (S 波速度)^2 である．地殻内部であれば 25–45 GPa，最上部マントルの 100 km 深さ（プレートの厚さ）あたりで 65 GPa 程度と見積もられる．

点震源の見方を拡張して断層（線）を考慮し，ダブルカップルが断層上に列をなして並んだとしよう．力学モーメントは力と力対間の距離の積であるので，断層長 (L) の微小長さ ΔL についてのモーメントは，断層に働くせん断応力 (τ) に ΔL をかけた力 ($\tau \Delta L$) と力対間の距離 ΔL の積である．このとき弾性体の性質により，せん断応力は剛性率を比例定数としてせん断歪 (ε) に比例する．$\mu\varepsilon\Delta L^2$ が個々のモーメントである．これを断層長分総計すれば μDL となり，さらに面に拡張すれば上の式となる．地震学でもっとも重要な関係式とも言える．

1960 年のチリ地震については，剛性率を $7 \times 10^{10}\,\mathrm{N/m^2}$ $(= 70\,\mathrm{GPa})$ とすれば地震モーメントは $2.7 \times 10^{23}\,\mathrm{N \cdot m}$ である．2004 年スマトラ島沖地震は，南北におよそ 1300 km もの長さに渡って断層の破壊が進んだという，断層の長さも破壊時間も観測史上最大の地震となった．地震モーメントは 10^{23} N·m のオーダーと見積もられる．2011 年東北地方太平洋沖地震のそれは $4–5 \times 10^{22}$ N · m とされている．

地震の規模の表現はマグニチュードの方がよく知られる．マグニチュードは，観測されたある周期の地震波の最大振幅で決まる．このマグニチュードとモーメントとは，異なる観測量同士であるが，以下の経験式で結ばれ，互いにスケールしていると言う．経験式は，ばらつきもあるなかで自然のもつ統計的性質を表すが，その意味する地震の物理が重要である．この式が成り立つ範囲で地震による応力降下は一定としている．

$$\log_{10} M_0 = 1.5 M_s + 9.1 \tag{1.3.2}$$

右辺の M_s は 20 秒周期の表面波振幅によって決められ，表面波マグニチュードとも呼ばれる．一方，1.3.1 式よりモーメントを決めてから，1.3.2 式によりマグニチュードを求めることもできる．このときのマグニチュードは，モーメントマグニチュード M_W と呼ばれる (Kanamori, 1977).

小さい方の地震では，震源から 1 km の地点で，かろうじて地面のゆれの自然雑音よりゆれる地震があれば，$M_L = -1$ くらいである．M_L とは，ローカルマグニチュードのことで，周期 1 秒程度の実体波の振幅を基礎に決められる．マグニチュードの差が 10 あると（−1 と 9），モーメントでは 15 桁の違いがある（第 2 章）.

地震断層はプレートの長い移動時間スケールのなかで，すべりを繰り返している．歪の集積はプレート境界に集中するので，内陸の地震断層の地震の繰り返し間隔はおよそ 10 倍以上長い．いずれも，新鮮な岩石を破壊する様子とは大きく条件が異なる．地震としてすべっても，応力の降下は岩石破壊とは桁違いに小さい．また摩擦係数も地殻を構成する岩石の破壊実験が示す値（0.6 程度）よりかなり小さいようである．問題は，どのようなメカニズムで小さな摩擦になるのかであり，断層物質が弱い，間隙水圧が高い，断層高速すべりで融解する (Kanamori and Heaton, 2000) などのメカニズムが提案されている．

グーテンベルグ・リヒター則と大森公式 (Gutenberg-Richter's law and Omori's law)

地震学で，もっともよく知られている経験則は，「大きな地震ほど数が少ない」である．同様の法則（ジップの法則 Zipf's law；Zipf, 1949）は社会現象にもあてはまることが知られており，いわゆるフラクタル構造（自己相似型現象）である．地震学では，グーテンベルグ・リヒター (Gutenberg-Richter) 則 (Gutenberg and Richter, 1944) と呼ばれる．独立に発見した石本・飯田の関係 (Ishimoto and Iida, 1939) とも言われることがある．

$$N(M) = \int_M^\infty n(M)dM \tag{1.3.3}$$

$$\log_{10} N(M) = a - bM \tag{1.3.4}$$

$n(M)$ は区間 M から $M + dM$ の地震の数で，$N(M)$ がマグニチュード M 以上の地震の数である．この 1.3.4 式がグーテンベルグ・リヒター則で，a, b は定数となる．とくに重要な性質は，b 値がおよそ 1 であるため，M を一つ減ずると，地震の数は約 10 倍になる．下限は，地震観測の検知能力との兼ね合いでどこまで言えるかだが，検知能力の証明と法則の成り立つ範囲を独立に検証しないとならない．下限側では，成り立っていないとする立場もあり，まさに地震学の根幹に触れるテーマである．

M の上限側の性質は，長い期間の統計が必要となる．東北沖では，M7–8 クラスの頻度に比してさらに巨大な地震が少なかったと今なら振り返ることもできる．一方，南海トラフ沿いの地震は，M7 クラスの記録がほとんどなく[5]，M8 クラスの巨大地震が起きる．つまり，グーテンベルグ・リヒター則からはずれて頻度が高く M8 クラスが起きる．この巨大地震の再来期間は 120 年程度と言われ，固有地震 (characteristic earthquake) と呼ぶことがある．再来期間には数十年のゆらぎがあるため，予測幅も 30 年といったものとなる．

フラクタルであれば，大きさに関わらず性質が変わらないので，小さな地震も大きな地震も同じ現象（相似則 scaling law があいだをつなぐ）と見てよいことになる．とすれば，数が圧倒的に多い微小地震 (microearthquake) を

[5] 2004 年 9 月 5 日紀伊半島南島沖に M7.5 が発生した．

研究すれば，被害をおよぼすがめったに起きない大地震の本質にも迫れることになる．上述の検知能力で触れたように，はたしてそうなのかまだ決着はついていない．

地震が起きると，その地震断層とその周辺域でさらに余震が続発する．余震の推移は，さらなる被害に構えるためにも重要である．一連の活動の最初に起こりやすい最大規模の地震を本震として，余震はそれよりマグニチュードにして1以上小さいのがふつうである (Utsu, 1971)．余震をすべて合わせても，本震の大きさの5%程度という報告もある (Scholz, 1972)．

この余震活動には大森公式 (Omori's law; Omori, 1894) がある．余震の数が時間とともに双曲線に乗って減少するという先を予測する重要な関係である．1.3.5 式で $p = 1$ が大森公式で，宇津 (1957) による改良大森公式では p は1よりやや大きい．

$$n(t) = \frac{K}{(t+c)^p} \tag{1.3.5}$$

本震からの経過時間 t における単位時間当たりの地震数 (n) を表す式で，K も c も定数だが，K が大きいほど余震は多く，c が大きいほど余震の減り方が速い．本震の1–2日後までの余震活動は，本震断層の領域に起こるので主震の断層を推定することにも用いられる．

後章でも見るように，なぜこのような性質を地震が示すのかを解明することは，すなわち地震の物理を理解することであるので，自然地震の高品質な観測に基づく推論が肝要である．

1.4　地球の変遷と構造 (Earth evolution and structure)

プレート運動は，マントル対流と不可分であるが，プレートとマントルとではその粘性が大きく異なるので，じっさいどのように異なった動き方をしているのかは，まだ明らかではない．海洋プレートとその下のアセノスフェア（上部マントル）は，海洋地震学に頼らないとその実体は解明できない．プレートの運動は，地球の歴史とともにあり，変化をしている視点も必要だ．

1.4.1 進化する地球 (Changing and evolving Earth)

地球は誕生以来 46 億年間変化変動を続けてきた．地球最古の岩石が見つかる 38 億年前から主な地質学的証拠をたどると；

- 4.0–2.5 Ga[6]（始生代 Archaean）生命誕生とプレート生成
- 2.5–0.5 Ga（原生代 Proterozoic）多細胞生物と大気中酸素の増加
- 541–252 Ma（古生代 Paleozoic）生命大爆発とパンゲア超大陸
- 252–66 Ma（中生代 Mesozoic）恐竜の時代とアルプス・ヒマラヤ山脈形成
- 66–0 Ma（新生代 Cenozoic）哺乳類の時代と日本列島形成

となる．

地震波の伝わり方を調べてわかる地球の内部構造は，地球の現在のスナップショットであると言われることがある．しかし，じつは，上記のいろいろの時代，いろいろのタイムスケールの現象の重なりを見ている．たとえば，氷河時代の氷が融けた影響で地殻がまだ上昇している場所がある．海洋の形成は 38 億年以前と推定されるが，地球を特徴づけている水の集積過程はわかっていない．海洋底拡大の始まりの痕跡は，大西洋の両岸に残されている．30 億年前 (3 Ga) は，大陸形成の活発な時期であり，現在楯状地と呼ばれる塊が形成された．3 億年前 (300 Ma) の日本列島は，超大陸パンゲア (Pangaea) の一部として，超海洋パンサラサ (Panthalassa) に囲まれていたとされる．日本列島がアジア大陸の一部から離れて，日本海が形成されたのは，過去 3000 万年 (30 Myr) 以内のことである．また，マントル全体が数億年で循環するといわれるが，地球形成以来の不均質がマントル内にあるのかないのか現在の地震学ではよく見えていない．このようにスナップショットには，いろいろな変化速度をもつ過程が集積されている．

海に浮かぶ氷山のように，大陸地殻は海面下の海洋地殻より厚い．載せる地殻の密度と厚さに応じてマントルは 100 万年のオーダーで流れて地殻の根を受けとめている．このような安定状態をアイソスタシー (isostasy) と呼ぶ．

[6] 地質年代は 10 億年前 = 10^9 年前 = Ga = giga-annum，100 万年前 = 10^6 年前 = Ma = mega-annum の表記が多い．

このとき，補償深度と呼ばれるある深さより上の垂直密度分布の積分は一定である．氷期と間氷期の気候変動によって氷河が消えたあとの地殻上昇は，このアイソスタシー作用の働きである．しかし地球では，重力の作用とのバランスに加えて，水平方向成分をもつテクトニクスの作用があるので，アイソスタシーからはずれている場合がある．その原因はテクトニクスの影響も合わせて考慮する必要がある．

1.4.2 標準内部構造モデル (Standard model of Earth's interior)

固体地球の性質は，深さ方向の圧力増加が第一義的に決めているが，海洋地殻と大陸地殻は，少なくとも最上部マントルの深さ程度までは互いに異なる構造体である（図 1.3）．さらに深部にはマントル対流の不均質があり，コ

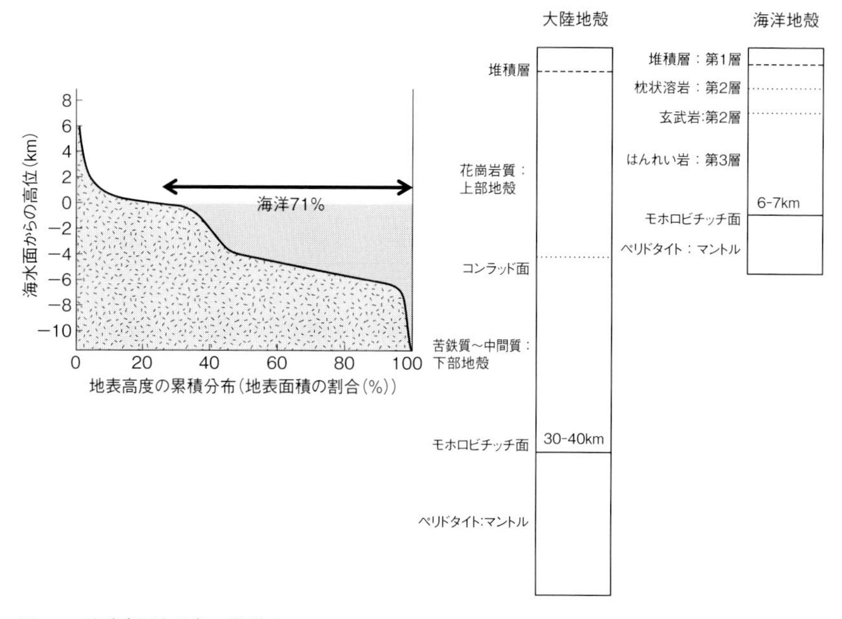

図 1.3 地球表層と地殻の特徴 (characteristics of Earth's surface and crust)
地球の表面高度分布を見ると陸地と海洋とでそれぞれなだらかな範囲をもつ（左）．陸と海の間で高度の分布は変曲しており，海洋と大陸の違いは単に水がどこまで覆うのかではないことがわかる．じっさい，地殻の構成は，大陸と海洋とで大きく異なる（右）．地表面積の71%を占める海洋地殻だが，地殻の体積的な割合では全地殻の半分を占める．地殻とマントルを分ける境界面は地震波を反射するモホロビチッチ面であり，深さは異なるがほぼ全地球に存在する．

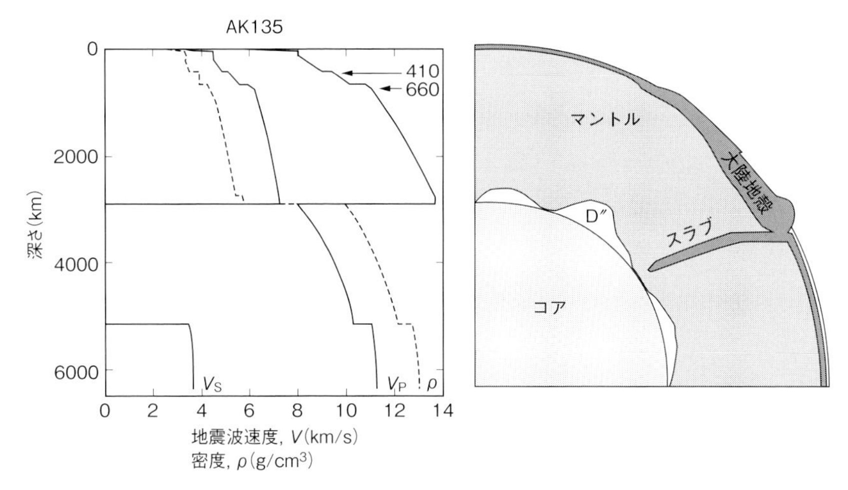

図 1.4　地球内部構造 (Earth's internal structure)
地球は 46 億年の非定常な変化を続けており，構造はダイナミックな相互作用の反映である．第一義的には，一次元的な深さ方向の圧力変化により，半径約 6400 km の内部は地殻とマントル，コア（流体の外核と固体の内核）に分かれる．左図の V_p，V_s は地震波の P 波，S 波速度，ρ は密度で，ここに示す標準地球モデルは AK135 (Kennett *et al.*, 1995) による．マントルは対流しており，海洋底では地殻を含む海洋プレートを形成し，大陸を含めて地表近くではプレートテクトニクスとして認識される．マントル内には 410，660 km の深さで相転移による速度不連続がある．マントル底部（深さ約 2900 km）の上部数百 km には水平不均質の大きな D'' 層が報告されている（模式図は Helffrich and Wood, 2001 を改変）．

アでは地磁気を形成する不均質が存在し，総体的に地球の内部ダイナミクスを形成している（図 1.4）．

科学の世界では議論のベースになる標準，基準の設定が重要である．地震学の歴史では地球内部構造の標準を定めること（標準地球モデル standard Earth model）に多くの努力が費やされた．60 年代の米国による核実験探知のための長周期地震計の展開，さらに 80 年代に始まる世界各国によるデジタル広帯域地震計の展開を経て，質のよい観測データの蓄積がモデルを更新改良させてきた．

地震波速度構造は地震の走時データから求められる．標準となるパラメターは，P 波速度 (V_P)，S 波速度 (V_S)，密度 (ρ)，温度，圧力であり，さらには，粘性，地震波減衰ファクター (Q) などがある．正確には，P 波速度，S 波速度と密度分布によって地震波の経路は決まる．粘性，Q によって波形が変えられる．これらのパラメターの分布によって地震波の伝わり方が決まる．また，その地震波は，発震源の情報も運ぶので，地震波の観測によって原因と構造とを求めることができる．じっさいは限られたデータからの推定になるので，現在の標準モデルが終着点かどうかは議論がある．

地球の密度構造を推定することも地震学の重要な役目である．密度は実測できる地表から深い方へ順次アダムス・ウィリアムソン (Adams-Williamson) の式 (1.4.1) によって求められる (Williamson and Adams, 1923).

$$-\frac{d\rho}{dr} = \frac{d\rho}{dz} = \frac{\partial\rho}{\partial P}\frac{dP}{dz} = \frac{\rho}{K}\rho g \tag{1.4.1}$$

r は地球中心からの距離，z は深さ，$P = \rho g z$ は圧力である．圧力と密度とは，断熱体積弾性定数 (K) を介して，$K = \rho(\frac{\partial P}{\partial \rho})$ の関係にある．地震波は断熱的に伝播すると考える．ただし，この関係は，化学的組成や相の変化を考慮していない．

P 波と S 波の速度分布から，

$$\frac{K}{\rho} = V_{\mathrm{P}}^2 - \frac{4}{3}V_{\mathrm{S}}^2 \tag{1.4.2}$$

が求められる．また，内部の重力分布は，r, r' を中心からの距離として，

$$g = \frac{G}{r^2}\int_0^r 4\pi r^2 \rho(r')dr' \tag{1.4.3}$$

により計算される．順次計算される密度分布は，地震波速度とは独立に求められる地表の重力，地球の質量，慣性モーメントに矛盾しないことが必要である（詳しくは Bullen, 1975）．

標準地球モデルといえば，J-B モデル (Jeffreys and Bullen, 1940) をさす時代が長かったが，現在では質の高いデータを反映させた PREM（Preliminary Reference Earth Model; Dziewonski and Anderson, 1981）と iasp91 (Kennett and Engdahl, 1991) の発展版の AK135 がある（図 1.4）(Kennett *et al.*, 1995)．最近では地球の三次元的不均質が求められるようになってきたので，標準モデルとは地域性のない，どこにも存在しない平均像のことである．地震波の走時を計算する標準であり，ずれは地域性を示す．また，大構造の

境界付近の物性変化，岩石が高圧で相変化を起こす深さなど岩石の高圧実験による結果と参照して矛盾しないことも重要である．

そこで標準モデルでは，等方弾性体など，何を仮定していてそれが実際の地球物質の性質とはずれていた場合，どのような影響がありそうかを，検討しておく必要がある．たとえば，地球の非弾性の性質が地震波速度構造決定に影響をおよぼすことを示して標準モデルの変更が要請された (Kanamori and Anderson, 1977)．これは，速度を周期（周波数）別に決めて構造を求める場合に，非弾性の性質によって速度が周波数に依存することになり，その考慮なしでは深さと速度の関係に直すときに誤差を生じるというものである．

1.4.3 海洋地殻の構造と変遷 (Structure and evolution of oceanic crust)

この節では海洋底拡大によって生成される海洋地殻について，その概略のみにふれる．地球表面の 71%を占める海洋のうち，大洋はフィリピン海を含む太平洋が 33%，大西洋が 16%，インド洋が 14%，北極海が 3%であり，ここが海洋地震学の研究現場となる．図 1.2 で見たように，大陸の縁辺部は海洋域でも大陸地殻が存在し，その海側との相互作用が研究対象となる．

構造 (structure)

海洋地殻は，地震波速度の分布から，第 1，2，3 層と分けられ，上から堆積層，上部地殻（玄武岩 basalt），下部地殻（はんれい岩 gabbro）と推定されている（図 1.3）．成因から地殻に堆積層を含めないことも多い．地殻の誕生現場の海嶺から離れると，地殻はほぼ 6–7 km の厚みで，基本的にマントルからのマグマの固結物と堆積物からなる．少なくとも上部地殻程度の深さまでは，岩石固有の性質ではなく空隙率が地震波伝播速度を決める．この空隙の存在は応力場に支配され，異方性[7]に影響をもつ．また，岩石の変質作用も速度に影響する．すなわち伝播速度から岩石を言い当てることはむつかしい．

[7] anisotropy：波の伝播方向によって伝播速度が変わる性質（2.3 節）．本来，地殻を構成する岩石は，結晶としてはマントル岩石より強い異方性をもつが，結晶軸が不規則な分布をすることにより巨視的には等方的に振る舞うとされる．流動性をもつマントル岩石は応力の影響により結晶軸がそろって異方性が観測される．

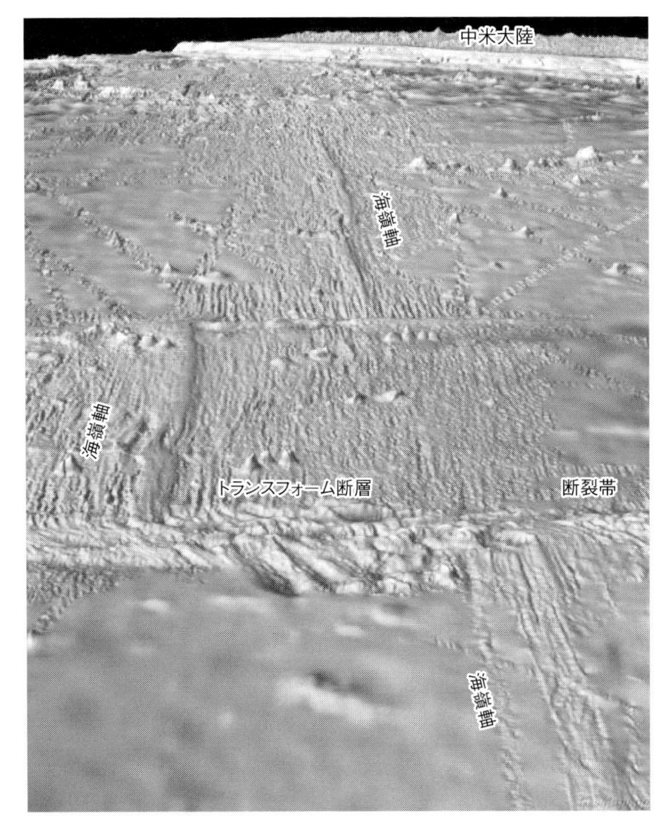

図 1.5　海嶺系の特徴的地形 (bathymetry at ridge)
東太平洋海膨 (East Pacific Rise) の北緯 8–20 度の範囲を北の中米に向かって俯瞰した図 (Ryan *et al.*, 2009). 海嶺は，トランスフォーム断層と破砕帯によって切られている.

形成と変遷 (genesis and change)

海洋地殻誕生の場である海嶺系の形態は，拡大速度によっても異なり，海嶺軸のずれを生じるトランスフォーム断層，断裂帯などが存在する (図 1.5). 地球表面に物質エネルギーを運び出す場として，つまり火山としての性格がだいじである. 最近では，生命活動の場としても脚光を浴びており，生物学と地球科学の興味深い接点でもある.

海洋地殻の最上位にある堆積層は，陸上と異なって浸食されにくい. 堆積物を地震学的に透視できれば，どのように堆積したのかその地質学的なプロ

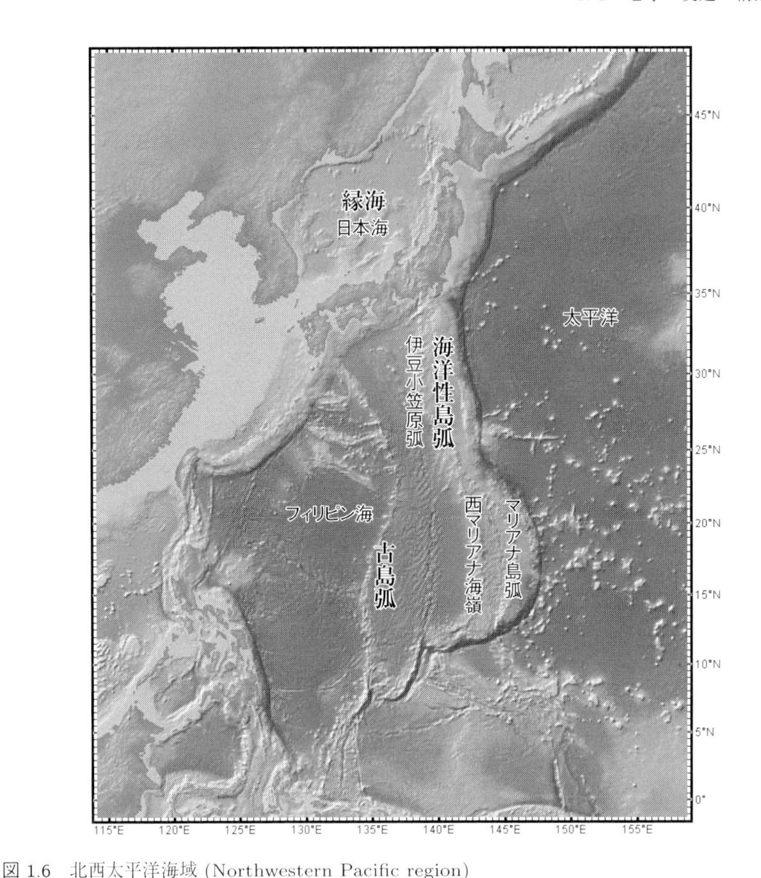

図 1.6　北西太平洋海域 (Northwestern Pacific region)
西太平洋のへりは，海溝，島弧，縁海が組となって沈み込みプレート境界域を特徴づけている．よく見ると海溝へさしかかる直前に水深が浅くなる．これは，プレートの曲がりかたを表している．伊豆小笠原島弧は，アジア大陸の一部であった日本列島と異なり，海洋プレート起源である．日本列島とアジア大陸の間に日本海が誕生した．フィリピン海は複数の海洋底拡大を経ていることが地形を見るだけでわかる．

セスが推定できる．また，有用な資源（石油，ガス，ガスハイドレート）の分布を探ることもできる．地震層序学 (seismic stratigraphy) と呼ばれる分野では，反射法音波探査（3.4 節）による観測から地層断面図を作成し堆積構造を読み取り，全体像を地質学的に解釈する．

日本は，縁海 (marginal sea) と呼ばれるオホーツク海，日本海，東シナ海に接している．このほか南シナ海，スールー海，セレベス海，バンダ海など西太平洋には，多数の縁海が存在することが特徴である．フィリピン海は，世界最大の縁海である（図 1.6）．これらの縁海はほぼすべて海溝と対になって存在するので，プレートの沈み込みに関わって誕生したと推測される．縁海の地殻は，海洋地殻と区別できない部分も多く，その成因がおもに海洋底拡大によることを示唆している．大陸地殻で構成される東シナ海のような例外もあり，成因の統一的理解にはいたっていない．

一方，テクトニクスの研究から，まったくの海洋地殻が変成し島弧となったのが伊豆・小笠原島弧であることがわかった．ほかにはトンガ・ケルマデック弧，西アリューシャン弧なども同様である．このことから，最終的に沈み込むだけが海洋底の末路ではないことがわかる．

海洋プレートの生成と消滅を繰り返してきた地球の歴史のなかで，海洋の面積は一定だったわけではなく，大陸が増えてきたことがわかっている．大陸には過去のプレート沈み込み帯を地質学的に見つけることができるので，海洋が大陸に取り込まれるプロセスがあることは確かである．海側のプロセスをもっと明らかにしていく必要がある（第 5 章）．

このように，日本の周囲には，島弧系の成因，その歴史，テクトニクスを知るための宝の海がある．

1.4.4　海洋プレートのテクトニクス (Oceanic plate tectonics)

地球に海があり陸があることは，地球をでこぼこにする活動（テクトニクス）があるということだ．月では，主に潮汐作用によるマグニチュード 1 クラス程度以下の月震しか起きず，地震エネルギーの放出は地球より 10 桁以上低い (Lammlein *et al.*, 1974)．

地震がテクトニクスに関わること，そして断層運動であることは，19 世紀末から 20 世紀始めに提唱された．1906 年のサンフランシスコ地震 (M_W 7.9) では，サンアンドレアス断層に長さ 480 km にわたって最大 8 m，平均 3 m のずれが出現し，弾性反発説（elastic rebound theory; 地殻の溜めた弾性歪を地震が断層運動により解放するという説）を生んだ (Reid, 1910)．

Wadati (1928) が発見した深発地震は，その後日本の観測と研究（たとえば宇津, 1967）から海洋プレートの沈み込みの表れであることがわかった．ただ，最初に深発地震面をプレートの沈み込みに結びつけた研究は，トンガ (Tonga) の沈み込み帯の地震活動観測によってであった (Oliver and Isacks, 1967).

グーテンベルグ (Gutenberg, 1941) は，当時の地震分布図（最近のものは図 1.7）が山や海を造る活動（テクトニクス）に関連していること，しかも 600 km 以上もの深さでも地震が起きるということは，テクトニクスが地表だけの話に終わらないことを指摘している.

有名なウェーゲナー (Wegener, 1929) の大陸移動説は，地質学，地球物理学から古生物学，古気候学まで総合する仮説であった．彼は，地震学による陸と海の地殻構造の違いを参考にし，大陸移動とは，当時の地震学で数十 km 程度の厚みと認識されていた大陸地殻の漂流であるとした．しかし，その漂流を実現させる力が説明できなかった．その後，1960 年代になって海洋観測により海洋底拡大説が検証されたことにより (Vine and Matthews, 1963; Maxwell *et al.*, 1970)，プレートテクトニクスとして認知されるようになってから現在の教科書にのっている説明に至った．すなわち，海洋プレートは海嶺系で誕生し，水平に移動拡大し，海溝系でマントルに沈み込む．大陸を乗せたプレートは地表にとどまる．プレート境界は，海嶺，海溝以外ではトランスフォーム断層と衝突帯があり，地震はプレート境界に集中する（図 1.7)．全プレートの動きはモデル化されており，GPS のデータなどから検証されている (Prawirodirdjo and Bock, 2004)．この毎日の動きが，1 億年オーダーまでの古地磁気学や数百年程度の地震学などから推定されてきた長い時間スケールの動きと整合することはおどろきである．グーテンベルグの予言通り，新しいテクトニクスが誕生したのである．ただし，大陸がマントルを漂流する大陸移動説と海洋底拡大説とはずいぶん異なる概念であることに注意しよう.

海洋プレートは陸側プレートとの相互作用で山を造り，大陸と海洋の分布を変え，大気海洋の循環を変える．沈み込む前の海洋プレートの表面には，生物の死骸などが降り積もり堆積物となる．火成岩中の空隙にも水をたっぷり含んで沈み込んだ海洋地殻からはいずれ水が排出され，地震を起こす摩擦条件に関わると考えられている.

私たちになじみの深い環太平洋 (circum-Pacific) では，太平洋を火山列と地震活動帯が囲み，プレートの沈み込み帯が連続している（図 1.7)．たとえ

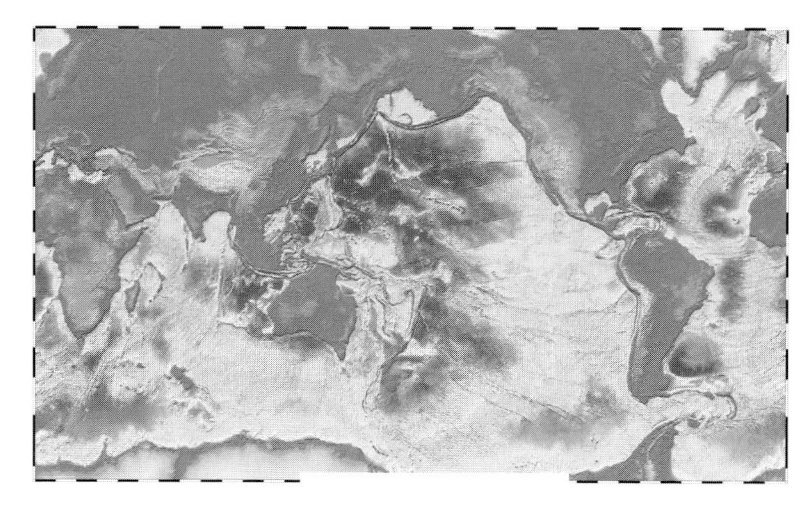

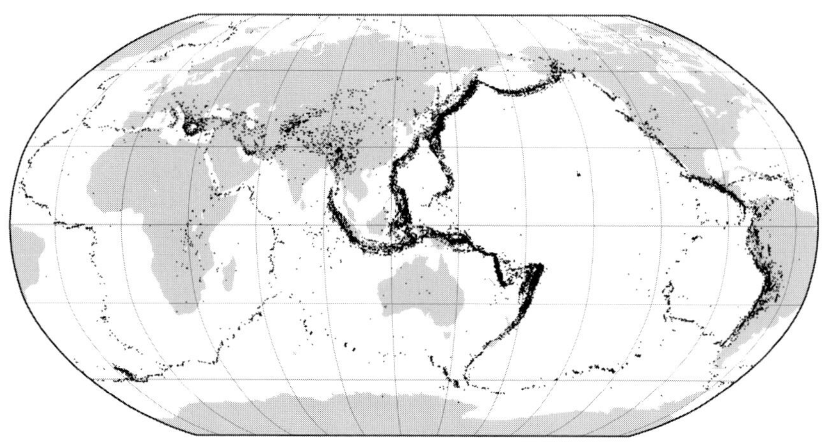

図 1.7　地表と海底の地形と地震活動 (topography, bathymetry and seismicity)
海底地形は黒い色ほど深く，陸地は白い色ほど高い（Smith and Sandwell, 1997）．地震活動は，1904–2011 年の期間の ISC-GEM カタログによる．1960 年以降は M5.5 以上が網羅される (Storchak, 2015)．地震の分布がプレート境界を大局的に示すが，アジア大陸のヒマラヤ山脈より北東の内部に広域に分散しているのはプレート内部の活動である．

ば，以下の特徴に気がついているだろうか？ フィリピン海プレートの境界には，ほとんどわき出し口の海嶺が見当らない．一方，南極大陸は海嶺に囲まれる．インド・オーストラリアプレートは，大陸を乗せてインドネシアの下に沈み込んでいる．いずれも教科書的なプレートテクトニクス像からは外れている．プレートの沈み込みによるとされる地震の起き方，火山の並びについても，伊豆・小笠原海溝で大地震はまれであるし，南米の火山列にはとぎれるところがある．このようなことに気づき，その仕組みをどのように説明し，どういうデータを手にすれば検証できるのか自問自答するところからサイエンスが始まる．

海洋プレートの実体 (oceanic plate)

プレートが剛体であるという考え方は，プレート運動の幾何学を制約する上で有用だが，剛体的振る舞いから大きくはずれるプレート境界でのダイナミクスの理解を進めるには，プレートの弾性，粘性，塑性変形の理解が必要になる（詳しくはたとえば，Karato, 2008）．弾性変形は原因（力）を取り除くとすぐ元に戻る．粘性変形は原因に時間遅れを伴って変形し元に戻る．塑性変形は変形が元に戻らない．地震が起きるか（短時間の破壊），ゆっくり変形して流れるかは，温度の影響が大きいとされる．前者を脆性 (brittle)，後者を延性 (ductile) と呼び分ける．じっさい，地震の起きる深さは，脆性を示す温度範囲を表していると解釈できる．地震は，プレートの内部あるいは境界で起きるが，プレートの全体にわたって地震が起きるわけではない．

プレート（すなわちリソスフェア）は，マントル対流の地球表層部分であり，適当な温度境界より上側の温度変化の大きい熱境界層と見なせる．海底の水深は，年代の 1/2 乗に比例して深くなる．熱境界層の成長は鉛直方向の一次元熱伝導を仮定すると説明できる．さらにアイソスタシーが成立していれば，水深も年代の 1/2 乗に比例することが示される．これは水深と年代の実測値をほぼ説明する．海洋底拡大に伴ってだんだんプレートが厚さを増すわけである．

この温度構造によって地殻，マントルの粘性 (viscosity) がコントロールされる．応力 (σ) と歪速度 ($\dot{\varepsilon}$) が粘性率を介して比例関係をもつ ($\sigma = \nu\dot{\varepsilon}$) ものをニュートン粘性流体と呼ぶ．たとえば，水あめが重力で流れる様子が推定できる．粘性率 (dynamic viscosity, ν) の単位は Pa·s（パスカル秒）で，水は 1.14×10^{-3} である．水あめは 100 を超える．マントルの粘性率は秒単位で変化が見える水あめどころではなく，10^{19-24} の大きさと推定される．この粘性率が温度 (T) にどう影響されるかは，次の式が示す．

$$\nu = \nu_0 \exp\left[\frac{E_a}{R}\left(\frac{1}{T} - \frac{1}{T_0}\right)\right] \tag{1.4.4}$$

ν_0 は，ある標準温度 T_0 の粘性率，E_a は室内実験で決められる活性化エネルギーと呼ばれる定数，R は気体定数である．すなわち温度上昇によって粘性率は急激に下がる．1.4.4 式によれば，上部マントル中で $100°$ の温度上昇があれば 10 km 程度の厚さの範囲で粘性が 1/5 程度低くなる (Kohlstedt *et al.*, 1995)．この変化の大きいところと，以下に見るようにプレートの応力緩和時間が十分大きく剛体的に振る舞うと見なせるところを指標にして，プレートの厚さを粘性の考えから決めることができる．

Turcotte and Schubert (2014) は，プレート的振る舞い（剛体的, 弾性的）の条件として, マントル中の主要構成岩石と推定されているかんらん石 (olivine) が流動性を増すおよそ 1300℃ の深さまでをプレートの下部境界として設定している．これは粘性的性質によって応力が半分程度降下するのに 10 億年かかる計算になる．海洋プレートが 2 億年程度でリサイクルすることを考えると，応力状態が維持されると見なせる時間だ．

アセノスフェア (asthenosphere) とはそれより下部のマントルとリソスフェア (lithosphere) の力学的なつながりを決める流動性の高い層のことである．マントル岩石たるかんらん石は高温高圧下で塑性変形が進行することが実験的にわかっている (Schubert *et al.*, 1976)．アセノスフェアの実態がわかれば，マントル対流とリソスフェアの移動との関係がわかることになるが，この流れる性質は，地震学的には地震波の減衰あるいは異方性（2.3 節）から推定される．

このような非弾性的性質の違いが地震学的に検知できるかどうかは，古くからの大きな問題である．温度だけの変化では，地震波速度の急激な変化は期待できないが，岩石の部分融解があれば，地震波速度に影響する．表面波によるプレート構造を推定する研究は半世紀ほど続いているが，リソスフェアからアセノスフェアへの変化のさいに急激な速度低下があるかないか，まだ，明快な決着はついていない．海域からの観測データが足りないなか，実体波を用いて低速度層として見える証拠が出始めてきたので，1.4.4 式とは異なる新しい指標が生まれる可能性がある（第 5 章）．

1.5　第 1 章のまとめ (Summary of this chapter)

この章では，海洋地震学のテーマに関わることがらを概観した．社会へのインパクトをもつ地震，テクトニクスの表れとしての地震，地震のもつ性質，そして地震波の観測からわかる地球のとくに海洋域の下部構造について触れた．本章では大枠や大略をつかんでもらうのが目的である．構造の理解は，プレートテクトニクスとマントル対流のダイナミズムを介して地震の理解を進めることでもある．海洋地震学はそのどれにもユニークな貢献ができる立ち位置にある．

地球は開放系[8]で非線形な世界であり，単純な振る舞いの重ね合わせも繰り返しも成り立たないし，遠方の微細な事象を無視してよい保証もない世界である．それでも，デカルト (Descartes) の方法序説にある「困難を分割せよ」という言葉と，必要以上の仮定は削ぎ落とすオッカム (Occam) の剃刀の原理は，海洋地震学においても重要な研究指針である．問題は，地球の複雑な振る舞いの真理を見抜くためには，観測の示すところをどう「分割」して「単純化」してもよいのか，そしてそれがどのように理解につながるのかである．

---

[8] 開放系 (open system)：対象とする系がその外側と物質，エネルギーの出入りをもつ．

第2章　観測データ

Observation Data

Когда созрело яблоко и падает, –отчего оно падает?
... Все зто только совпадение тех условий, при которых
совершается всякое жизненное, органическое,
стихийное событие. Война и мир
Лев Толстой, 1869
(「リンゴは熟すと落ちる—なぜ落ちるのか？...すべて，あらゆる種類の生の，有機的な，不可抗力的な事件が生じるための，さまざまの条件の一致にほかならないのだ．...」
トルストイ作，藤沼貴訳「戦争と平和」岩波文庫)

第2章では，海洋地震学で扱う観測データつまり地震計の記録する波について学ぶことにする．本章では，予想される観測データはどういうものかを見て，次章でじっさいに観測データをどう取得するかを見る．歴史的には，観測による新発見からのモデルの改訂とモデルからの予測の検証との両方が繰り返されて今日に至っている．

海洋では，水中音波も津波も媒質である水の圧力変化として観測できる．前者は弾性波である地震波のなかまだが，後者は流体のナビエ・ストークスの運動方程式が基礎になる[1]水の波である．

以下，通常の地震波と水の波の記述を学び，それらの波がどう励起されるのか，そしてどう伝播するのかを示す．観測データの表す波の励起と伝播が理解できることがゴールである．本書では要点にとどめてあるので，詳しくは専門書にゆずる．

2.1　波の記述 (Description of waves)

海洋地震学では，海中での音波計測，海底での地震波・音波，圧力変動計測による観測データを取り扱う．波とは，なんらかの擾乱が媒質を伝わることを指す．波の特性として，媒質の変化によって反射，屈折，回折，分散などの現象を示す．また複数の波同士が干渉を起こす．たとえば，定常波は互いに反対方向へ伝わる同じ波同士の干渉による．一般に，波は線形に重ね合わせることができるので，単純な正弦波に対する解を重ね合わせて複雑な波

[1] 本書では，水は縮まない完全流体として扱い，音波発生と粘性は無視する．

を表すことができるし，逆に分解することもできる．

2.1.1 波動 (Wave)

波は四方八方からやってきて感震器をゆらして観測データとなる．有感の自然地震ならば，人間も感震器となってP波，S波などの相 (phase) を同定し，腕時計で到来時刻を確かめられる．地震計は，その地震計の特性を通して，地動の定量的なデータを理論やモデルとつなげる役割を果たす．

地震で発生する波は，震源近くでは点震源から広がる球面波であり，遠方では平面波と見なせる．表層を伝わるような制限がかかれば円筒波の形になると想像できる．球面波であれば，波面が広がっても，任意の波面上（球面）ではエネルギー（振幅の二乗）が一定となる．ということは，震源から距離 r 遠ざかれば，波の振幅は，元の r^{-1} に減る．円筒波では，震源から離れると波形も変化する（振幅部はベッセル関数を用いて複雑になる）が，振幅は距離の1/2乗に反比例して減じていく．

任意の波形は異なる周波数 (f)，波数 (k)，最大振幅 (A)，位相 (ϕ) をもつ正弦波の重ね合わせで表すことができる．球面波は平面波の重ね合わせで表現でき，逆も可である．図2.1に x 方向に振幅 $u = u(x,t)$ をもって伝播する正弦波を例に波動の特徴の表しかたを示す．このとき，

$$u(x,t) = A\sin(2\pi ft - \kappa x) \tag{2.1.1}$$

と表せる．この正弦波の角周波数 ω は $2\pi f$ であり，角波数 κ は $2\pi k$ である（図2.1(b)）．この波の同位相が伝播する位相速度 c は，点 x での信号の始まりを表す太い破線の傾き（図2.1(a)）から，$c = f/k = \omega/\kappa = \lambda/T$ である．実際の観測では原点が不明の場合や速度構造の変化もあり，区間 Δx の走時変化 Δt から，局所的な伝播速度である見かけ速度が $(\Delta t/\Delta x)^{-1}$ として求められ，点 x に対しては接線の傾き $(dt/dx)^{-1}$ となる．

2.1.1式は，次の波動方程式を満たす（2.1.26，27，29式参照）．

$$\frac{\partial^2 u}{\partial t^2} = c^2\nabla^2 u \tag{2.1.2}$$

離散化 (discrete sampling)

波動の物理的理解を進める前に，われわれが扱うデータはデジタル化されていてアナログ連続信号とは異なることを頭に入れておこう（60–70年代まではアナログ出力データが主流であった）．ある観測点のデータは時系列として離散化しており，たとえば1/100秒毎にしかデータ値がない．つまりサンプリング間隔（たとえば1/100秒）のあいだの数値が欲しいときは補間することになる．振幅についても24ビット幅で記録されていれば，小さい側のビットで分解能が決まり，大きい側は最大振幅を規定する．

このように離散的な時系列を見るときは，波の1周期に2つ以上のサンプルが入っていないと，正しい波形の情報が失われる．すなわち，50 Hzまでの信号を見たければ，1/100秒毎 (100 Hz) より細かいサンプリングの値を得る観測をする必要がある．このとき，50 Hz以上の信号があれば，エイリアシング（2.1.13式参照）を起こして高い周波数が低い側に紛れ込んでくる[2]ので，あらかじめ50 Hz以上は除去した上でサンプリングする必要がある．空間（波数）に対しても同様であり，測器を置く間隔との兼ね合いになる．

時間軸と周波数軸 (time domain and frequency domain)

上述のように異なる周波数の波に分解できるので，時間順に観測したデー

図2.1　波の幾何学的特徴と速度 (wave characteristics and velocities)

(a) 時間軸方向に2周期の正弦波が x–t 平面上を一定速度で x 方向に進むようす．波の同位相の点は，x–t 平面上を太い破線の傾きをもって伝わる．図の $\tan\theta$ の逆数が同位相の伝播速度（位相速度）になる．

(b) (a) 図に表した波動場を一定時刻（破線）に沿って切ると，その波の波長がわかる．(a) 図でA点からの点線が破線と交差するのは，ちょうど2波長のところになる．すなわち，$c = 2\lambda/2T = f/k$ となる．

(c) 表面波は一般に周波数によって位相速度が異なるため，分散現象を示す．破線の上側が，震源と遠方で観測される波形．破線の下側は，それを正弦波の成分に分解した場合を周波数を限って示してある．震源では異なる周波数の波の山がそろって，重ね合わせると一山のピークになる．遠方ではそれぞれの周波数の位相速度が異なるため，山の位置はそろわない上に，どの山が正しい位相速度を表す山なのかの見分けも難しい．しかし，これらを重ね合わせた観測波形は，時間の経過とともに周期が短くなるような波群になる．すなわち伝播する表面波の振幅が顕著に表れる周期毎の速度は位相速度とは異なり，群速度 (U_i) が決定できる．

---

[2] 1/60秒で書き換わる映像では，速い車輪のスポークの動きがゆっくり逆回りにも見えたりする．

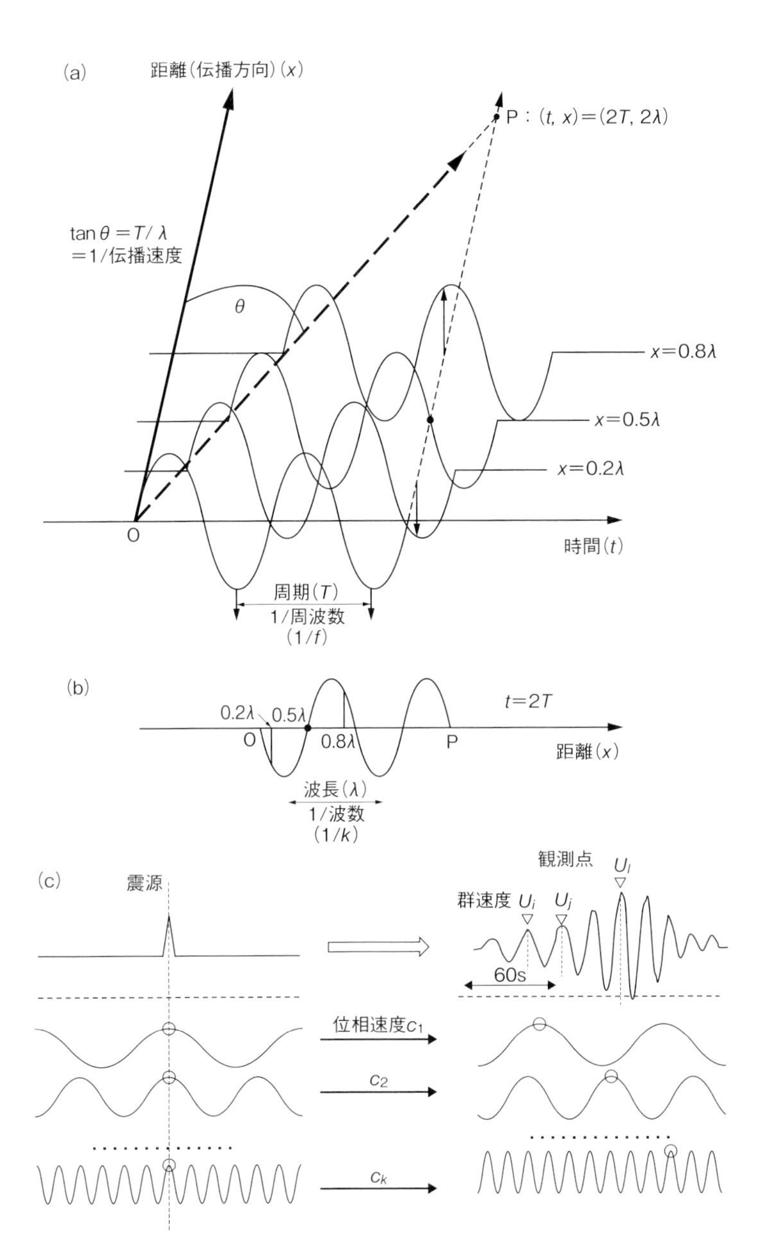
(a)
距離(伝播方向)(x)
P：(t, x)=($2T$, 2λ)
$\tan\theta = T/\lambda$
=1/伝播速度
θ
x=0.8λ
x=0.5λ
x=0.2λ
O
時間(t)
周期(T)
1/周波数
($1/f$)
(b)
t=2T
0.2λ
0.5λ
O
0.8λ
P
距離(x)
波長(λ)
1/波数
($1/k$)
(c)
震源
観測点
群速度 U_i U_j U_l
60s
位相速度c_1
c_2
c_k

タを周波数順に分解すれば，周波数毎の振幅，位相特性（スペクトル）を得ることができる．その数学的な操作は，波形の時系列のフーリエ変換である．そのさいに，取り出す時系列のデータ長 (N) とデータ間隔（ステップ幅 Δ）がだいじである．記録の長さによってスペクトルのステップ幅 ($\frac{1}{N\Delta}$) が決まり，データ間隔によって，分解できる周波数範囲 ($\frac{1}{2\Delta}$) が決まる．地震計が十分密にあれば，空間（距離）軸のフーリエ変換が可能になって軸方向の波数に変換できる．海洋地震学では船を用いた人工地震観測でそれを可能にするデータも得られる．

観測を実際に行うと，地震計はいつでも地面のゆれを記録している．これを，定常的 (stationary) な確率過程 (stochastic process) と見なすと，特定の時間軸の意味がなくなり，位相はランダムな変化となる．しかし，フーリエ変換により振幅の二乗値になるパワースペクトル（2.1.11 式参照）を得てパワー（時間当たりのエネルギー）の周波数分布により振幅の特徴をつかむことができる．

多量のデータをコンピュータ処理する時代なので，デジタルデータを操作するのが便利なことは間違いない．ただし，このことは，データが自然の記録として高忠実度をもつことを保証しているわけではない．観測データの質を高品位に保つ工夫はつねに必要である．

離散化されたサンプリングのポイントとなるナイキスト (Nyquist) 周波数の考え方について，以下にフーリエ変換と合わせて述べる．

◆フーリエ変換 (Fourier transform)

フーリエ変換の離散型の表現が以下である．

0 から $N-1$ まで N 個の時系列データ h_k が時間間隔 Δ で並ぶとき，この時系列の周波数領域での表現は，

$$h_k \equiv h(t_k) \tag{2.1.3}$$

$$t_k \equiv k\Delta,\ k = 0, \cdots, N-1 \tag{2.1.4}$$

$$f_n \equiv \frac{n}{N\Delta},\ n = 0, \cdots, N-1 \tag{2.1.5}$$

として，

$$H_n \equiv \sum_{k=0}^{N-1} h_k \exp(-2\pi ikn/N) \tag{2.1.6}$$

$$h_k = \frac{1}{N}\sum_{n=0}^{N-1} H_n \exp(2\pi ikn/N) \tag{2.1.7}$$

の対が離散系時系列のフーリエ変換 (H_n) と逆変換 (h_k) である．実数のデータは複素数列に変換され，周波数毎 $(f_n = 0, \cdots, N/2)$ の振幅，位相情報となる．

地震計の周波数特性を調べるのにコツンとたたいて（入力），どういう波形を描くか（出力）を求めるという方法がある．パルス入力を周波数成分で見ると，パルスの時刻で山の位置がそろったあらゆる周波数の波の振幅を均等に加えることなので，パルス入力ができれば，あらゆる周波数に対する応答を見ることになる．$t = t_0$ での理想化されたパルス（デルタ関数[3]）をフーリエ変換すると，

$$\exp(-2\pi ift_0) \tag{2.1.8}$$

となる．2.1.8 式から，周波数に対しては振幅（絶対値）は 1 で，位相（偏角）は t_0 に比例した傾きの直線になる．したがって $t_0 = 0$ のパルスに対する応答のフーリエ変換は，周波数特性そのものになる．

パワーと自己相関関数 (power and autocorrelation function)

振幅と位相がランダムに変化し，無限に続く信号については，その一部を切り取った時系列 h_k から以下のようにパワーの情報が得られる．

$$E \equiv \sum_{k=0}^{N-1} |h_k|^2 \tag{2.1.9}$$

をエネルギーと定義し，

$$P \equiv \frac{E}{N} \tag{2.1.10}$$

をパワーと定義する．パワーはエネルギーの単位時間（ステップ）当たりの値である．

単位周波数幅ごとのパワー（パワースペクトル密度 power spectral density）の分布は，$|H_n|^2$ を見ればよい．すなわち，

---

[3] デルタ関数：$t \neq t_0$ のとき $\delta(t - t_0) = 0$ だが，任意の関数 $f(t)$ に対して

$$\int_{-\infty}^{\infty} \delta(t - t_0) f(t) dt = f(t_0)$$

となると定義される．$t = t_0$ のときのみに振幅が 1 となる関数を想像すればよい．

$$P = \frac{1}{N^2} \sum_{n=0}^{N-1} |H_n|^2 \tag{2.1.11}$$

$|H_n|^2$ の逆変換は，自己相関関数 $R_{kk}(n) = \sum_{i=0}^{N-1} h_i h_{i+n}$ になることが知られている（ウィーナー・ヒンチン Wiener-Khinchin の関係）．このとき位相の情報は失われている．

離散信号の特徴 (discrete signals)

離散的時系列を数学的に見ると，デルタ関数がとびとびのところだけ存在するような関数和を考えて，もとの連続信号とを掛け合わせたものを信号と考えることになる．

$$x_s(t) = x(t) \sum_{j=-\infty}^{\infty} \delta(t - j\Delta t) \tag{2.1.12}$$

これですぐわかることは，どのようにとびとびにとるか（サンプリング間隔）で離散信号が異なることである．そのため，連続信号そのもののフーリエ変換と，離散的なフーリエ変換との違いが生じる．離散的な方のスペクトルは，

$$\begin{aligned} X_s(f) &= \frac{1}{\Delta t} \sum_{n=-\infty}^{\infty} X\left(f - \frac{n}{\Delta t}\right) \\ &= \frac{1}{\Delta t} \left\{ X(f) + \sum_{n=1}^{\infty} \left[X\left(f - \frac{n}{\Delta t}\right) + X\left(f + \frac{n}{\Delta t}\right) \right] \right\} \end{aligned} \tag{2.1.13}$$

となり，周波数が 0 から $\frac{1}{\Delta t}$ の幅のスペクトルが周期的に繰り返す．もともとの信号がこの幅の 1/2 の周波数（ナイキスト周波数 f_N）内に入っていればよいが，もともとの信号にそれより高い周波数が含まれていると，それも f_N の範囲に含まれるスペクトルに合わさって元の信号を表さなくなる．たとえば，4 Hz の正弦波信号を離散的に 5 Hz (= 0.2 s) でサンプリングすると，f_N の 2.5 Hz より高い信号が，低い側に入り込む（エイリアシング）．

2.1.2　弾性連続体中の波動 (Waves in elastic continuum)

弾性連続体 (elastic continuum) に生じる擾乱（物質の変形）は，弾性波となってまわりに伝わる．地震観測とは，ある地点の自由度 3 をもつ地動を計測して，変位，速度，加速度として物理的理解をするのが基本である．速度，加速度はそれぞれ変位の 1 階時間微分，2 階時間微分であるので，一般的に変位を波動方程式として記述できれば，変位の 1 階，2 階時間微分から，そ

れぞれ速度，加速度が求められる．地震計は通常，地動の速度，加速度に反応するように設計される（第3章）．

実体波 (body wave)

弾性連続体の変形とは，変位の空間的な変化であり，剛体的な移動や回転を無視すると歪のことである（図2.2）．この歪をもたらす力（弾性体内の応力）は，弾性体の性質 (Hooke's law；歪と応力の関係を表すフックの法則）によって決まり，ニュートン (Newton) の法則により，密度をもった弾性体の運動が記述できる．この運動方程式から弾性体中を擾乱が実体波（P 波，S 波）あるいは表面波（ラブ Love 波，レイリー Rayleigh 波，ストンレー Stoneley 波；媒質に境界面を要する）となって伝わることが示される．自由振動と呼ばれる地球全体のゆれも含まれる．

P 波と S 波は境界のない媒質を伝播できる実体波 (body wave) である．P は primary（縦波），S は secondary（横波）を表す．P 波と S 波の速度 (c) はそれぞれ以下のようになる．

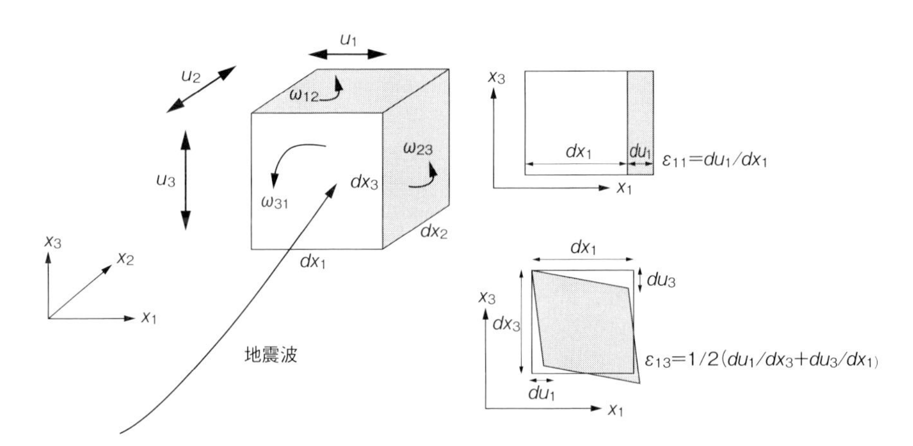

図 2.2 弾性体の変形を測る (measuring deforming elastic body)
微小部分について直交3成分の変位 (u_i) と法線歪 (ε_{ii})，直交軸周りの傾斜（剛体的回転 ω_{ij} とせん断歪 ε_{ij}）が定義できて独立に12成分ある（歪成分で6成分，剛体的並進および回転で 3 + 3 成分．後の6成分は変形しているわけではない）．ε_{13} では，変形前後の四辺形の対角線は回転していない（純粋ずり pure shear）．観測は，適当な基準からの変形の推移を測るのであって，絶対値を測るのではない．

$$V_P = \sqrt{\frac{\lambda + 2\mu}{\rho}} \tag{2.1.14}$$

$$V_S = \sqrt{\frac{\mu}{\rho}} \tag{2.1.15}$$

ここで，λ，μ はラメ（Lamé）の定数と呼ばれる等方な媒質の弾性定数であり，とくに μ は剛性率のことである．ρ は密度，K は体積弾性率で，圧力変化に対する体積変化の比率であり，$K = \lambda + \frac{2}{3}\mu$ である．独立な弾性定数は2個で，このほか，ヤング率（Young's modulus；$E = \frac{\mu(3\lambda+2\mu)}{\lambda+\mu}$）やポアソン比（Poisson's ratio；$\nu = \frac{\lambda}{2(\lambda+\mu)}$）を用いても記述できる．等方であれば向きによって弾性的性質は変わらない．

水中では，剛性率 $\mu = 0$ であるから，S 波は存在できず，P 波の水中圧力変化が伝播し，

$$V_P = \sqrt{\frac{\lambda}{\rho}} = \sqrt{\frac{K}{\rho}} \tag{2.1.16}$$

と書ける．

以下に，実体波が弾性体を波動として伝わる力学的関係を解説するが，先へ進んでもよい．

◆弾性連続体での応力と歪 (stress and strain in elastic continuum)

連続体の変動を知るには，1点のみに注目してはわからない．そのためには，ある点の i 方向の変位 (u_i, $i = 1$–3) が近傍の点の変位とどう関連するかを知る必要があるから，変位の空間微分を調べればよい（2.1.17 式）．ここでは弾性体の微小歪と呼ばれる小さな変形を扱う（図 2.2）．このときは，変形の前後で弾性体の微小部分の線分，平面が保たれると仮定する．微小変位分の du_i は，変形を伴わない剛体的並進移動を無視すると，

$$du_i = u_i + \frac{\partial u_i}{\partial x_1}dx_1 + \frac{\partial u_i}{\partial x_2}dx_2 + \frac{\partial u_i}{\partial x_3}dx_3 \tag{2.1.17}$$

と書け，3 直交方向 (x_i, $i = 1$–3) の偏微分係数が変形を決定づける．それぞれ図 2.2 の何を表しているか対応づけるために整理すると，まず剛体的回転は，

$$\omega_{ij} = \frac{1}{2}\left(\frac{\partial u_j}{\partial x_i} - \frac{\partial u_i}{\partial x_j}\right) \tag{2.1.18}$$

であり，回転方向で符号が変わる．次に歪は，

$$\varepsilon_{ij} = \frac{1}{2}\left(\frac{\partial u_i}{\partial x_j} + \frac{\partial u_j}{\partial x_i}\right) \tag{2.1.19}$$

で，$i = j$ のときは法線歪 $\varepsilon_{ii} = \frac{\partial u_i}{\partial x_i}$ であり，$i \neq j$ のときはせん断歪である．そして，傾斜 (tilt) 成分

$$tilt_j \equiv \frac{\partial u_i}{\partial x_j} = (\varepsilon_{ij} - \omega_{ij}) \tag{2.1.20}$$

は，せん断歪と回転の差である．

これらから，2.1.17 式の偏微分係数は，法線歪成分と傾斜 2 成分となっていることが示される．3 直交方向で 9 成分となるが，上記からこれは変形に関わる歪 6 成分と関わらない回転 3 成分からなる．

応力 (σ_{ij}) は歪と同様に法線応力とせん断応力が定義でき，独立な 6 成分がある (i, j は可換)．6 成分になる理由は，モーメントのつりあい（静的平衡）である．静的な力の平衡からは，平衡条件式が導かれる．

$$\sum_{j=1}^{3} \frac{\partial \sigma_{ij}}{\partial x_j} = 0,\ i = 1\text{–}3 \tag{2.1.21}$$

歪，応力の値は，このように任意の仮想面に対して法線方向，せん断方向に分解して求められる（二次テンソル（行列）で表現できる）．つまり想定する面によって異なる値が求められる．

たとえば単純ずり (simple shear) と言われる変形の場合（$du_1 = \alpha x_2$ で，$du_2 = du_3 = 0$），せん断歪 ($\varepsilon_{12} = \varepsilon_{21} = \alpha/2$) と回転 ($\omega_{12} = -\alpha/2,\ \omega_{21} = \alpha/2$) とに分解される．このとき，傾斜（第 2 成分）は，α である．

主歪，主応力 (principal strain, principal stress) とは，座標系を回転させて歪・応力行列（対称行列）を対角成分（法線成分）のみにしたときの対角成分を言う．固有ベクトル[4]がその座標軸を表す．対角成分の和は，座標の回転によらず一定である．水平面に主軸 2 軸を含むと仮定して歪を観測して主軸を求めるには，3 成分観測が必要になる（法線 2 方向とせん断あるいは法線 3 方向）．値の正負は，面に向き合う圧縮の向きを通常は負とするので，圧力と逆向きである．これの平均値（水中なら静水圧 hydrostatic pressure）を各成分から差し引いたものを，偏差応力・歪 (deviatoric stress, strain) と呼ぶ．

ここまで幾何学と静的つりあいだけであったが，弾性体を考えることで応力と歪が関係づけられる（これを構成則 constitutive law と呼ぶ）．フック (Hooke) によ

[4] 線形代数の教科書参照．たとえば，齋藤正彦「線型代数入門」東京大学出版会 (1966).

る線形関係でつなぐと，三次のテンソル関係が定義でき，21 個の独立な弾性定数（C_{ijkl} の i と j，k と l，ij と kl は可換）が定義される．

$$\sigma_{ij} = \sum_{k,l=1}^{3} C_{ijkl}\varepsilon_{kl},\ i,j = 1\text{–}3 \tag{2.1.22}$$

もっとも簡単な等方弾性体の場合は，独立な弾性定数は 2 個になり，前項で示したラメの定数を選ぶことがふつうである．

◆弾性連続体の運動方程式と波動方程式 (equations of motion and wave in elastic continuum)(付録 B 参照)

ニュートンの法則に従って，ここまで述べてきた定義と性質をもった媒質が運動するとき，その微小部分に注目すると，

$$\rho\frac{\partial^2 u_i}{\partial t^2} = F_i + \sum_{j=1}^{3}\frac{\partial \sigma_{ij}}{\partial x_j},\ i = 1\text{–}3 \tag{2.1.23}$$

と書ける．右辺の第 1 項が外力で運動の原因となる．地震の場合は力の源が連続体内部にある．重力は常に存在するが平衡状態からのずれを考えるので無視できる．重力の変化があっても影響は無視できる．

運動が始まった後は，外力をゼロとして，ここまでの関係を使って右辺を変位による表現にすると，

$$\rho\frac{\partial^2 u_i}{\partial t^2} = (\lambda+\mu)\frac{\partial(\nabla\cdot\boldsymbol{u})}{\partial x_i} + \mu\nabla^2 u_i,\ i = 1\text{–}3 \tag{2.1.24}$$

となる（連続体の運動方程式）．

この関係が，2.1.2 式つまり波動を内包している．表面のない均質等方の弾性体を仮定すると，この式を変形して，P 波と S 波の存在が見える．P 波は，

$$\theta \equiv \mathrm{div}\boldsymbol{u} = \frac{\partial u_1}{\partial x_1} + \frac{\partial u_2}{\partial x_2} + \frac{\partial u_3}{\partial x_3} \tag{2.1.25}$$

の関係をもとに，左辺を発散（divergence，単位体積の物質の出入り（密度変化）として θ と表す）の 2 階時間微分の形にすると，右辺と合わせて，

$$\rho\frac{\partial^2 \theta}{\partial t^2} = (\lambda+2\mu)\nabla^2\theta \tag{2.1.26}$$

と，疎密波が伝わる波動方程式の形になる．「回転」が伝わる S 波は，2.1.24 式に回転 (rotation) を作用させると，

$$\rho \frac{\partial^2 \mathrm{rot}\boldsymbol{u}}{\partial t^2} = \mu \nabla^2 \mathrm{rot}\boldsymbol{u} \tag{2.1.27}$$

が得られる．S 波は 3 成分をもつベクトル波である（付録 B 参照）．

水中音波の場合，圧力と体積変化は，体積弾性率 K の比例定数によって結ばれて，

$$p = -K\theta \tag{2.1.28}$$

だから，

$$\rho \frac{\partial^2 p}{\partial t^2} = K \Delta p \tag{2.1.29}$$

となって，圧力変化が波動として伝わることがわかる．体積変化に応じた密度変化が無視できなくなると，衝撃波を生じたりする．

表面波 (surface wave)

波動方程式の解を具体的に求めるには初期条件，境界条件が必要である．表面の存在は，実体波とは異なる波の伝播を可能にする．海域においても境界層の存在により表面波が存在する．表面に沿って二次元的に伝播するので，実体波よりも距離による振幅の減衰は小さい（円筒波）．

自由表面での応力境界条件（表面を介しての応力ゼロ[5]）を満たす波動方程式の解は，深さ方向に指数関数的に振幅が減衰し，波の伝播速度は S 波より遅く，媒質の運動は伝播方向に対して長円軌道を描く．これをレイリー波 (LR; Rayleigh wave) と呼ぶ．表面波も P 波と S 波の重ね合わせで説明ができる．レイリー波の場合，表面に沿った P 波と表面に垂直（上下）に振動する S 波（SV と呼ぶ）が関わる．境界条件を満たすためには波動方程式から導かれる特性方程式（characteristic equation; 固有値を求める行列式に相当）を満たすことが要請される．ラブ波 (LQ; Love) は，S 波振動面の境界面に平行な振動（SH と呼ぶ）が，水平層構造の境界条件によって伝わる表面波である．SH 波がある層の間にトラップされて多重反射しながら伝播する波（ガイド波）と解釈できる．

媒質の位相速度が不均質（深さ方向の変化が通常もっとも顕著）に分布していると，図 2.1 にあるように，波の形が伝播とともに変わる．これを分散

[5] 厳密には大気により応力が存在する．

現象 (dispersion) と呼ぶ．表面波では分散現象が特徴的に見られる．地表面から深さ方向に波がトラップされる深さ範囲が，波長によるからである（およそ波長の 1/2 の深さ範囲の速度場を反映した速度で伝わる）．多重反射を繰り返す速度場の場合も，異なる多重反射の合成で分散現象が表れる．構造によって分散曲線（波長に対する速度分布）はうねりをもって極大極小をもち，そこに波のエネルギーが集まるのでその波群は振幅が大きくなる（エアリー相 Airy phase）．

速度の指標には，位相速度 (c) と群速度 (U) が定義できる（図 2.1）．位相速度とは，ある波長の波に着目してその山あるいは谷（特定の位相）の伝播速度のことである．位相は波長毎に繰り返すので，1 点の観測ではどこを捉えてよいかわからない．互いに十分近い 2 点で空間エイリアシングを起こさず，1 波長中の同位相の伝播と判定できれば，位相速度も決められる．群速度は，ある周波数の最大振幅部（エネルギーが運ばれてくる部分；波の包絡線がなす最大振幅）の伝播速度として定義できる．この場合，かんたんに 1 点の観測で到来時刻と距離から群速度が求められる．群速度 $U = d\omega/dk$ と表され，次の関係をもつ．

$$U = c + k\frac{dc}{dk} \tag{2.1.30}$$

2.1.3　水の波 (Water wave)

水の波の例では，蛙が池に飛び込んで広がる波紋や船の航跡，そして津波もある．海底に地震計を置くと，これらの流体の動きも圧力変動となって感知できる．風の起こす海の波が脈動となって観測されることは後述するが，ここでは，水の波がいかに直接的に観測されるのか調べよう．弾性波では重力を無視したが，水の波の存在に重力（これが復元力として働く）は無視できない．

弾性連続体の波動で見たように，運動方程式は媒質の微小粒子に注目すれば，粒子が空間的に運動（振動）している様子がわかり，時間の経過による媒質の変化を追えば波動の様子がわかる．

水の波では，流体粒子の動きを計測することは圧力を計測することにほかならない．海洋地震学では，津波が重要な研究テーマであり，津波を励起する海底運動との関係を知りたい．これらを支配する運動方程式は，オイラー (Euler) の運動方程式と呼ばれる[6]．

位相速度と圧力 (phase velocity and pressure)

水の波の位相速度 c は，

$$c = \frac{\omega}{\kappa} = \left(\frac{g}{\kappa}\tanh\kappa h\right)^{1/2} \tag{2.1.31}$$

である[7]．h は水深，g は重力加速度である．

津波は，波高が水深に比して無視できる沖合では，水深に比して波長が十分長いこと ($h \ll \lambda$) が特徴である．そのとき上式は，$\tanh\kappa h \approx \kappa h$ と近似できるので，$\omega^2 = g\kappa^2 h$ となり，分散のない位相速度をもつ波となる．すなわち，水深によって決まる伝播速度 $c = \sqrt{gh}$ であり，外洋ではジェット機の速さと表現される．

海面変動（波高 a）の影響は，海底の圧力変化には，

$$p = \frac{a\rho g}{\cosh(\kappa h)} \tag{2.1.32}$$

として表れる．分母の cosh 関数の値は，波数と水深の積が大きくなると急速に大きくなるので，海面変動の海底への影響は深い海，高い周波数では小さい．しかし，水深の 10 倍の波長の波を想定すると，$p = 0.83a$ となるので，cm 単位の変化でも 10 hPa の変化として伝わる．

以下，海洋地震学の観測に関わってくる水の波の運動方程式を示して上式を導く．

◆水の波の運動方程式 (equation of motion of water wave)

弾性体の運動方程式 2.1.24 式では，左辺が偏微分になっているが，これは，弾性体上では，ある点の変位 u_i も速度（位相速度ではなく）も小さいとしているからで

[6] 流体力学の教科書参照．たとえば今井功「流体力学」岩波書店 (1993).

[7] ここの式に表れている tanh は双曲線関数である．

ある．水の波ではそこの仮定が変わる．

水の表面の形が波として伝わることを考えよう．波が励起されたのち働くのは重力（表面では大気圧）である．

空間各点の動く様子（流れ場）を $\boldsymbol{v}(x_1, x_2, x_3, t) = (u_1, u_2, u_3)$ で表す（オイラー Euler 的表示[8]）．運動方程式は，

$$\frac{D\boldsymbol{v}}{Dt} = \boldsymbol{K} - \frac{1}{\rho}\mathrm{grad}p \tag{2.1.33}$$

$$\frac{D}{Dt} \equiv \frac{\partial}{\partial t} + \sum_{i=1}^{3}(u_i\frac{\partial}{\partial x_i}) = \frac{\partial}{\partial t} + (\boldsymbol{v}\cdot\mathrm{grad}) \tag{2.1.34}$$

と表される（オイラーの運動方程式）．このとき，$\frac{D\boldsymbol{v}}{Dt}$ は，流体粒子の加速度を表し，$\boldsymbol{K}$ は外力，p はある空間位置を含む閉曲面への圧力を示す．流体のように自在に形を変える連続体の方程式は加速度の項に非線形性が現れて解を求めるのを困難にする．オイラーの運動方程式に圧縮を許し粘性も導入するとナビエ・ストークス (Navier-Stokes) の運動方程式となる．

かんたんな場合を考えるために，渦がない (irrotational)，非圧縮性 (incompressible)，粘性がない (inviscible) とする．渦がない場合 ($\mathrm{rot}\boldsymbol{v} = 0$)，速度ポテンシャル ϕ が存在して ($\boldsymbol{v} = \mathrm{grad}\phi$) 連続の式は，ラプラス (Laplace) の方程式の形をとって，

$$\varDelta\phi = 0 \tag{2.1.35}$$

と書ける（ベクトル記法は付録 B 参照）．

粘性がない場合は水の表面に働くのは大気圧の法線応力のみとなる．外力 $\boldsymbol{K}$ とは重力であり，

$$\boldsymbol{K} = -\mathrm{grad}(gx_3) \tag{2.1.36}$$

である．2.1.33 式は，

$$\frac{\partial\phi}{\partial t} + \frac{1}{2}q^2 + \frac{p}{\rho} + gx_3 = f(t) \tag{2.1.37}$$

$$p + \frac{1}{2}\rho q^2 + \rho g x_3 = \mathrm{const.} \tag{2.1.38}$$

となる．ただし，x_3 軸は垂直軸（上向き正）で，$q = |\boldsymbol{v}|$ である．右辺は任意関数，任意値であるが，流れに沿って不変になるよう現実的に設定すればよい（大気圧など）．この最後の式は，ベルヌーイ (Bernoulli) の定理と呼ばれ，水の流れを表して

[8] 空間流体粒子に着目して追いかけるラグランジュ (Lagrange) 的表現に対して，ある位置での流れの変化を追いかける表現．

もいる．

結局，流れ場を記述するには，ラプラスの方程式から境界条件によって速度を求め，次に 2.1.38 式で圧力 p を求めればよい．この圧力が観測できる．

水の波についてラプラスの方程式の解で考慮すべき海水面と海底面における境界条件は，(1) 海水面上の流体粒子は海水面にあり続ける，(2) この境界面に大気圧が働く（水の波では無視できない），(3) 海底面に対する速度の法線成分は 0，である．

(1) の条件により，表面では $x_3 = \eta(x_1, t)$ として，その表面を表すために関数 $F(x_1, x_3, t)$ を定義すると，その表面上では，

$$F(x_1, x_3, t) \equiv x_3 - \eta = 0 \tag{2.1.39}$$

となるので，

$$\frac{DF}{Dt} = 0 = -\frac{\partial\eta}{\partial t} - u_1\frac{\partial\eta}{\partial x_1} + u_3 \tag{2.1.40}$$

を満たす．η, u_1, u_3 が小さいことからテイラー展開の二次以下を無視して，速度ポテンシャルを用いると，水の表面では，

$$\frac{\partial\phi}{\partial x_3} = \frac{\partial\eta}{\partial t} \tag{2.1.41}$$

となる．

(2) の条件を 2.1.37 式にあてはめると，粒子速度の二乗和を無視して

$$\frac{\partial\phi}{\partial t} + g\eta = 0_{x_3=0} \tag{2.1.42}$$

の関係が成り立つ．

ここで，表面の形（擾乱 η）が波を表すのか，これらの 2 条件を満たす正弦波を確かめよう．x_1 方向に進む波を想定して，

$$\eta = A\cos(\kappa x_1 - \omega t) \tag{2.1.43}$$

を代入する．速度ポテンシャルも正弦波になると予想して

$$\phi = f(x_3)\sin(\kappa x_1 - \omega t) \tag{2.1.44}$$

とすると，(1)，(2) の関係を満たす解が存在して，

$$\phi = \frac{A\omega}{\kappa}\exp(\kappa x_3)\sin(\kappa x_1 - \omega t) \tag{2.1.45}$$

$$\omega^2 = g\kappa \tag{2.1.46}$$

である．ϕ からすぐに速度成分も求まる．

海底の境界条件は $\frac{\partial\phi}{\partial x_3}=0$ である．

ラプラスの方程式の解は深さが一定 (h) で，x_1 軸方向に進む波を仮定すると，

$$\omega^2 = g\kappa \tanh \kappa h \tag{2.1.47}$$

$$\begin{aligned}\phi &= -ca\frac{\cosh \kappa(x_3+h)}{\sinh \kappa h}\cos(\kappa x_1-\omega t)\\ &= -ga\frac{\cosh \kappa(x_3+h)}{\cosh \kappa h}\cos(\kappa x_1-\omega t)\end{aligned} \tag{2.1.48}$$

となり，速度場が導かれる．ここで，a は波の高さ，c は波の位相速度で，

$$c=\frac{\omega}{\kappa}=\left(\frac{g}{\kappa}\tanh \kappa h\right)^{1/2} \tag{2.1.49}$$

である．

これを二次の微小量を無視した運動方程式（圧力方程式）$p=-\rho\frac{\partial\phi}{\partial t}-\rho g x_3$ に代入し，静水圧分を除いた海面と海底の応答関係を見れば，海面圧力の海底地震計への影響は，

$$\frac{-\rho(\frac{\partial\phi}{\partial t})_0}{-\rho(\frac{\partial\phi}{\partial t})_{-h}}=\cosh(\kappa h) \tag{2.1.50}$$

である（2.1.32 式）．

2.2　波の励起 (Generation of waves)

2.2.1　自然地震 (Natural earthquakes)

弾性連続体の運動方程式（2.1.23 式）は，以下のようであった．

$$\rho\frac{\partial^2 u_i}{\partial t^2}=F_i+\sum_j\frac{\partial\sigma_{ij}}{\partial x_j},\ i=1\text{–}3 \tag{2.2.1}$$

自然地震では，2.2.1 式の F_i のところに，ダブルカップルモデルによる力の表現を代入する．断層面を介して両側が互いにずれ (dislocation) を生じさせる起震力は，偶力の組み合わせ（ダブルカップル）によって表現でき (Maruyama, 1963)，地震観測によって求められる（図 2.3；1.3.2 節参照）．2.2.1 式から，F_i を含んで，P 波，S 波の変位表現が得られることがわかっている．ダブルカッ

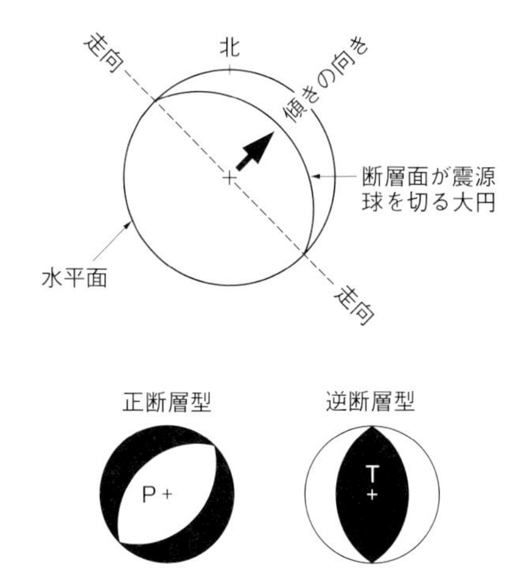

図 2.3 震源メカニズム (source mechanism)
三次元球の下半球を水平面に投影したものが多い（垂直断面図では垂直面に投影することもある）．これは，射出角が水平より下の波の観測が圧倒的に多いことによる．上半球から射出した波は，180° 反対側に投影して下半球側に合わせる．4 象限を白黒で塗り分けるが，白が引き（圧縮軸 P）で，黒が押し（引張軸 T）である．

プルを複数配置すれば有限の大きさをもった断層のずれも表現できる（ほかの専門書参照[9]）．ダブルカップルモデルは，せん断応力による断層運動と等価である．これは，観測によって証明された地震学の重要な発見である．自然地震断層に限らず発破，引張割れ目などによる波動源をも表す力の一般的な表現としてモーメントテンソルがある (Backus and Mulcahy, 1976)．点震源を原点として 3 直交軸に沿って互いに逆方向に働くダイポール（二重極）が 3 つ，直交軸のそれぞれに垂直な面内でシングルカップル（単双力源でモーメント（トルク）をつくる）が 2 組ずつ定義できて 6 組あるので，一般的には総計 9 種の力対の組み合わせがある．シングルカップルが同一面内で二つ組み合わさって（ダブルカップル）モーメントがゼロになる．

地震計に P 波が到来すれば，上下動に振幅が卓越することが期待され，その最初の押し引きから，震源で P 波射出方向に引張りだったのか押しだったのか極性 (polarity) がわかる[10]．すなわちその観測点は，ダブルカップル震

[9] たとえば大中康譽・松浦充宏「地震発生の物理学」東京大学出版会 (2002).
[10] 始めの半波長が雑音に埋もれると極性が反転して見えることになる.

源モデルの震源に向かって圧縮力の働く象限（媒質は膨張 dilatation で引き pull; 地動下向き）にあるのか，引張り力の働く象限（媒質は圧縮 compression で押し push; 地動上向き）にあるのかがわかる．この震源を囲む仮想的震源球上の方位と，射出角で決まる波の通過点での押し引き分布から，断層面を決めることができる．実際は直交する2面が候補になるが，余震分布などから特定できる．

実際の断層は有限の大きさをもち，すべりは複雑に進行するが，第1章でも述べたようにダブルカップルの重ね合わせで表現できる．地震を特徴づけるパラメターとして，マグニチュード，断層の位置・走向・幅と長さ，断層面上のすべりの向き，すべりの平均値と最大値，すべり前後の応力降下量（stress drop；後述の摩擦の項）がある．動的にはせん断の伝播なので，およそS波速度をもつすべり伝播速度，放出された地震波振幅の周波数分布で表される震源関数，そして時間軸での断層すべりの開始から終了までのすべり時間関数がある．これらを観測から精密に求めることによって地震の物理的本性が見えてくる．現在でも，極微小から $M9$ クラスまでの地震の自己相似性（1.3節参照）がどこまで成り立つのか，地震すべりが始まったときにどこまですべって大きさが決まるのかは，難題として立ちはだかっている．

以下，自然地震と津波の規模と，地震の断層運動について基礎的なことを記述する．

◆地震の規模 (earthquake magnitude)

観測される地震の波から，エネルギーを見積もろう．もっとも単純に考えて，ある地点のゆれを $u = A\cos(\omega t)$ と表せば，1周期 (T) 分の運動エネルギーの時間平均 E_k は，上記から，

$$E_k = \frac{\rho}{T}\int_0^T \ddot{u}^2 dt = \rho\pi^2\left(\frac{A}{T}\right)^2 \tag{2.2.2}$$

となる．

これを底を10とする常用対数表示すると，力学的エネルギーは C を定数として

$$\log E = \log C + 2\log\left(\frac{A}{T}\right) \tag{2.2.3}$$

という形になり，

$$\log E_s = 1.5M_s + 4.8 \tag{2.2.4}$$

という表面波マグニチュード (M_s) と地震のエネルギー (E_s) の式に結びつく (Gutenberg and Richter, 1936). E_s の単位はジュール (J = N·m) である. 既述したモーメント (M_0) と関係づけると（1.3.2 式),

$$\log M_0 = 1.5M_s + 9.1 \tag{2.2.5}$$

となる.

M_s の係数 1.5 により, M_s が 1 大きいとエネルギーが 30 倍（0.2 ステップで 2 倍）以上になる. この式は, ある周期に注目した観測値（たとえば 20 秒周期の観測変位波形の最大振幅値）から放出された地震波全体のエネルギーを導くのであるから, 地震にはその大きさによらずそのような関係を成り立たせる性質があるということになる[11]. このとき, 大きな地震ほど低いコーナー周波数から振幅が減り始めるので, コーナー周波数より高い周波数でマグニチュードを推定すると, エネルギーの過小評価になる. そこで, モーメント（単位は N·m）を超長周期側の観測から求めて, 2.2.5 式で逆にマグニチュードを定義したのが, モーメントマグニチュード M_W である (Kanamori, 1977).

実体波の振幅は, 伝播経路（震源距離と構造）にもよるのでその影響も考慮する. たとえば, 震源から等間隔の射出角で出た波も, 構造によっていろいろ曲げられて, 等間隔には地表に到達せずに疎密ができる. その様子は走時 (T) の震央距離 (Δ) に対する微分係数 $\frac{dT}{d\Delta}$ の変化 $\frac{d^2T}{d\Delta^2}$ による（2.3.1 節参照). 海底地震計はローカルな微小地震を観測することが多いため, マグニチュードも独自に決めなくてはならないことがある. その場合, 地震計が短周期速度型であると, 相似則に頼る振幅による推定はむつかしい. そこで, P 波初動到達時刻からその地震の信号が背景雑音に消えて区別できなくなる時刻 (final) の差（$F-P$ 時間）から推定する. これの対数がマグニチュードと線形関係にある. 経験則から震源関数とその広がりの大きさが, 散乱する波の大きさと継続時間と相関していることを示す.

◆津波の規模 (tsunami magnitude)

Abe (1981), 渡辺 (1995) によって, 津波マグニチュード M_t が経験則的に求められている. 地震のモーメントマグニチュードに合うように設定すると,

[11] 相似則 scaling law；地震の震源変位スペクトルの振幅は周波数ゼロからある周波数（コーナー周波数 corner frequency と呼ばれる）まで一定の大きさで, 高周波数側に大きく減衰する (Aki and Richards, 2002).

$$M_t = \log H + \log \varDelta + 5.58 \tag{2.2.6}$$

H は津波の最大振幅 (m), $\varDelta$ は震央から観測点までの距離 (km) である (Abe, 1981).

このような関係からはずれて地震マグニチュードからの想定より大きな津波が襲来することがあり，それを断層運動に原因ありとして津波地震と呼ぶ (Kanamori, 1972)．日本にとっての典型は 1896 年の三陸沖地震であり，海外では 1992 年ニカラグア地震が有名である．しかし津波だけ大きくするメカニズムは明らかではない．高い角度で海底に突き抜ける断層，最終変位に達する時定数が長い地震，柔らかい堆積物が大きく上下にゆさぶられること，あるいは地すべりが誘発されるなどが理由の候補である．

◆地震と断層 (earthquake and fault)

地震とは，断層運動による．テクトニクスによる応力場のなか，地質時間スケールで繰り返された断層面を介したすべりが地震波を放出する．第 1 章で触れたように，ほとんどは既存の弱面でのすべりと考えられる．地震の理解のために重要なのは，断層面にかかる応力と摩擦特性であり，その実体である．

主応力とこの断層面を介するせん断応力 (τ, shear stress) と法線応力 (σ, normal stress) との関係は，断層面と σ_1 軸（最大主応力）とのなす角度を β とすると，

$$\tau = \frac{1}{2}(\sigma_1 - \sigma_3)\sin 2\beta \tag{2.2.7}$$

$$\sigma = -\frac{(\sigma_1 - \sigma_3)}{2}\cos 2\beta + \frac{(\sigma_1 + \sigma_3)}{2} \tag{2.2.8}$$

この式から (σ, τ) は，断層面の法線方向 (σ) と接線方向 (τ) に座標系を取るとモール (Mohr) の応力円と呼ばれる円をなす（図 2.4）．モール円上の点が (σ, τ) の組を表し，その点と円の中心と σ 軸のなす角度が，応力の最大圧縮主軸と断層面のなす角度 (β) の 2 倍である．応力円の法線応力軸上の最大値（最小値）は主軸の最大（最小）圧縮応力を表す．せん断応力は，β と最大と最小圧縮応力の差 $(\sigma_1 - \sigma_3)$ に規定される．このとき，応力の指定に必要な仮想面を言わずに最大せん断応力の値だけを言うことが多い．

2.2.7 式からせん断応力が最大になるのは $\beta = 45^\circ$ のときだが，じっさいの岩石が破壊するのはこの角度より小さくなる．じっさいの破壊すべりは，図 2.4 にあるように摩擦係数 μ の傾きをもつ直線にせん断応力（モール円上）が達したときにすべり出すとするクーロン (Coulomb) の法則が即している．摩擦係数 μ（通常 $0 < \mu < 1$）は，

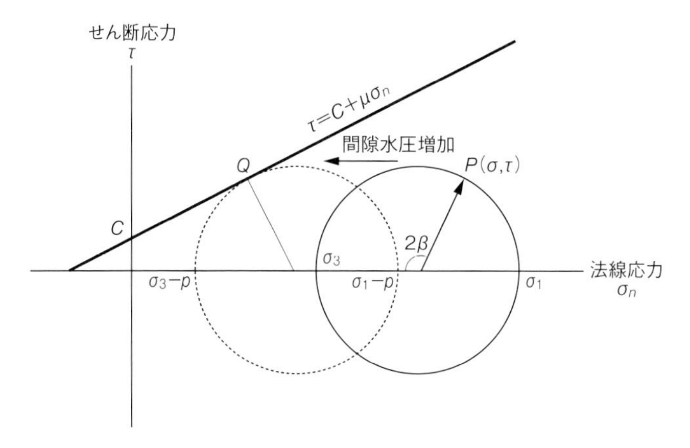

図 2.4 モールの応力円 (Mohr's stress diagram)
応力は面を定義しないと決まらないが，この図（二次元の場合）からどの面に対しても応力が求められる．円は横軸の主応力の値によって描かれる．このとき，任意の角度 (β) 傾いた面に対しては，円周上の点 P の座標が法線応力とせん断応力の値を与える．図の中の傾いた直線が Coulomb の法則（本文）を表し，応力円がこの直線に接する状態になるとすべる．図では間隙水圧が増加して，実線の応力円が左方の点線の円まで変化すると Q 点で直線に接し，そのときの β で決まるすべり面ですべる．C は断層面間の固着力（法線応力は圧縮を正方向にとっている）．

$$\frac{\tau}{\sigma} = \mu \tag{2.2.9}$$

である．これだと原点を通る直線だが，じっさいは，間隙水圧，固着力などの効果で原点は通らない（図 2.4）．

重要なことは，クーロンの法則によれば，主応力軸に対応してのすべり角度は

$$\tan 2\beta = \frac{1}{\mu} \tag{2.2.10}$$

に規定されることである．摩擦があれば $\beta < 45^\circ$ となり，$\mu = 0.1, 0.5$ ではそれぞれ $42.1^\circ, 31.7^\circ$ になる．このように主応力に対する断層の角度は摩擦の指標になる．地震の断層モデルは，断層に対して 45° の起震応力を示すので，ここで言う主応力と一致しない．地震の断層モデルからテクトニックな応力場が直接すぐわかると言えないわけである．

日本の周りのプレート間地震は逆断層タイプである（典型的には最小主応力が垂直方向の $\sigma_z = \rho g z$）．正断層は，海嶺軸に起きる地震などに見られる（典型的には最大主応力が $\sigma_z = \rho g z$）．あと一つの典型は，中間圧縮主応力が垂直になる横ずれ断層である（1995 年兵庫県南部地震）．実際は，これらの典型が複合する．

◆摩擦 (friction)

地震にいたり，終わるまでの摩擦の特性（静摩擦係数と動摩擦係数の変化の実際）については，多くのモデル実験，室内岩石実験が行われているところであり，自然地震の解釈，理論的考察も進行中である[12].

摩擦係数は，現在のすべりと過去のすべりの関数になっているだろう．現在のすべり V に対しては，$a \ln \frac{V}{V^*}$ という形が実験から求められ，過去のすべりの影響（履歴効果）については，$b \ln(\frac{V^*\theta}{D_c})$ が提唱されており，基準の摩擦係数 (μ_0 at $V = V^*$) と併せた値が摩擦係数とされる (Dieterich, 1979; Scholz, 1998)．V^* は基準となるすべり速度，D_c は臨界すべり変位量と呼ばれる．θ は状態によるパラメターとされており，時間によって緩和する量である．実験室で瞬時にすべり速度を増加させると摩擦は瞬時に a 増加し，その後徐々に b 緩和して定常的すべり状態に入る．$a-b$ の正負が速度強化（velocity strengthening；摩擦がすべりに対して増すので地震を成長させられない安定領域)，速度弱化 (velocity weakening) を分ける．すべり速度が変化し，摩擦係数が落ち着くまでの距離が D_c である．

断層が運動したとき，摩擦のなす仕事は，断層のすべり量 (ΔD) と働いた応力の積分である[13] (図 2.5)．地殻は連続体であるので，単位体積当たりでは，$W = \frac{1}{2}\sum_{i=1}^{3} \sigma_i \epsilon_i$

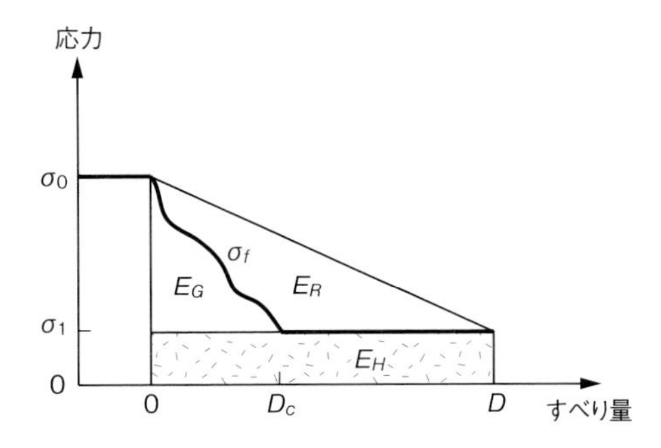

図 2.5　地震の破壊・摩擦・放射エネルギー (fracture, frictional, and seismic radiation energies) 縦軸は断層に働くせん断応力，横軸は断層のすべり量．ここに示す摩擦の挙動モデルは，すべりの開始から終了までに D すべるが，応力は，σ_0 から σ_f に沿って降下し D_c 以降 σ_1 で一定である．断層の破壊に費やされるエネルギーが E_G，地震波となって放射される分が E_R，断層で熱エネルギーに散逸する分が E_H．地震観測から推定できるのは E_R と $\sigma_0 - \sigma_1$ であり，モデルによって E_G も見積もることができる（Kanamori and Brodsky, 2004 より）.

---

[12] Scholz, C. The Mechanics of Earthquakes and Faulting, 2nd Edition, Cambridge University Press (2002); 大中・松浦「地震発生の物理学」東京大学出版会 (2002).

[13] 仕事は，ある物質に対して働いた力とその動かした距離とのスカラー積である．

である．これが，地殻のもつポテンシャルエネルギー（歪エネルギー）である．歪エネルギーそのもの（絶対値）を推定するには，震源モデルを介する必要がある．破壊の開始時と終了時の応力差 ($\Delta\sigma_s$) と生じた変位の積が断層の単位面積当たりなした仕事の波動となる分と考えられるので，地震の波動エネルギーは，

$$E_s = \frac{1}{2}\Delta\sigma_s DA = \frac{\Delta\sigma_s}{2\mu}M_0 \tag{2.2.11}$$

となる．D は平均的な断層のすべり量，A は断層の面積，M_0 はモーメントである．これを求めるには，$\Delta\sigma_s$ の推定が必要である．静的応力降下は以下のように推定される．

$$\Delta\sigma_s = c\mu\frac{D}{L} = c\frac{M_0}{LA} \tag{2.2.12}$$

モーメントが観測から推定され，断層の代表的長さ $L(\approx\sqrt{A})$ と面積がわかれば静的応力降下が推定できるという式である．c は断層の形による係数で 1 のオーダーである．長さと面積は，余震分布，地殻変動，震源関数などから推定される．観測から $\frac{\Delta\sigma_s}{2\mu}\approx 1.0\times 10^{-4}$ が推定されている．

ばねからの類推で行くと，ばね係数（「かたさ」; stiffness）に相当するのが，断層の応力降下とすべり量の比である．すなわち，stiffness $= \frac{\Delta\sigma_s}{D} = c\mu/L$ である．したがって，$\Delta\sigma_s$ がマグニチュードに大きく依存しなければ，すべり量 (D) は長さ L に比例する．同じばねを N 個つないでいくと全体（長いばね）のばね係数は $1/N$ と，やわらかくなり伸びる距離も大きい．逆に L が小さい地震ほどかたく，長さ L との積は剛性率に比例する．

2.2.2　自然地震以外による波 (Non-seismic sources)

海底で地震計に記録される波の発生源は以下のように推定される．

(1) 風波：大気海洋相互作用による風が波を起こす．さらに大きなスケールのエネルギー循環により海流もある．大気が駆動力となって発生する水の波により，海水層全体に場の擾乱が発生し，海底にも影響を及ぼす（次節に示す脈動から 100 秒オーダー周期の水の波の影響まで）．

(2) 天体力：海洋は，潮汐力による運動も行っている．海底下の固体部分も地球潮汐で変形している（月と太陽の運動から予測できる半日周期卓越）．

(3) 深層流：海流は，表層から数百 m の厚みをもつ流れだが，海底近傍では底層流と呼ばれる別の流れがある．

(4) 生物活動：海水中には生物が多数生息しており，鳴き声を出している(数～数十 Hz 以上).

(5) 人間活動：洋上輸送など人間の活動がある．陸上の都市ほど多くはないが，雑音源である．

(6) 自然現象：海底火山活動や大規模地すべり，氷河の崩落など．

脈動 (microseisms)

風が波を起こす．そして，海の波から海中に圧力変動が励起され，海底から地震波となって地震計に観測される．なかでもおよそ 0.1–0.5 Hz (2–10 s) の周波数帯の雑音は世界中で観測され，脈動と呼ばれる自然雑音の大きな山を作り，自然地震観測のじゃまをすることで知られてきた．地震計の感度がこの周波数帯を避けて高周波側と低周波側に分けて作られた歴史もある（第3章参照）．

遠くまで伝わる脈動は，互いに逆向きに進行する海の波が作る定常波によって説明される (Longuet-Higgins, 1950; Kibblewhite and Wu, 1991; Webb, 1992; Tanimoto, 2007)．このときの圧力変動は海の波の周波数の2倍になる．遠方まで伝わる理由は，海中をガイド波（レイリー波）として，構造に限定された経路に沿って伝わるためである．このため海底下の構造も伝播の境界条件として影響する．

そのような逆向きの波の重ね合わせが起きる時と場所は，波が発達する場所に異なる方向から波がくることが条件となる．台風やハリケーンは風速は大きいが，範囲 (fetch) は 1000 km 以下程度である．季節風ははるかに広い範囲を 50–60 ノット (kt) で吹く．いずれも大きなうねりを遠方に届かせる．うねりはおよそ周期 10–25 秒程度に集中する．一方，沿岸近傍では反射波ができるので定常波が発生しやすく，チャネル波（2.3.2 参照）になって遠方に伝わることが観測されている (Bromirski *et al.*, 2005)．

海の波による圧力変動も直接海底に伝わるが，深さによる減衰が大きい．ただし，沿岸域で波が海底と強く相互作用するところで顕著になり，この場合は海の波の周波数のまま (0.05–0.1 Hz) である．

脈動の原因が海の波にあることから，海洋物理学との接点になることがわかる．脈動のスペクトルは，風が強くなって海洋の波が成長していくと低周波側のピークが高まるが，高周波側への減衰はおよそ周波数の4乗に反比例して小さくなる．また海洋毎に見ると太平洋，大西洋，北極海と順に脈動の振幅が小さくなるが，これは海洋気象の変動幅を見ていることにほかならない (Webb, 1998).

いわゆる脈動より低周波側で，またスペクトルの雑音レベルがあがる．これは，長周期の水の波が海底におよぼす圧力変動により，海底が変形させられるからである．周期25秒以上の海の波 (infragravity waves) は，波長も長く海の波の振幅はcm単位程度以下にしか過ぎなくとも，高感度の圧力計，長周期地震計によって観測される．陸上での大気圧変動による地殻変形に相当する．陸上では，地下壕などに観測を退避するが，海底ではなかなか逃げ場がない．また，この情報は浅い地殻の構造を強く反映することから，これを計測して地殻構造を求める手法もある (Crawford *et al.*, 1991).

2.3 波の伝播 (Wave propagation)

2.3.1 境界条件と経路 (Boundary condition and ray path)

大気と接する地面と異なり，海底で観測する場合は，上側の海水層も考慮しなくてはならない．また，海底には，水をたっぷり含んだ未固結の堆積物が存在している．これらは V_P/V_S 比が大きい（あるいはポアソン比が0.5に近い）.

それぞれ均質等方な二つの弾性体が，ある面 ($x_3 = 0$) を介して合わさっているとき，この面に波が x_1–x_3 面に沿って入射すると，反射，透過，変換とエネルギー分配が起きる（図2.6(b)）．このときの境界条件として，$x_3 = 0$ で，x_1 方向と x_3 方向の変位が連続，$x_3 = 0$ に垂直な応力 (τ_{13}, τ_{33}) も連続である．これを用いると，入射波の振幅に対して，反射透過変換波の振幅も決まる[14].

片側が流体の場合，流体側の剛性率はゼロである．このため，$\tau_{13} = 0$ と

[14] 地震学の教科書参照．たとえば，宇津徳治「地震学第3版」共立出版 (2001).

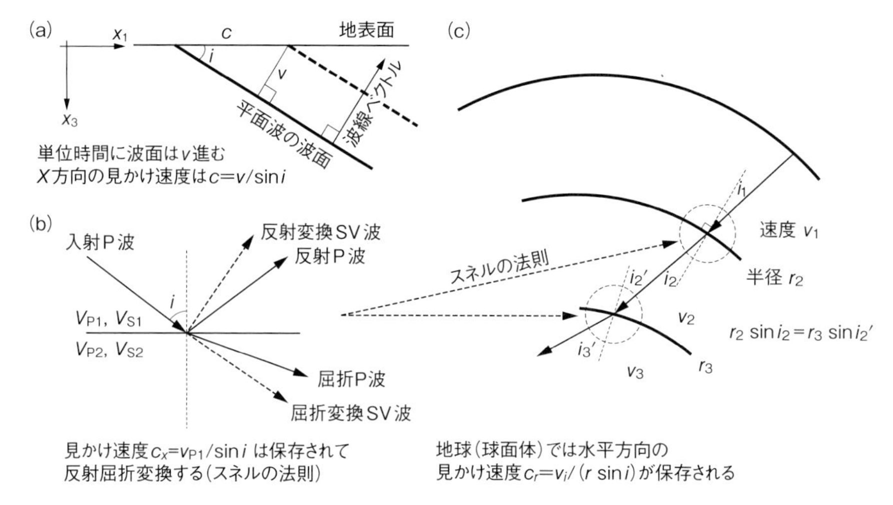

図 2.6　波の伝播 (ray path)
(a) 平面波（等位相面が平面）の波面（等位相面）に垂直方向（波線ベクトル方向）に波は進行する．x_3 方向にのみ媒質速度が変化する場合，c は，波線の方向にかかわらず一定である（スネルの法則）．
(b) 波は，弾性定数，密度の境界面で反射，屈折，変換（P から SV，SV から P）する．
(c) 球体で深さ方向にのみ速度が変化する場合もスネルの法則により水平方向の見かけ速度（$v/(r\sin i)$；r は地球中心から境界面までの距離）は保存される．波線が上向きに変わる（図の外）最深部 r_m では $v=\frac{r_m}{r_\circ}c_\circ$ となる（○ は地表）．

なる．変位の水平成分は不連続である．自由表面 $(x_3=0)$ 上では前述したように応力ゼロになる．

垂直入射のとき速度の遅い層から反射すれば位相が反転する．このことが，低速度層の存在指標となる．このほか，P 波が地表に入射すれば，位相が逆転する反射波と合わさって振幅がほぼ2倍になる．S 波は，地表への入射角が地表の P 波，S 波速度の比で決まる $\sin^{-1}(V_S/V_P)$ よりも小さいときには，上下動と水平動のそれぞれの位相が互いにずれるので，楕円軌道でゆれる．

波線パラメター (ray parameter)

波動方程式に頼らずとも波線（等位相面に直交する線）の曲がり方はスネルの法則 (Snell's law) によってわかる（図 2.6）．境界面を介して等位相面は折れ曲がるが，境界面で媒質そのものがずれない限りずれないので，$v/\sin i$ は保存される．球面波でも事情は同じになる．この経路が最短時間になることは，変分原理を用いて証明され，フェルマー (Fermat) の原理と呼ばれる（一般的には停留値をとる経路）.

経路を決めるのは，速度構造である．この速度構造が一次元（平面あるいは球面に垂直方向のみの変化）であれば，上記の保存量となる $v/\sin i$ が波線毎の経路を決める．この逆数を波線パラメター（p と表記される）と呼ぶ．波線が水平となる最下点では $i=\pi/2$ であるから，v^{-1} となる（球面の場合は，図 2.6(c) 参照）．地表での入射角と速度がわかれば，波線パラメターが一定の経路が決まる．

2.3.2 海中の音波 (Marine acoustic wave)

地震学的には，海水（塩分 3.3–3.5%程度；海水 1 L 当たり 33–35 g）は，P 波を 1500 m/s で伝える均質流体と考えることが多い．しかし，音波速度 c は体積弾性率と密度により決まり，さらにそれらは海水のもつ温度，圧力，塩分濃度 (salinity) によって決まる (Mackenzie, 1981)．これらパラメターの分布は，船上から海底までのセンサーを降下させて測ることができる（図 2.7)．ちなみに塩分濃度を 35‰として，25°C の表層から 100 m 以浅なら音波速度は 1.53 km/s，海面下 1000 m 5°C で 1.49 km/s，6000 m で 0°C ならば 1.55 km/s であるので，約 5%程度の変動範囲をもつ．したがって，海底の深さを音響的に測るときには音波速度の精度が絶対深さの精度を決める．海洋物理学の分野では海水場の変動を測るために音波速度構造の変化が利用される．

海面は，大気との境界であり，季節変化の大きい浅い層から，定常的に深さによる温度降下の大きい変温躍層 (thermocline) が深さ 1000 m 程度まで続き，その後，海底までゆるやかに温度が下がる．この兼ね合いで，海洋には音波を遠距離まで届かせることができる低速度層があり，それを SOFAR (Sound Fixing And Ranging) チャネルと呼んでいる．温度の深さ方向への減少と圧力の増加の割合によって，そのようなチャネルが形成される（図 2.7)．低～中緯度では深さ 600–1200 m くらいに位置し，高緯度では浅くなる．遠方まで届く理由は，ここにエネルギーがトラップされるからである．たとえば，Ewing and Worzel (1948) によれば，1 ポンド（約 450 g）の火薬発破に

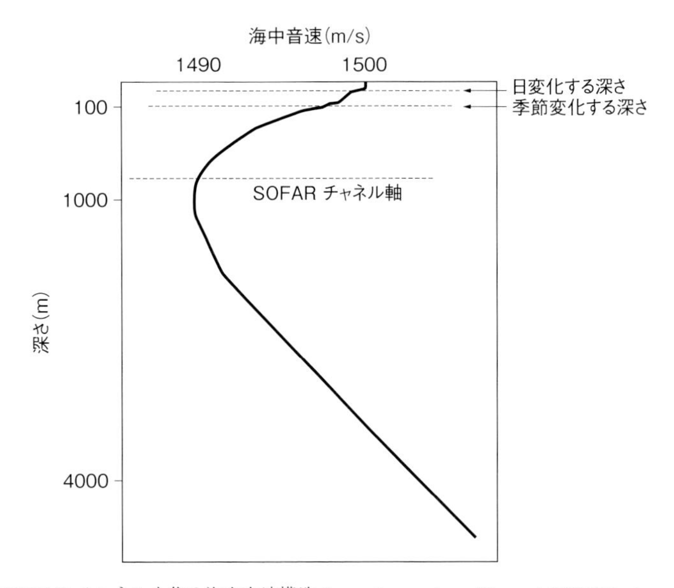

図 2.7　SOFAR チャネルを作る海中音速構造 (sound speed profile and SOFAR channel) (http://www.dosits.org/science/soundmovement/sofar/speedminimum/)
中緯度の水中音波速度は，海水の温度，塩分濃度，圧力変化により，図のように変化し，SOFAR チャネルと呼ばれる低速度層を形成する．

よる水中音波を 3200 km まで届かせることができた．冷戦の時代に米国海軍はこのチャネルを利用して，潜水艦の探知を行っていた．

経路の一部を海中音波として伝播する T 相については，次節に記す．

2.3.3　相 (Seismic phases)

波動方程式に表れる密度，速度の空間分布を観測によって決めるには，実体波では走時曲線，表面波では分散曲線の観測が基本である．走時 (traveltime) に加えて，振幅，波形の情報を取り入れてより解像度，信頼度を上げようとしているのが現在である．さらには観測値をそのまま計算機に入れて，観測と同じ波動場を作る三次元構造を探す時代も始まっている．

ここでは，波の経路を規定する相（フェーズと言うことが多い）について述べる．震源からただ一山のインパルスの波が射出されただけでも，地震波は経路の違いにより異なる相に分かれて観測点に到達する（図 2.8）．相の呼び方は世界共通である．

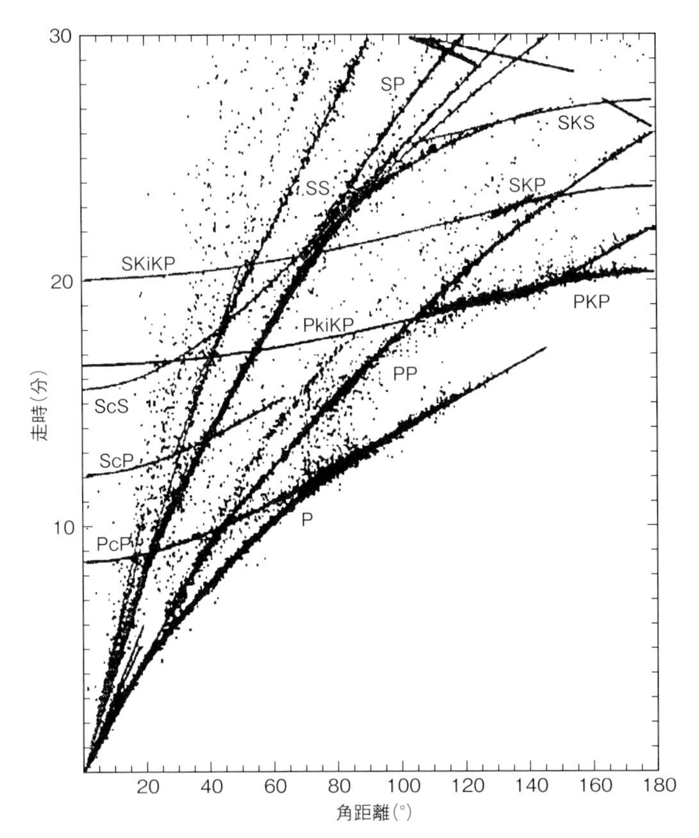

図 2.8　相 (seismic phase) (Kennett and Engdahl, 1991)
横軸は角距離（地球中心を見込む角度，1° はおよそ 111 km），縦軸は地表近くの震源からの走時（分）．地球の裏側までどのくらいで伝わるかわかる．上に凸の曲線は屈折相，下に凸は反射相．K，I はそれぞれ外核，内核を通過するとき経路の順にしたがってつける（例：PKP）．核で反射すれば c をつけるので，PcP というような表記になる．内核と外核境界で反射すれば i．相の呼び方については，Storchak *et al.* (2003) 参照．

長距離伝播する相 (seismic phases at large distances)

グローバルなスケールでは，固体の内核を覆う流体の外核によって波線が大きく曲げられる（図 2.9）．第 1 章で見たように P 波速度が不連続に減少するからだ．このため，ちょうどマントル–核境界に接するように伝わる距離 (135°) より遠方には，P 波の届かない影のゾーンができる (shadow zone)．波動的性質により一部は回折して影の部分にもまわりこむ．

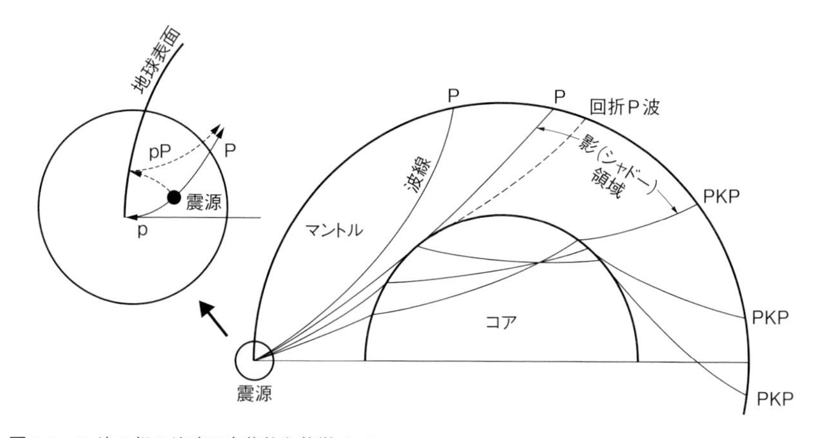

図 2.9　P 波の相の地球の全体的な特徴 (schematic view of P phases)
コアに入射する地震波線は大きく曲げられ, P 波が届かない影の領域ができる (図 2.8 の角距離 135° 以遠). また, pP 相はデプスフェーズと呼ばれる (詳しい相の分類は http://www.isc.ac.uk/standards/phases/).

観測が地表に限定されているため，震源の深さを遠方のデータから精度よく求めることは難しい．そこでデプスフェーズ (depth phase) の利用が工夫されている（図 2.9 拡大部分）．一例として震源より上向きに射出して地表で P 波のまま反射する波を pP 相と呼び，これと直達する P 波とを十分に遠方の同一観測点で観測すると，走時の差である pP − P 時間は，震源と地表間の往復時間に相当すると見なせるからだ．このように同一震源からの異なる相の走時の差分を見ることは，発震時刻を帳消しにするので，経路の異なる部分を浮かび上がらせることに使われる．

地殻，最上部マントル (crust, uppermost mantle)**：Pn, Sn**

図 2.10 は，一般的な地殻，最上部マントルの相と経路の違いを示している．速度が深さ方向に増加すれば走時曲線は上に凸になる．水平成層構造を仮定すると上部地殻内の震源からの波は，いくつもの経路に分かれて同じ場所に異なる伝播時間で到着する．モホロビチッチ（モホ）面が顕著な一次速度不連続面であると，図 2.10 にあるようなマントル最上部を伝わる Pn, Sn 相と，モホ面から反射してくる PmP, SmS 相とが観測される．マントル側の速度構造が一定のときに臨界角 (critical angle) で波が入射すると，Pn, Sn 相は

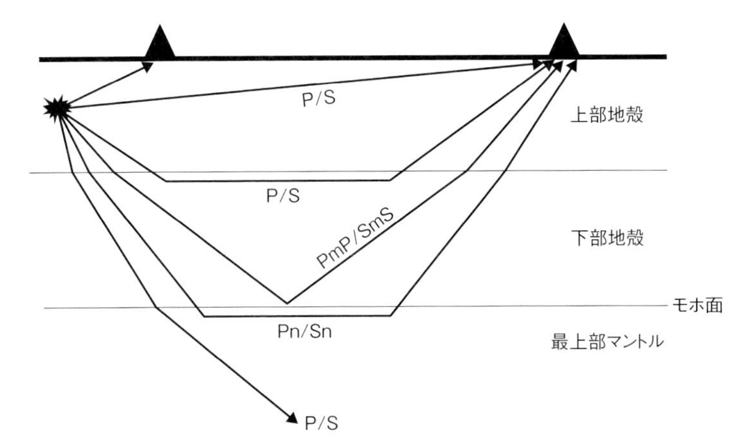

図 2.10 地殻と最上部マントルを伝わる相 (seismic phases in crust and uppermost mantle) 上部地殻内の地震から観測点（三角）には，図にあるように種々の経路の相が観測される．相の経路は，添字の m からは mantle を連想すればよい．速度構造の変化が深さ方向に小さいと，モホ面直下を伝わる波が観測され，Pn, Sn 相と呼ばれる．

マントルの最上部を水平に伝播する．この場合でも，ホイヘンスの原理により地殻側にも同じ臨界角で波動が励起され，海底や地表に伝播する．このとき，水平距離によって走時は直線的に変化し，このような波をヘッドウェーブと呼ぶ．

海洋では，モホ面の所在を示す顕著な反射相の存在は，マントルと地殻の地震学的区分が広く適用できることを示している．堆積層と火成岩（あるいは固結堆積層）と分かれる面も通常顕著である．

リソスフェアスケールすなわち深さ 100 km まで程度の範囲で重要な相に，最上部マントルを構成する媒質の弾性波速度で遠方まで高周波数成分を含んで伝播する相がある．それは，特別に海洋 Sn 相と呼ばれ，観測から S 波であること，見かけ速度はほぼ一定のおよそ 4.7 km/s で伝播し 1 Hz 以上の高周波で角距離 35° にも届く特徴をもつ．同様の P 波も海洋 Pn 相として観測される．

問題は，この海洋 Pn, Sn 波はなぜ遠方まで観測されるのかである．地殻・マントル境界を伝わるヘッドウェーブとすると振幅が合わない．最上部マントルにエネルギーをトラップするような速度構造を仮定して，そこを伝わるガイド波と呼ばれる波とする説明がある．しかし，そのような速度構造モデルの観測による証明はまだ不十分である．

このような相は，海洋域でも観測例があり，海底ハイドロホン (OBH; ocean bottom hydrophone)，海底地震計 (OBS; ocean bottom seismograph) によって Po, So などとも呼ばれて報告されてきた (Walker, 1977)．Walker (1977) の例では，北西太平洋海盆下では角距離 30° をほぼ 8.3 km/s で伝わる．この相は，始まりが明瞭ではなく継続時間が 1–2 分続く．沈み込んだプレートを伝わってきた深発地震の波も同様に海洋プレートにトラップされ Po 相の性質をもつ (Nagumo and Ouchi, 1990)．高周波成分は，6 Hz 以上まで含まれる (Ouchi, 1981)．

このような波の性質を明解に示す高品位の波の観測例がまだ不足しており，海洋リソスフェアの特徴をさらに詳しく知るためには，この波のさらなる観測研究が必要である．

T 相 (T phase)

P 相，S 相に続いて，T (tertiary) 相が，沿岸や海底の地震計で記録される（図 2.11）(Hamada, 1985; Butler and Lomnitz, 2002)．伝播速度は水中音波のそれであり，地震波が海底で音波に変換し，SOFAR チャネルによってあまり減衰を受けず陸に届いて，沿岸からまた地殻を伝わる波である．遠距離

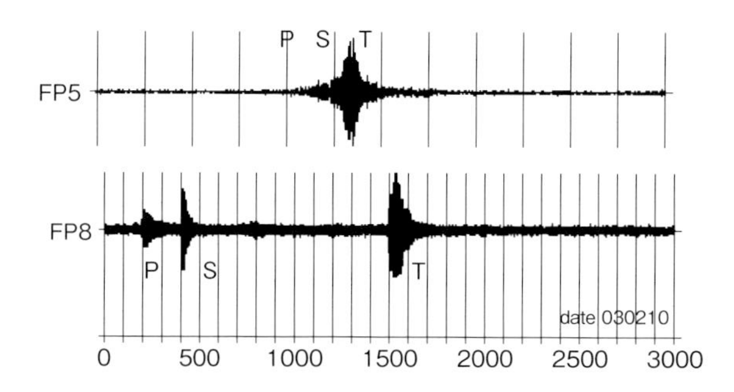

図 2.11　OBS による T 相観測例 (T phase observation record by OBS)
比較的近い地震からだと P 相，S 相に続くが（上），遠いと孤立して到達する（下）．水中の多重反射，複雑な経路，水中音波速度構造による分散などにより紡錘形に尾を引く．目盛り線は 100 秒毎（杉岡裕子，2008 私信）．

であれば，P 相，S 相から大分時間が経って，あるいは P 相，S 相が目立たないまま T 相が到達するので，別の事象と勘違いすることもある．T 相は，5–10 Hz 程度が卓越するので波長は 150–300 m で数千 km 届く．

自然地震の波が海底で水中音波に変換するときは，岩盤から堆積層，そして海中へと速度が小さくなるので，波線はほぼ鉛直になる．それが水平に近くなって SOFAR に入り込んで伝播するようになる原因として，斜面から海側へ射出すれば海面との反射を繰り返すうちに角度が水平に近くなる，あるいは海底地形の不均質により散乱波が生じることがあげられる．これらと，上部地殻の水平不均質も含めた不均質構造が，T 相を励起している (Park *et al.*, 2001).

また，ある地点に届く水中音波への変換点が地形により複数あれば，複数経路となり，水中音波速度構造による分散も受けるため，三次元的経路をもった波群として到着する．遠距離まで届くので，海底火山活動，生物活動（クジラの鳴き声からその種類と数から移動まで「聞く」ことができる），核実験の検知にも利用される．さらに，海洋層の時間変動を検知できると海洋物理学との学際領域に展開もできるし，氷山の崩壊の音の記録などは地球温暖化のモニタリングにもなりうる（3.7 節も参照）.

2.3.4　減衰と散乱 (Attenuation and scattering)

フック (Hooke) の法則では，弾性変形はもとに復元するが，実在の地球では，粘性の性質が加わって非弾性の（粘弾性）性質を示す．またスネル (Snell) の法則では，不均質の効果が有限の波長の波に与える影響が入っていない．以下に見るように，観測データからは均質弾性体からはずれる性質も見てとれる．

減衰 (attenuation)

波が弾性体中を四方八方に広がって波の振幅が小さくなるのは，幾何学的減衰と呼ばれ，総体の波動エネルギーが減るわけではない．表面波振幅は距離の平方根に，実体波振幅は震源から遠方では距離に反比例する．ヘッドウェーブの振幅はおよそ距離の二乗に反比例する．

実在の地球は理想的な弾性体ではなく，震源から広がる波動は伝播過程で一部が熱エネルギーに変換される．これは，振動する媒質が内部摩擦をもつからであり，この損失を表すパラメター Q^{-1} は，物質を振動させたときのサイクル (2π) 毎のエネルギー損失として定義される．

Q による振幅 A の距離 x による減衰 (α) は，

$$A(x) = A(0)\exp[-\alpha(\omega)x] = A(0)\exp\left[-\frac{\omega}{2cQ}x\right] = A(0)\exp\left[-\frac{\pi f}{cQ}x\right] \tag{2.3.1}$$

で表される．ω は角周波数，f は周波数，c は波の伝播速度である．減衰が指数関数で効くので高い周波数ほど減衰が早い．Q そのものの値も周波数によって変化するが，自然の地震波の範囲であれば一定と見なすことが多い．

P 波に対しての Q_P は S 波に対する Q_S に比しておよそ 2 倍である．せん断によって減衰すると考えるとつじつまが合う．Q_P は，地殻中で数百，マントル中で数百から 1000 の値である．Q を粘弾性モデルによって説明すると，ばねとダッシュポットによって表現される弾性定数と粘性係数の比を組み合わせた式が対応する．ばねでは応力と歪が弾性定数を介して比例し，ダッシュポットでは応力と歪速度が粘性係数を介して比例する．これを複数組み合わせると粘弾性が表現できる．

桁で大きく変化する損失は，対数で見ることが多く，デシベル表示すると，

$$q\,[\mathrm{dB}] \equiv 20\log\frac{A(x)}{A(0)} = -27.3\frac{f}{cQ}x \tag{2.3.2}$$

となる．水の Q は大きい（すなわち減衰は小さい）．水中 1 km 当たりでは，$-18.2\frac{f}{Q}\,[\mathrm{dB}]$ で，100 Hz で 10^{-3}–10^{-5} dB という経験式から，水中の Q は固体中より桁違いに大きいことがわかる．

散乱 (scattering)

現実の媒質は不均質であり，われわれが光の散乱のおかげで明るいなかで景色が見えるように，波は境界面の凹凸その他によって散乱を受ける．これも波の振幅を変化，減衰させる．あちこちから散乱を繰り返して回り込んで

きたコーダ波（P，S から遅れて届く波群）がその特徴を表す．また，空が青く，夕焼けが赤いように，伝播してくる波の波長より媒質の不均質を表すサイズが小さいと散乱が起きる．レイリー (Rayleigh) 散乱と呼ばれる．この散乱現象は，ホイヘンスの原理で説明できる．人工地震による反射波の観測では，散乱波の観測をしていると言ってもよい．

ホイヘンス (Huygens) の原理は，「進行する波面上のすべての点は二次的な微小な球面波（等方媒質）の波源となる．この微小な球面波が進行方向に作る包絡面が新たな波面を形成する」である．微小球面上の振幅の分布は，進行方向に最大となる (Stokes, 1847)．これを用いると，波が示す通常の反射屈折（スネルの法則）に加えて，散乱，回折も説明できるので，すべて「散乱」と見なすこともできる．

回折 (diffraction) は，地球規模で言えば，コアとマントルの境界 (Core-Mantle boundary) から回折する波がよく知られているが，このように巨視的に明確な境界があると回折波として認識され，かつ原因となる境界面の性質を探れる．

波がなんらかの散乱体に入射したとき，この波の波長が散乱体の凹凸よりずっと大きな長さをもつとき，散乱が顕著となる．逆に波長がずっと小さければ，反射，屈折を想起すればよい（幾何光学は短周期仮定）．波長がこの凹凸と同程度の場合は，回折が顕著になり干渉が起きるので，物理光学的立場で周波数依存性を考慮する必要がある．不均質（減衰）を調べるためには，通常の反射屈折よりも広い散乱現象としての波の捉えかたが必要になる．

2.3.5 異方性 (Anisotropy)

弾性的性質を論じるときに，よく等方性を仮定する（つまり独立な弾性定数が 2 個）が，鉱物の結晶はふつう非等方である．結晶がその対称軸について応力あるいは流動によって十分に広くそろえば非等方の性質が表れる．まえがきの Hess (1964) の例で示したように，海洋地震学では人工地震を用いて最上部マントル P 波速度の方位依存性を示した例がよく知られている．また，地殻中の空隙が応力に応じた分布（たとえば，微小割れ目が応力場を反

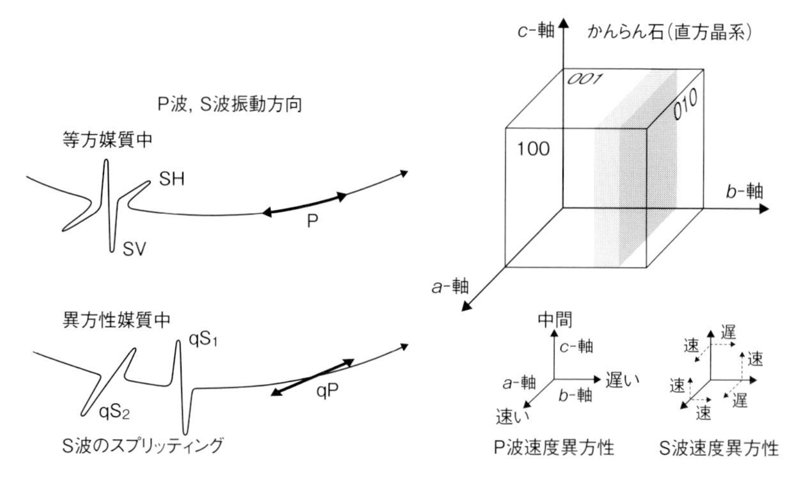

図 2.12　異方性 (anisotropy)
(a) 均質弾性体媒質であれば波線に沿った P 波振動と直交した水平 (SH), 垂直 (SV) 成分波が伝播.
(b) 異方性により波線と振動方向は一致も直交もしない. S 波の二つの振動モードは速度の違いによりスプリッティング（分離現象）を起こす.
(c) 直方晶系対称性をもつかんらん石の結晶は, 実験室で測定すると速度異方性をもつ. かんらん石は灰色で示した面ですべりやすく, これがせん断応力の大きい方向, つまり海洋プレートの生成時の拡大方向あるいは移動方向にそろうと巨視的な異方性が見えると期待される.

映させて割れ目のアスペクトレシオ[15]が同じ向きにそろっているような場合)をしても同様である. これが異方性である (図 2.12). 現在の応力, あるいは結晶生成時の応力, あるいは長期間の流動（内部ダイナミクス）を反映すると考えられる.

異方性を取り扱う場合, 弾性定数の数は 3 個以上になる (Crampin and Kirkwood, 1981). これを地球の実態に合わせようと単に未知数を増やしても最小限の数で調べないと解像度のない話になりかねない.

マントルを構成するとされるかんらん石 (olivine ; 斜方晶系対称性をもつ) でも独立の弾性定数は 9 つになる. かんらん石は実験室では P 波速度が最大の a-軸方向には 9.87 km/s, 最小の b-軸方向には 7.73 km/s を示す (Verma, 1960). かんらん石の a-軸がリソスフェアの運動方向に並ぶと方位依存性が

[15] aspect ratio：割れ目を楕円体で近似した長径と短径の比.

現れると予測される．図 2.12 にあるように選択的にすべりやすい面が存在する場合も方位依存性が予測される．

一次元水平成層構造のように物性が層状に重なる場合は，六方晶系対称性 (hexagonal symmetry) が想定される．独立な弾性定数は 5 つである．対称軸が鉛直な場合（円筒型対称 cylindrical symmetry, transverse symmetry）であれば方位依存性は示さない．この場合は，ある垂直面内の速度分布が記述できれば，全媒質を代表する．異方性は，同じ深さでも，波の射出角によって速度が異なることに現れる．水平応力が卓越する場，あるいは割れ目 (crack) が垂直に発達する場では，対称軸が水平となりうる．

通常観測からは，S 波のスプリッティング（極性異方性 polarization anisotropy）（図 2.12），P 波速度の方位依存性から異方性を速度差/代表速度の比で示されることが多い[16]．これだけでは，どのような異方性なのか示したことにはならないが，存在範囲，強さを示すことはできる．

Backus (1965) は，観測を説明するために，弱いが一般的な異方性が存在するとき，ある面を伝播する実体波（たとえば Pn 波）のその面内の速度 V_P は方位 (ϕ) によって，

$$V_P^2 = A + B\cos 2\phi + C\sin 2\phi + D\cos 4\phi + E\sin 4\phi \tag{2.3.3}$$

で表せることを示した．これは，観測から検証可能であり，海洋での Pn 波観測実験は，4ϕ の項は小さいことを示した (Raitt *et al.*, 1971)．表面波も群速度，位相速度の方位依存性が調べられる．

自然地震からマントルを長距離伝わる S 波（たとえばコアからの反射波 SKS）が観測できると，スプリッティングの時間差，速度差が測れる．表面波では，同じ伝播経路のレイリー波とラブ波とでそれぞれから求める S 波構造が異なることから極性異方性（SH と SV の振動モードによる違い）がわかる (Aki and Kaminuma, 1963; Montagner, 1985)．

---

[16] 振幅も方位依存性をもつ．

2.4　第2章のまとめ (Summary of this chapter)

地震学は，震源の物理と地球内部構造の観測を進歩させ，この両者それぞれの精密な理解をめざしてきた．この章では地震計が捉える波のもつ情報，波の励起，波の伝播について，海洋域でデータを得ることを念頭に述べた．まず，地震学的知見については，先入観や憶測を排して結果の吟味を行うことが重要である．結果の確実度，精密度は，データの質と量による．雑音混じりで，とくに海洋域ではまばらな観測点，短い観測期間，そして観測窓（周波数と振幅の感度幅）の限界の中で新しい知見をめざすわけである．質のよい観測を長期継続する努力がいかに重要かは，地震学の歴史が物語っている．

しかし，第1章で見たような地球の営みに関わる問題に対しては，地震学的知見のみでは，決定的な解決にならないことが多い．地震波の速度分布が詳細にわかっても，物質，組成がわかるわけではない．モホロビチッチ面がプレート形成とどう関わるのかはいまだに議論のさなかである．地震の発震機構モデルを詳しく求めても実際の物理断層でどういう「すべり」が起きたことになるのかも議論は分かれる．そのような解釈の段階では，いろいろな多専門分野の知見を取り入れて，おおいに解釈の羽を広げればよい．

最後に質も量も限られたデータから結果を導く際のいくつかの留意点を記しておく．

◆確率密度関数 (probability density function)

同じ条件で観測したつもりでもばらつく観測値の分布を示す関数が確率密度関数である．観測値がある値の幅をとる確率は，その分布関数のその幅分の積分値になる．よく知られている正規分布 (normal distribution, Gauss distribution) は，平均値にピークがあり，標準偏差幅 (σ) の積分，すなわちその幅に収まる確率は 0.68 である（標準偏差の 2 倍幅で 0.95）．正規分布かどうかわからないのに，そのように仮定することが多いのは，中心極限定理 (central limit theorem) による（観測値を増やせばばらつきは正規分布に近づくというにわかに信じがたい定理）．例としては，さいころを多数回振ったときの和は，1 個なら 6 通りの目が同じ程度に表れるが，個数を増やしていくと和は正規分布に近づく．まったくランダムな分布を重ねていっても正規分布に近づく．ところが，実際は少ない観測値をもとに結果を言おうとすることに留意したい．

◆自然の状態の推定 (estimate of natural condition)

サンプルから本質の理解にいたるためには，言えること，言えないことをわきまえる必要がある．それにはまず，標本（観測）から母集団（自然）を推定する意味を把握しておくことがだいじである．標本の統計量と母集団のそれとを区別しなくてはならない．

観測値が少ない場合，標本（平均と標準偏差が $\bar{X}$，S）が数を増していくと，いかに母集団（正規分布とする）の平均 μ と分散 σ^2 に近づいていくだろうか．平均については，

$$T \equiv \frac{\bar{X} - \mu}{S/\sqrt{N}} \tag{2.4.1}$$

により，T はスチューデント (Student) の t-分布と呼ばれる自由度 $N-1$ の確率密度分布をなし，自由度が大きくなると正規分布に近づく．母集団の平均値 μ が収まる幅は，信頼区間を 90%とか決めれば自由度と合わせて t-分布表から T が与えられて母集団の平均 μ の幅が下のように推定できる．

$$\bar{X} - \frac{TS}{\sqrt{N}} < \mu < \bar{X} + \frac{TS}{\sqrt{N}} \tag{2.4.2}$$

標本分散はカイ 2 乗 (χ^2) 分布（自由度 $N-1$）に従う．平均値の場合と同様にたとえば 90%の信頼区間を求めようとすれば，カイ 2 乗の分布表から入るべき区間の両端値 (Z_1, Z_2) が与えられるので，母集団の分散がその信頼区間に入る値の範囲が推定できる．

$$\frac{NS^2}{Z_2} < \sigma^2 < \frac{NS^2}{Z_1} \tag{2.4.3}$$

これで，少ないデータ（正規分布にいたるほど観測がない場合）から信頼区間を設定して統計的な考察をするには，正規分布よりも t-分布，χ^2 分布が必要なことがわかる．

◆データ空間とモデル空間 (data space and model space)

以上のように，観測も真の値ではなく誤差を含み，モデルも真の実在を簡略化した，しかも一部の表現でしかない．原理も完全にわかっているわけではない．それ

を踏まえて，観測とモデルの関係を考察しておこう．

地球に関わる問題は，いわゆる逆問題 (inverse problem) の形をとることが多い．観測値は，いろいろな原因によるものの空間（ごく地表付近でしか観測できない）あるいは時間の積分（過去の集積）として現れていて，しかし知りたい答えはそれぞれの原因による要素に戻らないとならないからである．地震の発震時と震源を知って，既知の構造をどのように波が伝わるかを解くのではなくて，その逆である．

答えが得られたとして，どのくらいその解は確かなのだろうか？ まったく異なる様相の解はないのだろうか？ 解があったことは，設定した原理（モデルと解をつなぐ関係）が正しかったことを意味しているのだろうか？

震源の三次元座標と発震時刻の4つのモデルパラメターを求めるのに，P波の到着時刻の観測値と構造モデルを手にしていたとしよう．観測値は4つあれば，震源はきっちり定まるか，満足する解（震源）が見つからないかである．3つ以下であれば，震源はいくつも見つかる．5つ以上たくさんあれば (overdetermined)，すべてをきっちり決められないので最小二乗法に頼るだろう．観測点ごとに求まる推定誤差（観測 – 推定）の二乗和が小さくなるように決めるのが最小二乗法の考え方である．

震源のそばに観測点がないと，地表での観測データから震源の深さを精度よく決めることはむつかしい．深さを変えても観測値を説明できてしまうからだ．これは，観測値がいくらたくさんあっても，不足している (underdetermined) ということになる．あるいは震央距離が同じような観測点ばかりだと深さと発震時刻を分けて決めるのがむつかしいとわかるだろう．このようなモデルと観測の関係は，複雑なモデルになるほどわかりにくくなる．そのような場合でも，観測とモデルの関係を見る手段として特異値分解 (SVD; singular value decomposition) による一般逆行列 (generalized inverse) がある．この定式化によると，推定されたモデルパラメターがそれぞれどれほど観測データに規定されているか調べられる[17]．

推定値の解像度を増すようにするとその分散も増すという関係がある．モデルを詳しく決めようとすると怪しさが増してしまうという不確定性原理のような関係と言える．

このような逆問題を意識して解を求めるようになったのは，大量のデータをデジタルに扱える時代の要請とも言える．コンピュータの高速化により，逆問題として見るのではなく，順方向にいくらでもモデル計算を実行して，観測に合うモデルを探す方式もある．

---

[17] くわしくは，たとえばメンケ, W.「離散インバース理論」古今書院 (1997); 中川徹・小柳義夫「最小二乗法による実験データ解析」東京大学出版会 (1982).

最初に述べたように波形データの一部の情報に着目して答えを引き出すのが，ほとんどの場合である．何が捨てられたかも，忘れてはならない．モデルを制限するためにどういう観測がなされるべきかを考えることがだいじである．そのための指標がこのデータとモデル空間の関係である．

第3章　海洋の地震観測

Marine Seismic Observations

夫未戦而廟算勝者，得算多也．未戦而廟算不勝者，得算少也．多算勝，少算不勝，而況於無算乎．
吾以此観之，勝負見矣．

孫子

(一体，開戦の前にすでに宗廟で目算して勝つというのは，その勝ちめが多いからのことである．開戦の前にすでに宗廟で目算して勝てないというのは，その勝ちめが少ないからのことである．勝ちめが多ければ勝つが，勝ちめが少なければ勝てないのであるから，まして勝ちめが全く無いというのではなおさらである．わたしは以上のことで観察して，勝敗をはっきりと知るのである．
「孫子」岩波文庫，金谷治訳)

第3章では，前章で示したデータを海洋でどのように観測するのかについて述べる．観測データは，種々の震源のプロセス，伝播中の変化（反射，屈折，相変換，減衰など）に加えて，観測システムの応答特性が重なったものである．

3.1　観測の窓 (Observation window)

最初に解析の材料となる観測記録例を見よう（図 3.1）．図 3.1(a) は，人工震源による海底地震計 (OBS) 記録例で，多数の記録が密な距離間隔で並べられていて，異なる経路の相の特徴を連続的に追うことができる．もし数 km に一つの記録しかなかったら正しく相を識別できるだろうか？　図 3.1(b) は，震源過程も伝播経路も似通っているために波形が相似のいくつかの微小地震

図 3.1　観測記録例 (examples of marine seismic records)

(a) 東北沖で得られた OBS 人工地震（エアガン，3.4 節参照）記録例．5–15 Hz バンド幅の上下動（Takahashi *et al.*, 2004 より）．縦軸は既知の震央距離を見かけ速度 6 km/s で伝わったときに信号が水平に並ぶように調整 (reduce) してある．50 m 毎にエアガンショットの OBS 記録があるため，たとえば 20 km の幅には 400 本ほどの記録が並んでいる．図中の PmPo，Pno は，それぞれモホ面からの反射波，最上部マントルからの屈折波を示す．そのほかの記号は，地殻内からの反射波，屈折波を示す．

(b) 南海トラフ付近の OBS 近傍（S–P 時間が 5 s 程度）の相似形をした微小地震の記録例．2–8 Hz バンド幅の上下動（Obana *et al.*, 2003 より）．P 波の約 2.2 s 後にある相は OBS 直下で S 波に変換した波，約 4 s 後にあるのは OBS の水深から海面で位相が反転してきた反射波と推定される．

(c) 2003 年十勝沖地震の西フィリピン海盆海底孔内観測例（篠原雅尚，2007 私信）．広い帯域の観測窓がわかる．

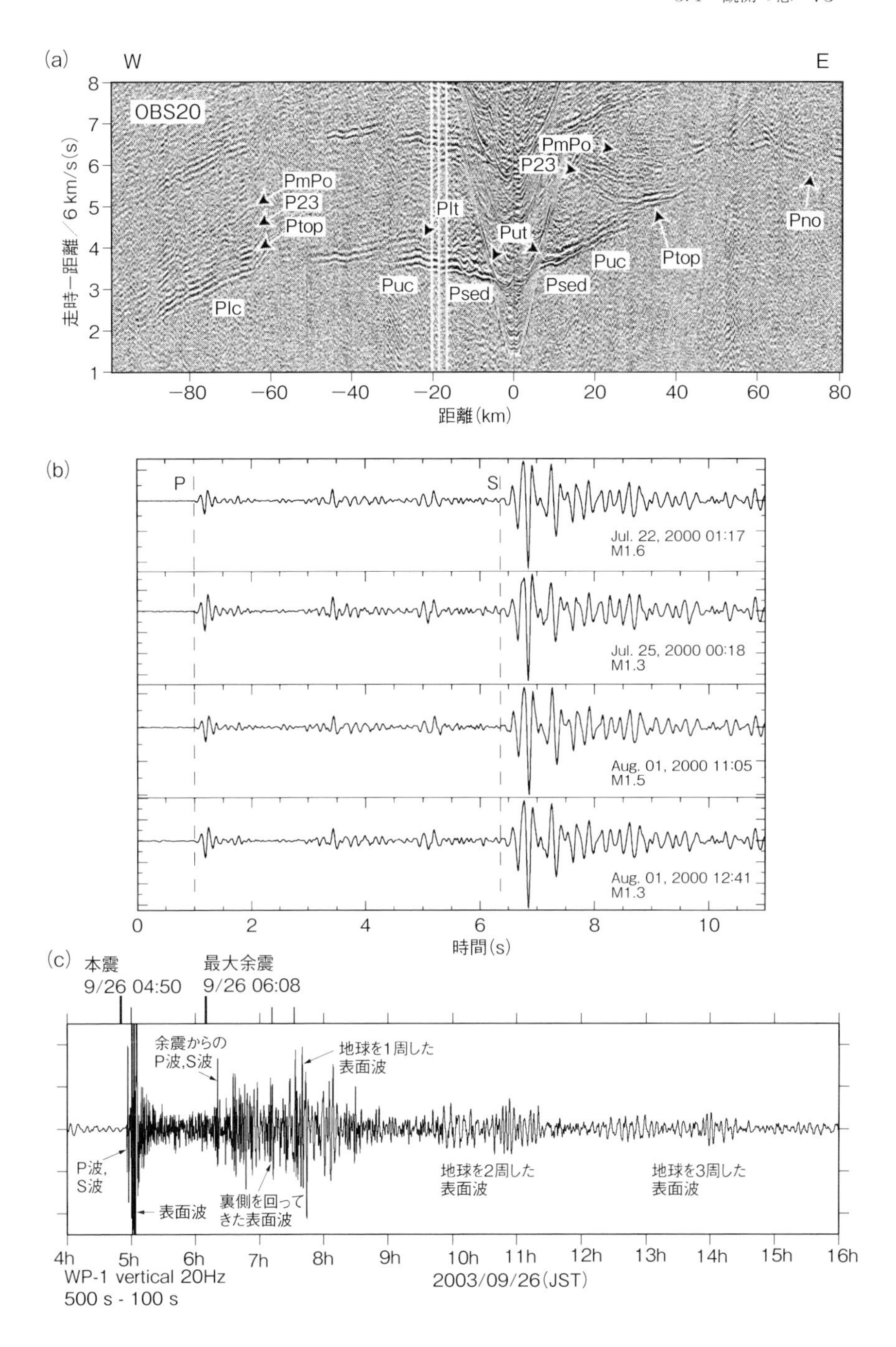

(a)
W
E
OBS20
PmPo
P23
Ptop
Plt
Put
Puc
Psed
Plc
Ptop
Pno
走時－距離／6 km/s (s)
距離(km)
(b)
P
S
Jul. 22, 2000 01:17
M1.6
Jul. 25, 2000 00:18
M1.3
Aug. 01, 2000 11:05
M1.5
Aug. 01, 2000 12:41
M1.3
時間(s)
(c)
本震
9/26 04:50
最大余震
9/26 06:08
余震からの
P波,S波
地球を1周した
表面波
P波,
S波
表面波
裏側を回って
きた表面波
地球を2周した
表面波
地球を3周した
表面波
WP-1 vertical 20Hz
500 s - 100 s
2003/09/26(JST)

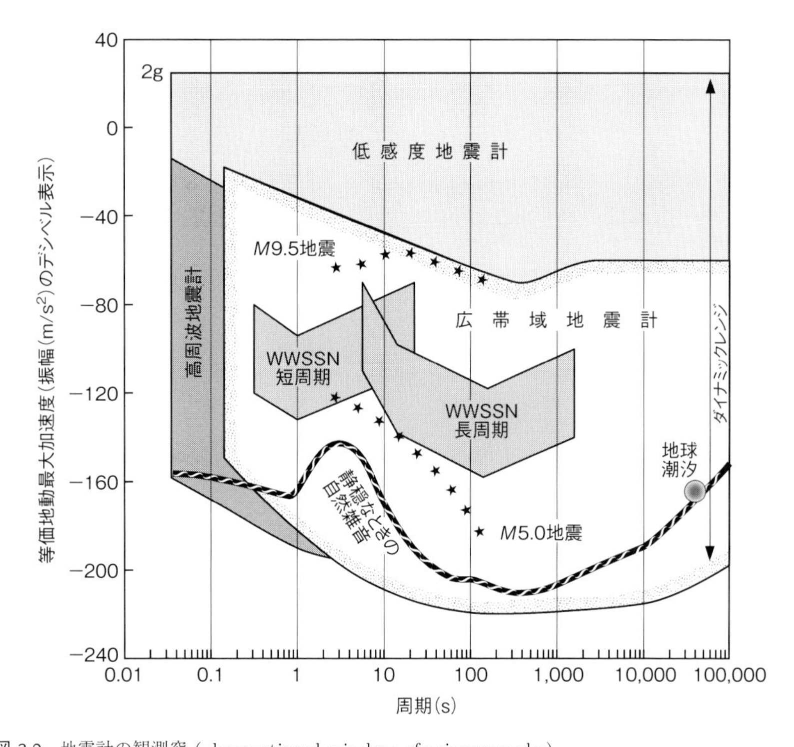

図 3.2　地震計の観測窓 (observational window of seismographs)
地震計が捉えられる信号（加速度）の周期（周波数）範囲は，高周波は数十 Hz から超周期は半日周期の地球潮汐を超えるまでに及ぶ．WWSSN で示したのは，現在のグローバル広帯域地震観測網が 1980 年代以降に構築されるまでの 60 年代以降の主流の地震計の「窓」である．3000 km の遠地で予想される自然地震の振幅と，静穏時の観測点での自然背景雑音レベルも示してある．示した低感度地震計は重力加速度 (g) の 2 倍まで感度があり，高周波地震計，広帯域地震計など異なる特性の地震計を組み合わせて初めて，地震の信号範囲をカバーしている．両軸とも対数表示なのでカバーする範囲の広さがわかるであろう．（IRIS (Incorporated Research Institutions for Seismology) の図を改変）

の OBS 記録例である．図 3.1(c) は，海底孔内での遠地大地震の海底掘削孔内地震計の記録例である．それぞれ異なる信号レベル，周波数幅，時間軸で信号が捉えられていることがわかる．前章で見た信号の起源と伝播を知るてがかりがここにある．

観測の窓とは，観測可能な信号のレベルの最小から最大の範囲と信号の周波数の高低差のことで（図 3.2），観測器械の設計と性能により形が変わる．この窓の大きさが，調べたい信号の振幅，周波数範囲を含んでいなければ，情報のとりこぼしがあることになる．加速度が重力を超えるような場合から非常に静かな地動まで振幅の違いは 8 桁を超える．ビット数で言えば 26 bit，デシベルなら 160 dB を超える．

この観測の窓がどの期間どの場所で開いているのかによって何が観測されるか決まる．海洋での観測は，定常観測点が限られており，短期決戦型（数日～数カ月が多く 1 年以上は少ない）が多いので，地震の発生頻度も頭に入れなくてはならない．人工地震による海底下数十 km までの深さの構造を調べるには，数十 Hz 以下の観測がふつうである．たとえば，10–20 Hz の信号が弾性波速度 6–8 km/s の媒質内でもつ波長は 300–800 m であり，構造の分解能も数百 m 見当になる（詳しくは 4.2 節参照）．

3.2 センサー (Sensors)

ここで述べるセンサーは，ハイドロホン以外は通常の陸上観測で用いられるものと同じである．

3.2.1 速度型地震計 (Velocity-sensitive geophone)

地震を計測するセンサーは慣性センサー (inertial sensor) の一種であり，振り子もしくはばねが慣性によって地動と異なる動きをするところを，変位，速度，加速度として計測できるようにしたものである．この異なる動きは，運動方程式によって記述され，地震計が設置されている地面の動きを定量化できる．微小な動きを忠実に捉えるには，振り子やばねによって捉えたゆれを増幅しなければならない．海洋では，小型で比較的堅牢な電磁式速度型地震計が主流である．速度型より一般にサイズが大きくなるが長周期に感度が伸びたフィードバック型地震計を用いた広帯域観測（3.2.2 節）も行われるようになってきた．加速度計を超小型にした MEMS (Micro Electro Mechanical Systems) を応用した地震計も使われつつあり，現在の感度を自然雑音レベルまで下げる開発も行われている．

まず速度型地震計について基本を示す（図 3.3）．地震計の錘 (m) を磁石に対してばね（ばね定数 k）で固定したコイルとすると，ゆれによってコイル

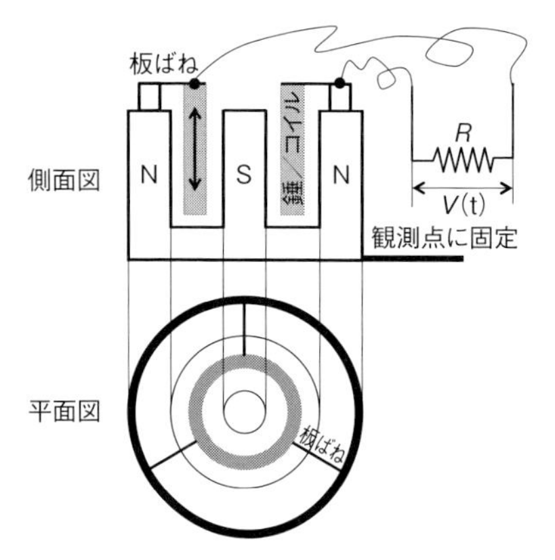

図 3.3　速度型地震計模式図 (schematic sections of velocity-sensitive geophone) 地動によってコイルが磁石による磁場中を相対的に振動して起電力を生じる．コイルのばねとしての固有周波数より高い周波数で地動の速度に比例した出力が得られる．

が磁界を動いて起電力を生じる．よく知られているように，磁気，電流，コイルの動きの向きはそれぞれ直交する．これを回路に流して抵抗 R（シャント抵抗）から電気信号として地動の情報を得る．このとき，地動を u，コイルの磁石に対する動きを ξ として，上下動なら重力との平衡点からのずれを測る．このセンサーは電源無用なので，できるだけ使用電力を下げたい海洋では最適である．

電気変換のところで，起動電流によりコイルに力 F [N] が及ぶが，ビオ・サバール (Biot-Savart) の法則により，

$$F = IlB \tag{3.2.1}$$

I はコイルに流れる電流 [A]，l はコイル長（$l = 2\pi rn$；半径 × 巻数），B は磁束密度 [Wb/m^2] である．錘の運動方程式は，$\ddot{u} = \frac{d^2u}{dt^2}$ のように時間微分を表記すると，

$$m(\ddot{u} + \ddot{\xi}) + k\xi = F \tag{3.2.2}$$

と書ける（固有周波数 $\omega_0 = \sqrt{k/m}$）．じっさいは機械的摩擦によって減衰がかかるが，その項（速度に比例）は無視している．ファラデー (Faraday) の法則により，コイルに起動される電圧 E は，

$$E(t) = -\frac{d\phi}{dt} = -lB\dot{\xi} \tag{3.2.3}$$

である．ϕ はコイルの通過する磁束．E がコイル抵抗 (R_c) とシャント抵抗

R にかかるので（コイルのインダクタンスを無視），

$$E = I(R + R_c) \tag{3.2.4}$$

となり，3.2.3 式に代入して

$$\dot{\xi} = -\frac{(R + R_c)I}{lB} \tag{3.2.5}$$

を得る．また 3.2.1 式により

$$F = -\frac{(lB)^2}{R + R_c}\dot{\xi} \tag{3.2.6}$$

となる．$lB = K$（電圧感度 $E/\dot{\xi}$）とおいて運動方程式（3.2.2 式）を書き直すと，

$$\ddot{\xi} + \frac{K^2}{R + R_c}\frac{\dot{\xi}}{m} + \omega_0^2\xi = -\ddot{u} \tag{3.2.7}$$

となる．第 2 項の錘の速度に比例する係数（d としよう）が電磁的な減衰効果を表す．計測される電圧変化 $V(t)$ は $V(t) = E(t)\frac{R}{R+R_c}$ である（図 3.3）．

地動への感度をよくしようとするには，lB を大きくすればよいようだが，錘 m も大きくしないと減衰の効果が大きくなる．現在は，電気的増幅器（あるいはビット数の大きいアナログデジタル変換器）があるので，m を大きくしなくてよいようになった．

できるだけ地動に忠実な波形を記録しようとすると，減衰 (damping) を調節する必要がある．錘が一度ゆれてから元の位置に戻るだけの動きにする臨界減衰 (critical damping) は，減衰定数 (damping factor h) が 1 となるときである ($h \equiv d/(2\omega_0) = 1$)．つまり，$\frac{K^2}{R+R_c} = 2m\omega_0$ のときで，錘の位置の変化は，$te^{-\epsilon t}$ の形になる．通常は，なるべく周波数に対して振幅変化の小さい範囲を広くとった平坦な応答を重要視して $h = \frac{1}{\sqrt{2}} \approx 0.7$ のあたりに設計される．

上で見たように，この電磁式地震計の出力 (V) は錘の速度に比例する．錘の地動に対する挙動は 3.2.2 式を調べればよい．それには，地動を単位振幅，単一周波数の波 ($u = \exp(i\omega t)$) として，それに対する錘の反応を $\xi = X(\omega)\exp(i\omega t)$ として $X(\omega)$ を見ればよい．$\ddot{\xi} = i\omega\dot{\xi} = -\omega^2\xi$ であることから，$\omega \gg \omega_0$ で

は，3.2.2 式の左辺第 1 項が大きいことがわかる．錘は地動の変位に大きく反応するので，したがって出力電圧は速度になる．たとえば，1 Hz の速度型と言えば，1 Hz より高い周波数側で速度にフラットな特性になっている．逆に $\omega \ll \omega_0$ では，第 3 項の影響が大きく，錘は地動の加速度にほぼ比例する．つまり，出力は ω^3 の傾きで低い周波数の感度が落ちる．どこまでも高い周波数の信号が見えるわけではない．前章で述べたようにサンプリング間隔によって高い方（ナイキスト周波数 = (1/サンプリング間隔)/2）は決まる．

この様子は，周波数と振幅とを両対数表示すれば，ほぼ直線として見ることができる[1]．たとえば L-28LB という地震計[2]の電圧感度 (K) は，コイル抵抗 $395\,\Omega$ のとき，31.3 V/m/s である．これで，数〜数十 μkine（10^{-8} m/s オーダー）の地動まで検知することを期待すると，アンプなしでは 0.1 μV オーダーのレベルであることがわかる．応答特性は，固有周波数 $f = 4.5$ Hz と減衰定数 h から決まる．オープン回路 $(R = \infty)$ のときの $h = 0.38$ が与えられているので，残りの減衰を電気的にかけて $h = 0.7$ に設定するためには，$R = 2490\,\Omega$ をつなげばよいとわかる．R をゼロにする（clamp する，ショートする）と制動がもっとも効いた状態であり，地震計の保護にもなる．

3.2.2　フィードバック型地震計 (Feed-back type seismometer)

フィードバック型地震計とは，地動によって振り子が動かされるのを止めるように電流を流して必要な電圧を計測する方式である (Usher *et al.*, 1979; Wielandt and Streckeisen, 1982)（図 3.4）．エレクトロニクスの進歩が可能にした．原理的には振り子が動かないのでダイナミックレンジも周波数帯域も広くとれる．慣性センサーの動きを止めるためにはその動きのもとになる加速度を検知しなくてはならないが，検知の仕方によって加速度，速度，変位に比例した出力が得られるようにできる．加速度を止めるように電圧をかけることは，錘を見かけ上重くする効果をもち，固有周波数を下げる．

地震計については，詳しく見れば平衡点からはずれるほど非線形な挙動，

[1] 応答特性を正確に見積もるには測器を実際に振動台などでテストする必要がある．カタログ値には，零点 (zeroes) と極 (poles) の表示があったりするが，これは，$X(\omega)$ の形を示している．

[2] 2016 年現在サーセル (Sercel) 社製品．ほかにも数社ある．

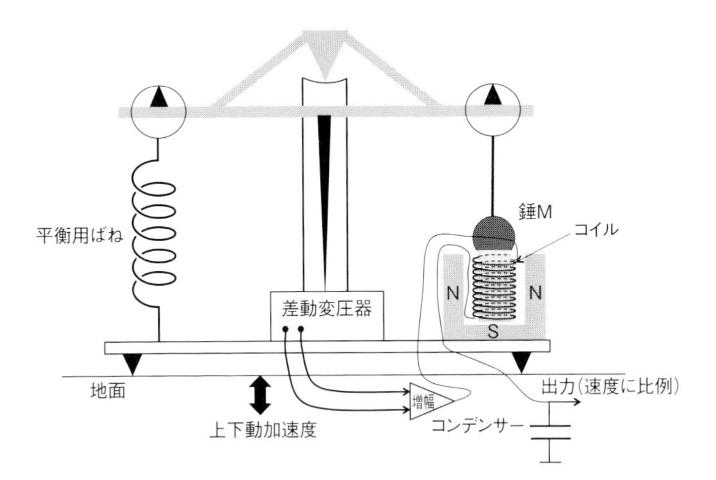

図 3.4 フィードバック型地震計の原理図 (block diagram of force-balance type seismometer)（Wielandt, 1983 より）
天秤に模すると，上下動加速度によって錘とばねとのつりあいを変えないようにするには，つりあいからのずれを計測する変位変換器（差動変圧器 displacement transformer）によってつりあいの位置に戻るように右側のコイルに電流を流せばよい．図ではコイル電流をコンデンサー（積分の効果）で受けて出力電圧を加速度から地動速度に比例するよう変換している．固定してある左側のばねが単純な錘でないのは重力に平衡させるため．

あるいは地動の本来感応すべきでない成分への反応などが重なる．波形を定量的に解析する場合，あるいは多数の機種間の振幅を比較するなど，用途によっては，同じ機種であっても一台ごとに検定が必要になる．

地震計の周波数特性は，入力と出力を記述する運動方程式（電気変換部も含めて）をラプラス変換すると，出力/入力=伝達関数の形にできることがわかっている[3]．ラプラス変換の複素変数（よく $s = \sigma + i\omega$ と表記される）の虚数部に注目するとフーリエ変換の形である．この伝達関数の分母を 0 にする値が極で，分子を 0 にする値が零と呼ばれ，周波数応答特性を決定づける．

3.2.3 ハイドロホン (Hydrophone)

ハイドロ（水の）ホン（音）は，水中で音を感知するセンサーである．海水中での弾性波は音波として伝播し，水圧変動を計測できればよいのでハイド

[3] 前節で見たように単一周波数毎に入出力比を調べるやりかたの発展形．参考：Scherbaum, F., Of Poles and Zeroes, 2nd revised ed., Springer (2007).

ロホンが用いられる．流体圧力の計測には，絶対圧力，ゲージ圧力，差圧力の 3 通りがある．それぞれ，真空に対する絶対値，周囲の圧力に対する相対値，任意の基準圧に対する相対値である．目的とする計測範囲，精度によって選択する．圧力の計測原理には，電気抵抗変化（歪ゲージ），静電容量変化，ピエゾ電気（水晶の圧電効果）がある．圧力変化のみに反応するハイドロホンは，海底でも S 波を記録しないので，S 波も記録される OBS（3.3 節）との補完的データになる．

ハイドロホンは，地震波などが水の微小部分を動かして生じる圧力（粒子速度に比例）に感応する．圧力 (p) と体積変化（2.1.29 式）の関係から，下の関係が成り立つ．運動方程式（2.1.30 式）の深さ方向成分 (x_3) について $u_3 = U\exp(i\omega t)$ とおくと，

$$-\frac{\partial p}{\partial x_3} = i\rho\omega\dot{u}_3 \tag{3.2.8}$$

$$p = -i\rho\omega x_3\dot{u}_3 \tag{3.2.9}$$

となり，音波による圧力変化と流体粒子速度の深さ方向の関係がわかる．高感度のハイドロホンでは，$100\,\mu\mathrm{V/Pa}$ 程度の感度をもつ．水深 4000 m で，地動が 10 Hz で 10^{-5} m/s であれば，3.2.9 式から約 2500 Pa であり検知可能である．

水中で人工地震探査のために音波信号を記録するハイドロホンとしては，チタン酸バリウム，ジルコン酸バリウムなどの強誘電体[4]セラミックス材料のピエゾ圧電素子が用いられる．単体の感度が $200\,\mu\mathrm{V/Pa}$ 程度のものを，数十 m の長さの筒状セクションに直列に配置して，セクションに直交する方向（船尾から曳航すれば真下）の感度を上げる．ハイドロホン本体の加速度はキャンセルするよう設計されている．

大洋底で津波による mm オーダー（数 Pa）の波高変化を計測するような高精度，高解像度を要求する場合，水晶発振周波数変化を計測する方法が用いられる．この方式では，絶対圧力計として 7000 m (70 MPa) までの範囲において潮汐，津波等長周期変動の計測ができる製品がある．ただし，水晶発

[4] 強誘電体とは，電界によって歪を生じる，歪によって起電力を生じる材料．電源を要せず頑丈なことが特徴である．

振器には，圧力だけではなくて温度変化も影響するので温度変化も計測する必要がある．

Cox *et al.* (1984) は海底で微小圧力変化を検知するために，海底の圧力をダイアフラム（ゴムの隔膜）で受けて，それを細いキャピラリー（毛細管）を通して水圧変動に影響されない海水圧基準室に導き，この基準圧と隔膜の受ける水圧との差圧を歪ゲージで計ることにより，数 mHz〜数 Hz まで計測感度を上げた．これにより海底に伝わる長周期の海の波や脈動（第 2 章）の実測に成功した．

ハイドロホンの性能の記述には標準がある (Reed *et al.*, 1987)．たとえば，感度の表示に $-X$dB re 1 V/μPa もよく使われる[5]．

3.3 海底地震計 (Ocean bottom seismograph, OBS)

3.3.1 OBS の構成 (Configuration of OBS)

海底地震計とは，海底の圧力下で，上述した地震センサーを自己電源により作動させ，自己時計をもって地震記録ができるように組み込んだオールインワンのオフライン計測システムのことである．海底への設置は，ほとんどの場合，船から自由落下させて，着底後，海底で上下動方向が垂直になるよう自己制御し，さらに観測後は，船からの音響命令により自己浮上する自由落下自己浮上型 (free-fall, pop-up) が主流である．多数台の設置回収を行うにはこの方法がもっとも効率的である．

OBS は，地震計 3 成分が耐圧容器 (housing) に収められ，場合によってはハイドロホンとで 4 成分のセンサーが用いられる（図 3.5）．センサーからの電気信号に変換された出力を必要に応じ増幅し，フィルターを通し，AD 変換し，記録媒体（ハードディスクなど時代によるが大容量記憶装置）に時刻とともに記録する．アナログ時代は，オープンリールのテープ，カセットテープ，デジタル時代は，カートリッジテープ，デジタルオーディオテープなど，思いつくすべてのオーディオ記録媒体が試されたと言ってよい．地震

[5] 1 V/μPa の感度より何桁感度がよいか（1 桁は -20dB）を示す．

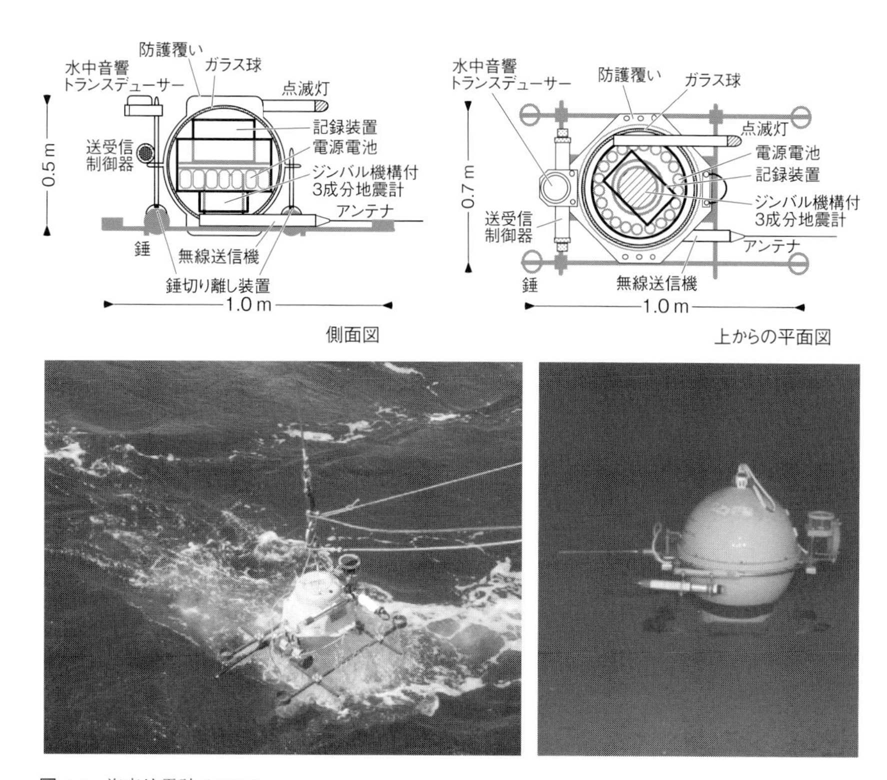

図 3.5　海底地震計 (OBS)
（上）断面図．球体の耐圧容器内に地震計，記録装置，電源電池が収納され，海中側には切り離し装置に連結された錘，船上との交信用機器（トランスデューサーは水中音響信号と電気信号を双方向変換，送受信制御器は錘切り離しなどの制御）と，回収時発見用の無線送信機と点滅灯がある．これに加えてハイドロホン（図にはない）も付属できる．(Shinohara *et al.*, 2012 より)
（下左）海中に投下直前の OBS．(篠原雅尚氏提供)
（下右）海底設置状態の長期観測用 OBS．(Suetsugu *et al.*, 2005 より)

計センサー部の出力をできるだけ忠実に記録するために，周波数レンジ，ダイナミックレンジを広げ，そして連続観測時間を最大限確保しようとしてきた．これは，できるだけ音楽を忠実にコンパクトに再生しようとしてきた民生品の進化にも負っている．

OBS のセンサー部に海底の地動を忠実に計測させる一方で，浮力体としても働く耐圧容器は確実に浮上して回収されなければならない．海底で，耐圧容器が雑音源にならずに低雑音の観測をするためには工夫がいる（3.3.2 節参照).

日本は世界でおそらくもっともコンパクトなOBSの開発に成功している. 17インチガラス球[6]（直径43 cm，耐圧6700 m，浮力25.4 kg）一つに収めたタイプである[7]. ガラス球の半球同士を合わせるだけの簡単な構造である. 以前は，ただ指標に合わせて重ねて周りを生ゴムとその上からのテープで留めるだけの構造であったが，今は，吸引ポートがついており，内圧を下げられる.

センサーはガラス球の底に置かれる. OBSは，水平に置かれるとは限らないので，設置後地震計が水平になるジンバル (gimbal) メカニズムが必要になる.

上記ガラス球耐圧容器は，外側と通信ができる口が一つ以上つけられることによって，ガラス球を開閉しなくても船上でチェックができたりデータ通信もできる. 船上から海底への自由落下時，また回収時の自己浮上の往復速度は，ともに大体1秒に1 m程度である.

船との交信のためには，OBSにトランスポンダーが付属する. トランスポンダーは船から受けた命令によって自分の位置と状態を教える信号を出し，錘を切り離す動作を開始させる.

このOBSの錘（図3.5）は，ガラス球耐圧容器にかぶせるプラスチック容器（ハードハット hard hat「保護帽」）からステンレスの板を介してテンションがかかるように吊り下げる方式である. ステンレスの海中腐食はゆっくりであるが，船上からの信号によって電食用の電池から電流を流すとステンレスの鉄イオンがマイナス側の海中に溶け出す[8]. 板が堆積層に埋まっていても海水は十分にあり，10数分で切り離すことができる. この方式による回収成功率は非常に高く，このシステムを構成する要素の品質管理さえしっかりし

[6] ハウジングベントス社（現在 Teledyne-Benthos 社）が1969年に提供開始.

[7] アナログ時代は，浅田敏，島村英紀，金澤敏彦ら（東大・北大），南雲昭三郎，笠原順三ら（東大地震研）によって開発されてきた. その後の大きな改良はデジタル化であるが，小さな改良は多数重ねてきている. 90年代後半に当時の海洋科学技術センターが大学の協力によってこのコンパクトOBSを100台整備して人工地震探査の新しい時代の幕を開けた.

[8] 電食は，海中に金属体を設置するときに気にしなくてはならない. たとえば耐圧容器の異種金属部がイオン化傾向の差で溶け出してしまうので，亜鉛の塊をつけてそこに電食を負わせるなどの工夫が必要である.

ておけば，回収率は100%に近い．1年以上の観測になると今度は自然電食で切れないように考えねばならなくなる．

3.3.2　海底との結合 (Coupling to seafloor)

海底で観測するときに気にすべきことは大きく分けて二つある．一つは，自然雑音環境がどうであるか（センサーのあるなしに関わらない要素），もう一つは，信号を忠実に記録できるか（センサーと置かれた環境との問題）である．

前者は，脈動（常時微動），海流起源の雑音に加えて，後節（3.5.1節）で見るように，センサーが設置されている近傍の複雑な構造，とくにやわらかい堆積層とかたい岩石層のコントラストによって地震からの波が変換，散乱して本来の信号を複雑化する (signal-generated-noise).

後者は，同じ海底に地震計を複数設置してみな同じ信号が記録されるだろうか？という問題である．地動が忠実に記録されえない原因としては，計測系（センサーを含む観測システム）が，海底の動きにフォローしないことがあげられる．これを計測系と海底とのカップリングと呼ぶ．

1978年に米国北西岸湾内に米国，カナダのOBSを12台集めて，各々のOBSについて，人工震源の記録と，人為的なステップ関数入力としてOBSに連結させた浮きを瞬間的に切り離したときの応答記録を得てOBS間の比較を行った (Sutton *et al.*, 1981)．加えて，特別に，海底に張り付くような形状の地震計，堆積層に突き刺さるタイプの地震計，堆積層と地震計を同じ密度にして海底に埋め込む地震計と，計3種類の基準測定も行った．結果は，3番目の基準システムがよく，このような設計思想のOBSがよい記録であった．同時計測した水中圧力に感応するハイドロホンでは，予想通り，海底とのカップリングの問題は生じず，S波に無感であった．実験によってOBSの形状，重量配分から予想される海底とのカップリングの計算を検証することができた．

通常のOBSは海底下に埋めない限り，堆積層に埋まる部分と海中部に出る部分があり，ふつうは後者の体積が大きい．そのためにOBSの海水との相対運動が大きくなれば，海底の動きに忠実な記録から離れる．つまり，カップリングが悪くなる．OBS をできるだけ海底側の動きに合わせるためには，OBS をできるだけ小さく，高さを低く，底面積を大きくすればよい（詳しい関連文献はたとえば，笠原ほか，1980; Trehu, 1985; Duennebier and Sutton, 1995, 2007; Osler and Chapman, 1998）．

センサー部を記録電源部と分離させて，別のよりコンパクトな耐圧容器に収めるタイプも欧米に多く存在する．仕組みは複雑になるが，海底の地震動をできるだけ忠実に記録することを優先した設計と言える．多数展開の短期観測期間の自己浮上型の OBS では，海底下に埋めるのはむつかしいが，日本でも長期観測型で高品質なデータが求められる場合は，センサーを埋める工夫が行われるようになった．さらに，掘削孔に埋めるのは結合を高めるだけでなく，雑音環境からも逃れることになる．

海底孔内観測 (sea floor borehole observatory)

第 2 章で見たように海底に設置した OBS では，観測窓の雑音レベルで，陸上の静かな壕内あるいは孔内観測にかなわない．海底でも孔内に設置すれば雑音レベルが下がることは予想される（図 3.6）（末広，2000）．海半球計画 (Ocean Hemisphere Project) (1996–2002) と ODP 計画 (Ocean Drilling Program) の両計画によって，図 3.7 に示す孔内観測所を 4 カ所西太平洋に設置した結果，海底設置型より雑音レベルが低いことが実証され，大きく観測窓の広がること（図 3.6）と，これが長期的にも安定であることが示された (Shinohara *et al.*, 2006)（5.1 節参照）．

3.3.3 OBS の実用化と多様化 (Widening use of OBS)

陸上では，1960 年代から冷戦を理由として長周期地震観測網が核実験探知のため整備され，チリ，アラスカ地震（第 1 章）も起きて地球の自由振動を捉えるなど，まさに観測によって地震学が進歩した．1980 年代にはデジタル化とフィードバック型地震計の登場により観測窓が広がり，何と言ってもアナログ可視記録から加工しやすいデジタルデータになってデータが使いやすくなった．コンピュータとインターネットの普及もそれを加速した．ただし海洋地震学はこのような流れに乗りたくても乗れない状況が続いていた．海

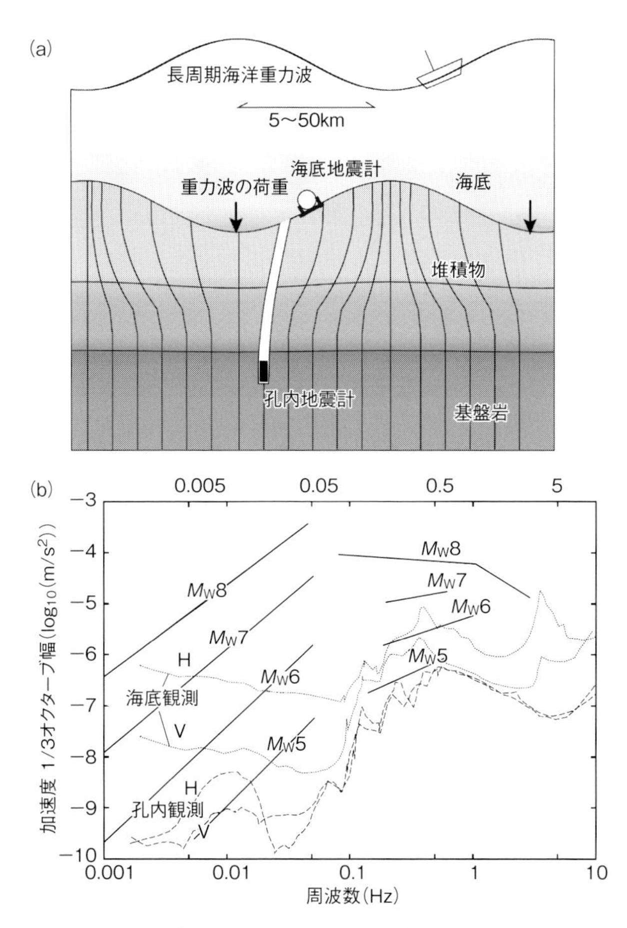

図 3.6　孔内計測の利点模式図（Araki *et al.*, 2004 による）
(a) 第 2 章で見たように長波長の水の波が圧力変動と未固結堆積物の変形（海底に近いほど大きく変形）を及ぼして雑音となる．岩盤中に設置すればその影響は弱まる．図は理解のために誇張してあり，海底下の変形を垂線の曲がりによって表現している．
(b) 海底と孔内観測の雑音レベルの実測例（加速度スペクトル）．V，H はそれぞれ上下，水平成分．角距離 30° で M_w5–8 の地震がどのレベルの信号になるかも示してある．

洋観測の失敗続きの 1970 年代から，成功率を高めて数週間から数カ月の短期観測なら良質のデータが得られるようになったのが 90 年代頃までのことである．海底の地震や津波を起こす場が周囲を取り囲む日本において OBS 開発

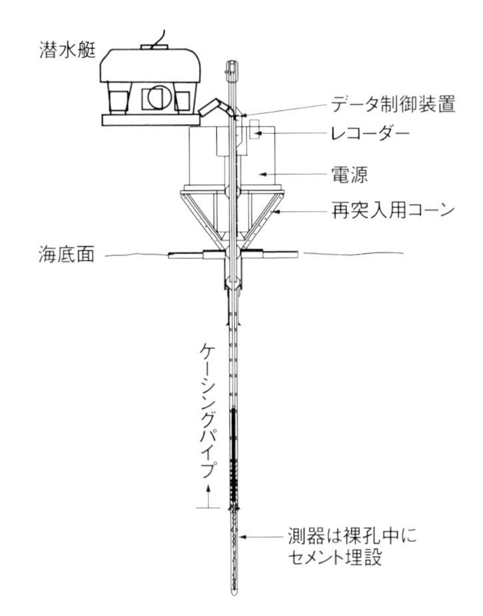

図 3.7 孔内地震観測点 (NEREID) の模式図
掘削船により掘削された孔内の底に地震計測システムを埋設する．データはケーブルにより海底まで送られ記録される．海底へのアクセスは無人潜水艇 (ROV) を用いる（Araki *et al.*, 2004 による）．

が進み，観測の窓が広げられてきたのは当然と見られるかもしれないが，測器の改良に努力を惜しまない研究者がいたからでもある（金澤ほか，2009）．

OBS におさめられるセンサーも選択肢が広がり，強震動を測れる加速度フィードバック型，広帯域型（長周期側に感度が延びて潮汐も記録する），中帯域型（20 秒周期程度）なども利用されている．耐圧容器の大型化（たとえば直径が 65 cm のチタン球の採用）が選択肢を広げ，また電源容量を増して 1 年オーダーの観測も行われている．日本の周りにはガラス型耐圧容器では近づけない水深 7000 m より深い海溝域があるが，ここも最近のチタン，セラミック材料を用いて設置が可能になった．

海底の広帯域観測 (sea floor broadband observation)

広帯域海底地震計 (BBOBS; Broadband OBS) のセンサーは，種々試されているが，日本では，金澤ほか (2001) がグラルプ社の CMG-1T/3T を採用し，128 Hz サンプリングで周期 0.02–360 s のバンド幅，22 bit AD 変換による 18.5 bit の実効分解能を確保し（図 3.2 参照），外径 65 cm のチタン球（耐水深 6000 m）に内装したものがアレー観測に用いられるようになった．

これにより，解析に耐える表面波データも取得できることが実証されつつある．たとえば Isse *et al.* (2006a) は，フィリピン海プレートの表面波から上部マントル構造を水平距離 300–400 km の解像度で求められることを示した．太平洋スーパースウェル (Pacific Superswell) と呼ばれる，海底比高の異常域[9]のマントル構造にもメスが入りつつある (Suetsugu *et al.*, 2007; 5.3 節)．今後は，さらに観測点数，間隔と期間の確保により，ホットスポット（ハワイ，ガラパゴスなど)，巨大海台，南半球の海嶺系のように，陸域からは「見えない」ところで興味深い観測が行われるだろう．

帯域を広げることは，プレート沈み込み帯浅部の付加体の存在域でも発生しているとされる低周波地震 (Ito and Obara, 2006)，あるいは津波地震の研究の実態に迫るためにも必要である．

3.3.4 OBS の共同利用 (OBS pool)

欧米では海底地震計プール方式を始めている．OBS は用途が限定され商用マーケットが広くあるわけでもない．ある研究機関が国からの研究補助金を得て OBS を多数整備して，公募利用する方式である．学界 (community) から共有財産として管理維持したほうがよいと支持され開発者も同意したことから可能になった．種々の委員会によって仕様，利用規程などが論議される．この方式のよいところは，機器の整備，調整，設置回収のすべてについて専門家が派遣されるので，何ら海洋観測の実績のない研究者でも海洋で検証したい仮説のある人は，検証する機会を得られるところである．開発者も利用されたことが実績になる（開発者なくして維持も改良もむつかしい）し，さらに先端の開発を促す味方を増やすことにもなる．他国にもわたる機関間の話し合いで OBS を国際的に展開する機会も増えてきた．

[9] プレートの冷却によって年代とともに水深が深くなるモデルからはずれて水深が浅い．

3.4 人工地震 (Controlled source method)

3.4.1 人工震源：エアガン (Controlled source: airgun)

海洋での地震観測としては，人工地震による地殻構造調査観測が，歴史的にもっとも行われてきた．人工震源とは発振の場所と時刻，震源波形を人工的に制御できる震源のことを指す．時刻，位置を ms，m 単位で制御できるのかなど，制御できる精度を把握し，必要なら向上をはかる．時刻，位置精度が 0.1 秒，100 m 単位なのか，さらに 1 桁よいのかは結果に影響する．

海洋実験の利点は，船の移動範囲のどこでも震源にできることである．海洋での制御震源として，もっともよく用いられるのは，エアガン (airgun) である．エアガンでは火薬[10]と異なり，1 回のエネルギー放出は小さいが，多数回同じ波形を発出して，観測データの N 回の重ね合わせで信号対雑音比を $\sqrt{N}$ 倍あげられることが特徴である．

エアガンは，海中（水中）に高圧空気を瞬時に放出させる．これによって生じる水中音波が地殻内を反射屈折変換したのち海底に戻る波を観測することにより地殻構造調査ができる．水中に生じる気泡は，膨張収縮を繰り返し，徐々に弱くなり，また水面へ向かって消滅する．この間の圧力変動が音波を生む．

気泡中のポテンシャルエネルギーは，気泡の圧力とその体積の積である．一方，Rayleigh (1917)[11]により，泡の振動周期 (T) と泡の最大半径 (R_{max})，周囲の静水圧 (P_0)，流体密度 (ρ) の関係式が得られている；

$$T \propto R_{max}\sqrt{\frac{\rho}{P_0}} \tag{3.4.1}$$

Willis (1941) は，ポテンシャルエネルギーを，

[10] 強力なエネルギー源となる火薬の利用は戦後の米国の余剰火薬の処理を兼ねての実験から発展し，日本でも OBS の実用化に合わせて制御を改良してきた．近年では，安全，環境への配慮から利用は減った．エアガンは火薬のような衝撃波を生じないが，海洋ほ乳類の保護，環境への配慮は求められる．

[11] やかんに生じる沸騰水中の泡が発する音を研究した．

$$E = PV = P_0 V_{max} = \frac{4}{3}\pi R_{max}^3 P_0 \qquad (3.4.2)$$

と求めた．

このことから泡の振動をもたらすポテンシャルエネルギーと泡の振動数との関係式 (Rayleigh-Willis formula; Willis, 1941) が；

$$f \propto P_0^{5/6} E^{-1/3} \qquad (3.4.3)$$

と表される．単位をそろえて比例定数を入れると（係数は Lugg, 1979）；

$$f = 7.85(10 + d)^{5/6}(PV)^{-1/3} \qquad (3.4.4)$$

が求められる．

この式により，エアガンの深さ [m]，込めた空気の圧力 [kgf/cm^2] と容量 [L] から，生じる気泡の振動周波数 [Hz] が求まる．高圧空気圧縮機 (air compressor) で 100 kgf/cm^2（約 10 MPa）までエアガン (1–20 L) の圧を高めて 10 m の深度で放出させると，周波数は容量に応じて約 8–20 Hz になることがわかる．

以上のことから，人工震源のエネルギーの大きさと周波数を制御できることがわかる．解像度は，8 Hz の波が P 波速度 6 km/s の媒質を通過するときの波長は 750 m であるから，数百 m 程度である．

エネルギーについては，たとえば，5 L, 150 kgf/cm^2 程度のエアガンのショットは，約 100 g のダイナマイトの発破のエネルギーに相当する．1 kg の火薬

図 3.8　エアガンの動作と気泡の運動と圧力 (airgun operation and bubble motion and pressure)
(a) 左：高圧空気がエアガン内に溜め込まれて作動準備完了状態にある．エネルギーは下側の耐圧容器容量 (chamber volume) と圧力による．右：高圧空気が放出され，圧力波が信号として放出された直後の状態．中央のピストンが図の上側に移動し，下側の容器内のエネルギーが放出された．海水が流れ込む前にピストンは左の状態に戻り，圧力を再度高められる．（BOLT Associates 社のカタログに基づく）
(b) 気泡は膨張圧縮を繰り返しつつ海面に上昇する．気泡の中心が上昇する様子に半径の変化を重ねて示してある．（以下 Ziolkowski, 1998 より）
(c) 気泡圧力は発振時にピークをもち，その後，気泡の膨張・圧縮によって，圧力の極小・極大を繰り返しエネルギーを失っていく．
(d) 約 100 m 離れたハイドロホンで観測した波形は発振時から約 70 ms 遅れて始まり，位相が反転した海面反射が直達する波の直後に重なる．

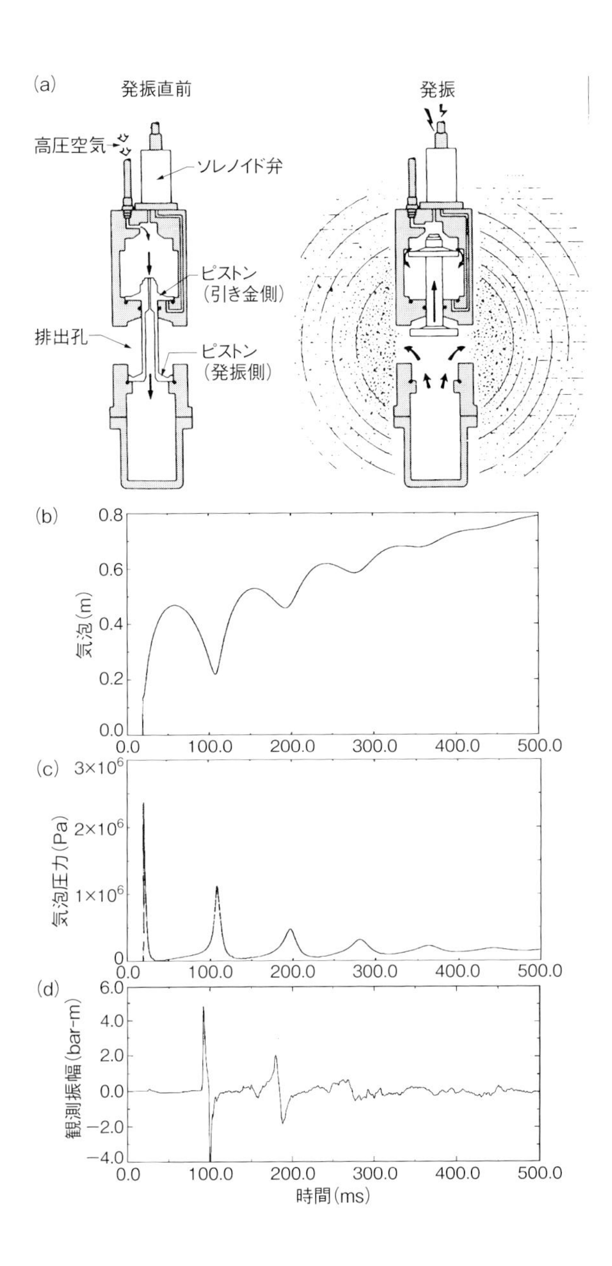
(a)
発振直前
発振
高圧空気
ソレノイド弁
ピストン
(引き金側)
排出孔
ピストン
(発振側)
(b)
気泡(m)
(c)
気泡圧力(Pa)
(d)
観測振幅(bar-m)
時間(ms)

のエネルギー（およそ 4×10^6 J）は，$M\,1$ の微小地震 (2×10^6 J) と，ほぼ同格である．$M\,3$ の地震が 10 km 離れて起きると震度 1 程度のゆれになるが，このエネルギーは，2×10^9 J である．

理論的に求められた気泡半径の変化と圧力変化を見ると，圧力がピークを示すのは，気泡が押しつぶされたところから膨張へ転換するときである（図 3.8；Ziolokowski, 1970）．このピークは，海面で反射し極性が反転して重なってくるので，海面からの深さも重要である．つまり，極性を合わせる最適な深さがある．気泡の最大半径が海面に達すれば，気泡は壊れ (blow-out)，エネルギーは大気へ逃げる．

複数のエアガンを曳航して発振させて励起波形を制御することができる．MCS 反射法（多重反射地震探査法 multi-channel seismic reflection method）（3.4.2 節）では，最初のピークエネルギーがもたらす反射信号を取得する．複数のエアガンを同期させて，最初のピークをさらに重ね合わせ，個々のエアガンの容量を変えて，後続のピークは打ち消し合わせる．理想的にはインパルス応答（4.2.4 節参照）を見たいわけである．

最初の圧力パルスの強さは，エアガン容量の 1/3 乗にほぼ比例する（3.4.2 式）．このことから，単体を大きくするより，複数重ねたほうがパルスは強くなることがわかる．海底地震計の感度は高周波数に延びていないこともあり，気泡の振動に応じた波が目立って観測される．

もっとも簡単なエアガンの動作方法は，単体を船尾から曳航する場合で，高圧空気を送るための高圧ホースと発震用の電気ケーブルによって震源を制御するが，深さの調整はもっぱら船速による．複数のガンは浮力体を曳航してそこから吊るす方式がふつうで，深さも複数ガン間の距離も設定できる（図 3.9）．

エアガンへの高圧空気の流れは，電気信号によって開閉できるソレノイド弁によって制御してピストンを動かし，高圧空気の放出の繰り返しを可能にする（10 ms のオーダーで制御）．50 m 間隔で 100 km の測線 (profile) をシューティングする場合，5 kt（ノット）で航行すれば，約 11 時間に 2000 発，約 20 秒に 1 回シューティングすることになる．120 kgf/cm^2（約 12 MPa）を総量 20 L 発振させるには，1 分当たり 7200 L の空気を圧縮できなければなら

図 3.9 エアガン発振 (airgun in operation)（三浦誠一氏提供）
（上）複数のガンを配列するアレー方式に組み込まれたエアガン．
（下）気泡は徐々に海面に浮上する．気泡の現れている直下でエアガンアレーの発振があったことを示す．

ない．たとえば，海洋研究開発機構の調査船「かいれい」では，毎分約 200 L ($12000\,\mathrm{in}^3$) の発振能力がある（図 3.8）．

エアガンの信号を海底地震計で観測すれば，海底の雑音レベルが海上より低いので，S 波の情報を含めた海洋地殻の構造から最上部マントルまでほぼ守備範囲に入る．反射法記録も海底下 10 数 km まで見える．

最初のピークにこだわると後ろの気泡の振動がじゃまになる．震源を工夫

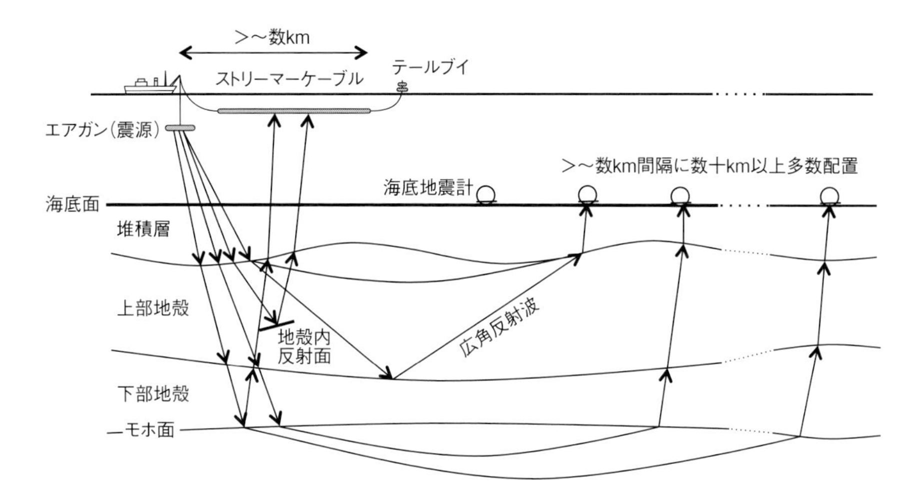

図 3.10　MCS と OBS (multi-channel seismics and OBS)
図の左方へ航走する船がエアガンを発振し，MCS では，一定距離をおいて曳航されるハイドロホンのリニアなアレー（ストリーマーケーブル）の複数チャネルに海底下からの垂直反射波を記録する．OBS が設置されていればエアガンとの距離は船の航走とともに変化し，屈折波と広角反射波を記録する．

する方法と，データ解析（フィルター）を工夫する方法とがあるが，震源側の工夫では，ウォーターガンと GI ガンが考案された．ウォーターガンでは，高圧空気を使って，水を高速にチェンバーから排出し終えると，慣性により水流の後ろに空隙 (cavity) が生じる．この空隙を周囲の水が瞬時に埋めるときのみ音波が発生する．GI ガンは，エアガンが作る気泡が最大のときにさらに中に空気を送って気泡の振動を抑える仕組みである．

3.4.2　人工地震による構造探査 (Controlled source seismic survey)

人工地震を用いて構造を調べる方法は，大きく反射法と屈折法の二つの方法によって分けられる (図 3.10)．前者は主に海上での発振と受信を相互の相対位置を保ちつつ移動しながら地下からの反射波を観測して，反射面の存在を探査する．後者は，海上で移動する発振を海底の複数の定点で受信し，地下を主に屈折して伝播する波を観測して，反射波も含めて弾性波速度構造を探査する．反射，屈折と呼ぶが，どちらの波に着目するかは，震源と観測点

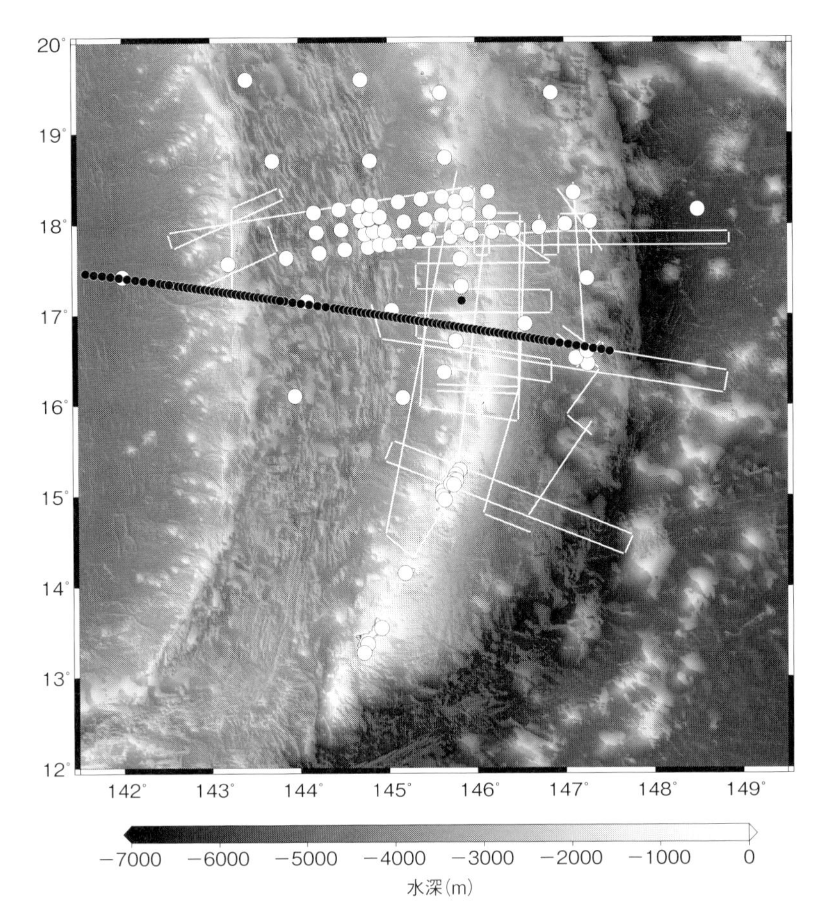

図 3.11 地震探査測線の実際例 (example of seismic profies)
中部マリアナ海溝・島弧系で展開された日米共同の屈折法・反射法併用の構造探査ならびに自然地震観測大規模実験の展開図（2002–03 年実施）．主に東西に働くテクトニクスによる地形の変化に加えて，南北に変化が認められる海域で詳細な構造モデルを構築するためには複合的な観測実験が必要になる．白い線は MCS 反射法による調査測線，黒丸が並ぶのは 100 台規模の OBS 屈折法探査測線である（図 5.16 参照）．白丸は 1 年規模の長期 OBS 観測点（島に展開した測点も含まれる）．これらの結果，浅い堆積層から地殻，上部マントル構造までのモデル化が進められた（第 5 章）．（データは Rolling Deck to Repository (www.rvdata.us) より，図は杉岡裕子氏による）

の相互位置関係で決まる．

図 3.11 に実際の大規模な地震探査測線の展開図を示す．反射法と屈折法を併用し，さらに自然地震のデータを活用する配置をとっている．

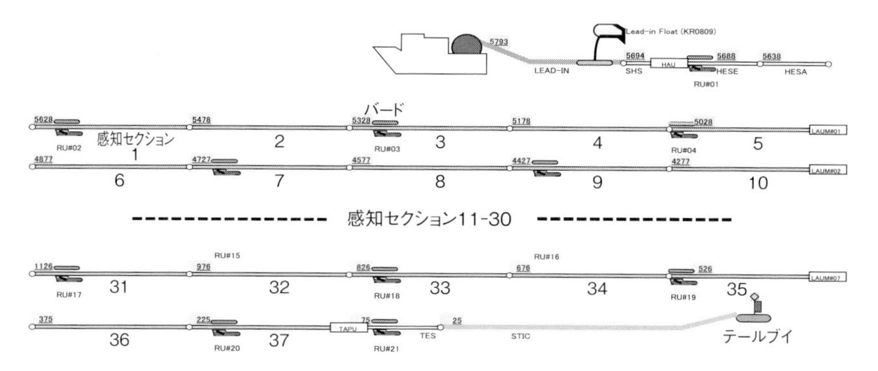

図 3.12　ハイドロホンストリーマー構成 (hydrophone streamer assembly)
JAMSTEC「かいれい」装備の例．444 チャネル，延長 5800 m もの長大ストリーマーの例．37 本のセクションに 12 チャネルずつ組み込まれている（図は三浦誠一氏による）．

反射法地震探査法：ハイドロホンストリーマー (reflection seismic method: hydrophone streamer)

反射法の基本は，エアガンとハイドロホンを船から曳航して海底下からの反射波を記録して構造を求めることである．現在は，資源探査で主に使われる MCS 反射法が主流である（図 3.10，図 3.12）．

反射法人工地震探査では，船からハイドロホン素子 (element) を直列に数～10 数個つないだセクション（チャネル）を多数接続してマルチチャネルハイドロホンアレー（array 群列）を構成し船尾から曳航して，人工地震波を受信する．これをストリーマー (streamer) と呼ぶ．もともと第二次大戦中に潜水艦探知のために開発された．ストリーマーは，プラスチックのやわらかいチューブ（径は 10 cm 以下程度）の中に上記の素子群を収めている．以前はアナログでチャネルが増えると，その分非常に多くの電線が必要だったが，最近はデジタル化し光ファイバーを用いて伝送している．ストリーマー内は，全体が海水と浮力がバランスするようケロシン（kerosene 灯油）などが充填されるが，最近は固体樹脂で充填される．

全体の構成例を図 3.12 に示す．ストリーマーの長さは，チャネル数の増大に伴って数 km に達する．500 チャネル 6000 m というような例もある．長くなれば，海流などにより直線からはずれて受信点の位置も問題になってくるので，コンパスを組み込んだり最後尾のテールブイの位置を GPS (Global

Positioning System) で確認できるようにする．深さを一定に保つため，電気制御できるフィン（バードと呼ばれる）を組み込む．このようなストリーマーを複数本曳航するとチャネルの分布が面的になるので三次元反射法探査と呼ばれる．

ハイドロホンを連結させたストリーマーは常時曳航され動いているため，ハイドロホンは，圧力変化に正しく感応するが自分の加速度に無感であることが重要である．このためにピエゾ電気を励起するセンサーの変形が加速度に対してはキャンセルするような形状に工夫されている．ストリーマーは船から曳航されるので，安定した深さ（海面反射波が海面からの深さ分の ms オーダーのずれで直達波に重なる）で振動なく曳航すること，また曳航雑音となる波浪，周囲の船，海洋生物などの周りの環境から入る雑音，船からの振動，船の航跡の影響を最小にする工夫も必要になる．たとえば，感知するセクションをできるだけ船から離す，船との機械的な結合を弱めるためのセクション（ストレッチセクション）をはさむなどの方法がある．

ストリーマーを海中深く沈めて構造の分解能を上げる試みもある．また，海底設置型 (OBC; ocean bottom cable) であれば，ハイドロホンのみならず地震計もいっしょに組み込める．

海上ストリーマーケーブルによって感知された圧力変動は多チャネルデータとして船上へアナログもしくはデジタル化されて届く．人工震源とストリーマーの正確な位置情報がまず必須である．船尾から一定距離を置いて，一定のチャネルの間隔毎に，等間隔の時系列が得られる．

チャネル数とチャネル間隔が解像度と深さのターゲット範囲を決める（4.2 節参照）．25 m 毎のチャネルが 240 チャネルあって 50 m 毎にショットをすると，240 チャネル通過する間に 120 ショット分同じ反射点からの反射をあるチャネルが受け取れる．その分，重ね合わせの原理によりこの反射点からの信号を強調させることができる．深いターゲットほど震源とハイドロホンから見込む角度が小さくなるので，重ね合わせの効果が減る．反射法地震探査測線は，航路直下の断面図を得るのであるから，断面図をはずれて伝播してくる反射波の信号の受信は好ましくない．したがって，二次元的な構造であれば，地形変化方向にできるだけ直交する測線を設定する．

MCS 反射法は，現在も進化しつつあり，振幅に加えて位相さらに波形の情報をモデル計算と合わせている．また，資源探査では，石油を産出することによって地下構造が変化する様子を三次元的に捉える段階まできている．MCS 反射法を活かす研究対象には，地震断層，マグマ，モホ面，さらにはプレートの構造境界の実態抽出がある．また，流体の存在検知にも期待がかかる（図 3.13 がその実施例）．

屈折法地震探査法 (refraction seismic method)

60 年代には，第 1 船が移動しながら火薬を投下して震源として，第 2 船が定点で吊ったハイドロホンで受信する 2 船法が活躍した．その後，潜水艦探知に使われるソノブイ（ハイドロホンつきの洋上電波発信ブイ）が，第 2 船の代用となった．コストと効率が良く，この方法も 70 年代までよく使われた．現在では，OBS 観測にほぼ置き換わった．過去にいろいろな震源と測器の配置が工夫されたことは，今後にも参考になるだろう．

屈折法では，深さ方向に比して水平方向に長い伝播経路になるので，観測点が少なければ，水平方向の不均質の最小の方向を選ばないと，構造モデルの任意性を増すだけである．水平方向の不均質を十分推定できるほど OBS を多数動員できるならば，反射法の測線と同じ理由で不均質が最大の方向を選ぶのがよい．

OBS（あるいはハイドロホンを収めただけの OBH; ocean bottom hydrophone）は，上記 2 船法で開かれた屈折波の観測の窓を大きくしたと言える（図 3.11）．OBS を並べた測線上を制御震源船が走る．OBS が 1 台であっても，それなりの構造は得られる．2 台あれば，その間の構造の傾斜も推定できる．3 台以上になれば，モデルの複雑さを増すことができるようになる．制約条件をゆるめないように実験を行うためには，水平方向と鉛直方向の速度変化をどこまで明らかにしたいか検討した上で，最小限の数での実現を考える．これが観測者の限られた測器で最大の成果をあげる工夫の見せ所であるが，ある程度の冗長性を持たせないと，天候あるいは測器の故障で泣くことにもなる．

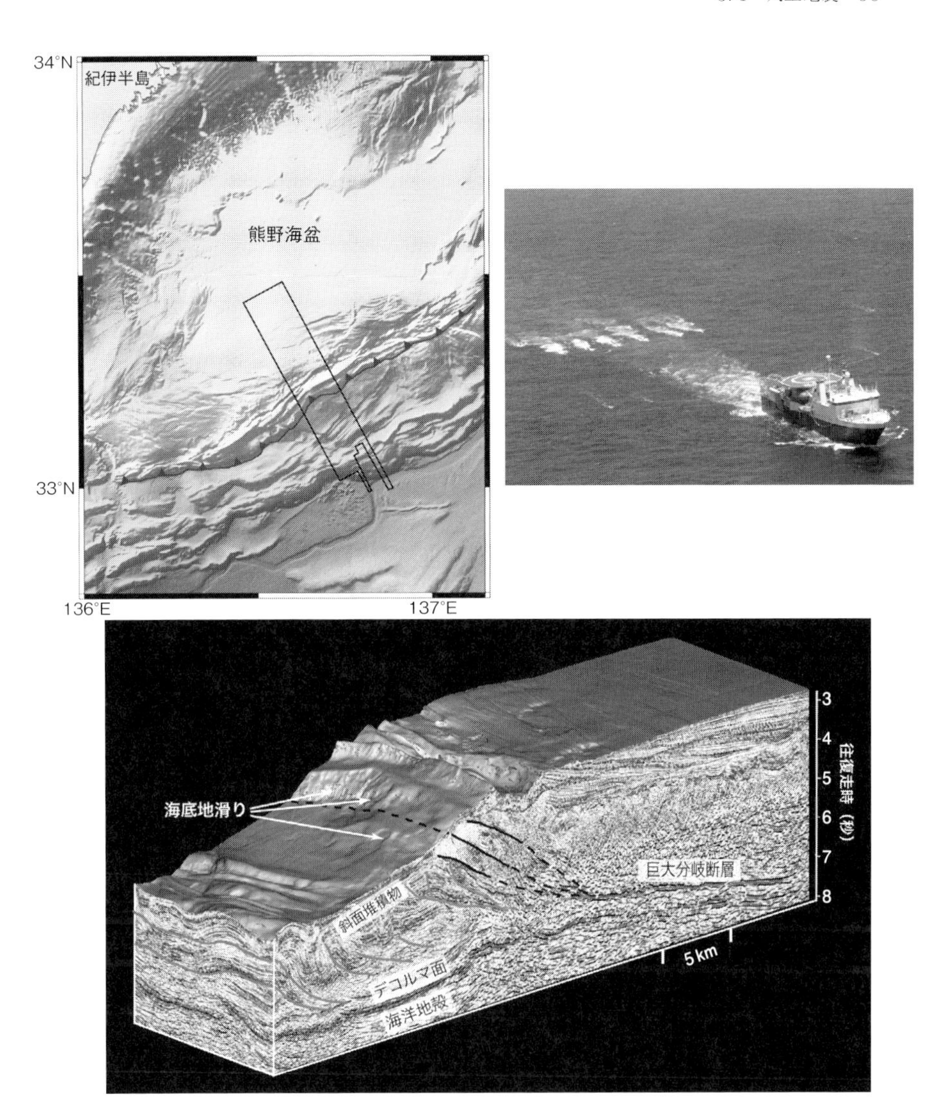

図 3.13　三次元反射法探査の例 (example of 3D MCS survey)
南海トラフ紀伊半島沖で実施された三次元反射法探査の例．4500 m 長のストリーマー 4 本を間隔 150 m で，エアガンアレーを 2 系列間隔 75 m で曳航し（右上），エアガンを交互に発振して左上地図の黒枠内を覆うデータを取得した．これによって直線の測線直下の断面外からの反射波を正しい位置にマイグレーションすることが可能になり，三次元モデルが得られた（下）．このブロック内のどのような断面でも構造を見ることができる．三次元的に変化する海底地すべり地形，巨大分岐断層と断層群，プレート境界（デコルマ面）が見える．(Moore *et al.*, 2007, 図は倉本真一氏による)

3.5　海洋の観測環境 (Ocean environment)

海洋観測では，天候に制約される期間（weather window）が少なくない．高緯度では氷が張って動けない時期，冬の荒天時期，台風シーズン，あるいは濃霧発生期などについての知識が計画の策定に必要になる．綿密な計画を立てていてもいったん海洋に出れば荒天で避難を余儀なくされることも少なくない．

また，海流にも注意が必要である．日本近海の黒潮の流軸では，3 kt を超えることもめずらしくない．人工地震観測は，曳航体を船尾から曳きながら，対地速度 5 kt 程度で走ることによって観測点の間隔を密に保つ．しかし，これに流速ベクトルが加わると，ねらった測線を保ちつつ，海水に対してでなく，対地に等速度を保つのはむつかしい．海域によって望む実験ができるか，計画段階で船の性能その他を確認しておく必要がある．船から海底に向けて測器を投下設置する場合も，測器は海流を通過するあいだ流される．3 kt（約 1.5 m/s）で 500 m の厚みの海流だと，毎秒 1 m 落下するとして数百 m 流される．

3.5.1　海底の観測環境 (Sea floor environment)

OBS の自由落下方式は，陸上で言えば，ヘリコプターで地震計を田んぼに落としていくようなものである．陸上観測では，温度，気圧，風などによる雑音発生源をさけるために，地中に埋める，掘削孔に設置する，壕を掘って設置するなどの工夫をする．では，海底とはどういうところなのか．

深海での掘削試料がそれを教えてくれる．2000 年に北西太平洋海盆に最新鋭の掘削孔内地震観測所が設置された環境を例にとろう（図 3.14）(Kanazawa *et al.*, 2001)．黒く塗りつぶされているところが玄武岩の始まりで，そこまでが数百 m の堆積層であり，それも軟泥 (ooze) が主体である．通常の OBS は，この軟泥（珪藻の死骸が多い）に自由落下して乗ることになる．図 3.14 が示すように，海底から 200 m までの深さは，P 波速度はほぼ一定で 1540 m/s であるから，水中音波とほぼ変わらず，ほとんど間隙水を伝わる速度である

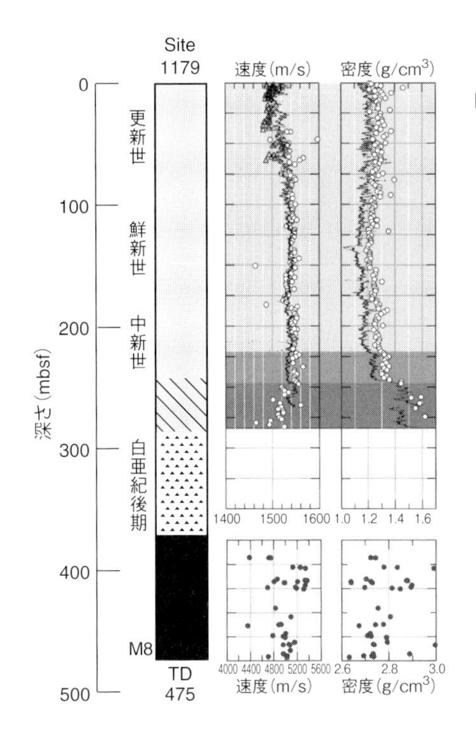

図 3.14 北西太平洋海盆地殻上部の組成と物理特性 (upper crust lithology and physical properties in NW Pacific basin)(Kanazawa *et al.*, 2001 を改変)
国際深海掘削計画（ODP）による 1179 孔内の採取試料（白丸）と孔内計測（黒点）が示す孔内広帯域地震観測システムの設置環境（本文参照）．孔内地震計は海半球計画網の WP-2 点に相当する（第 5 章参照）．深さは海底からの深さを示す．速度と密度は，堆積層内（0–250 m：軟泥（siliceous ooze），250–283 m：粘土（clay），283–380 m：チャート（chert））と玄武岩（380–475 m）中とで大きく異なる．速度，密度分布の背景の濃淡は，軟泥組成（2 段階）から粘土への変化に対応する．M8 は地磁気異常縞模様の番号で，およそ 130 Ma．TD は掘削最深点．

(≈ 85%が水である！)．軟泥と粘土の下のチャートはかたいので，そこで物性のジャンプがあり，玄武岩中ではさらに 5 km/s にはねあがる．

これでわかるように海底は確かに堆積層と海水との境界であるが，音響的にはより固結した堆積層や玄武岩層との境界の方がインピーダンス（密度と音速の積）の変化が大きい．これが音響的基盤の始まりであって，地震記録としては後続波として到来する変換波の生成源となる．音響的基盤の始まりは，場所によって，海嶺で生じた火成岩であったり，チャートのようなかたい堆積物であったり，大陸縁辺部では，隆起して堆積物が浸食されたのち海底下に沈降したため欠落している境界 (hiatus) であったりする（あくまで音響的な境界である）．

構造モデルを求めるとき，海底の堆積層での波の伝播時間を正しく見積もらないと，深部の速度の推定に影響する．ここで示した掘削データのように，ずばり手にとってわかるデータを参照できる場合は参照すべきである．まばらにしかない掘削のデータを活用できなければ，反射法による堆積層構造を参照して，OBSデータの走時補正を行うようにする．

沿岸近くの浅い海底では，海上からの雑音に近いためなかなか高品質の高感度観測はむつかしいが，1995年の兵庫県南部地震の後では震源真上の明石海峡で多数の余震を捉えることができた(Takahashi *et al.*, 1996).

3.5.2　時刻・場所 (Timekeeping and location)

時刻についても場所（緯度と経度）についても，それらの決定精度と信頼性は，1993年に登場したGPS[12]以前と以後とでは大きく変わった．GPSは数年の間に精度も向上し，利用が急速に広がった．同時に以下に見るように観測者の負担も軽減された．洋上にいて少なくとも自分の船の位置が正確にわかるのとわからないのとでは大違いである．かつては設置したOBSの位置に正確に戻ることすらむつかしかったわけである．

時刻 (timekeeping)

海洋に出ても正確な時刻を知ることが必要になる[13]．現在はGPSによって常時μsの精度の時刻信号が得られる．GPS以前は，日本のそばならJJY（日本標準時無線局）の国際標準信号を受信していたが，遠洋に出ると電波が弱まり，伝播による時間遅れも，他の無線局からの混信もある．そこで信頼できる時計を高精度の水晶発振器（10^{-10}精度程度；3カ月で数msずれる程度）から組み立てて船上で動かしていた．

OBSは電波の届かない海底におくので，その時計は船上で標準信号に対して較正する．OBSの投入前と投入後において，標準信号に対しての絶対値のずれとさらにずれの時間変化（レート）を計測して補正する．船上と海底との温度環境が異なるのがレートに影響する．OBS内部の温度補償型水晶発振器を用いた時計の精度 ($10^{-6\sim-7}$) は向上した．超小型原子周波数発信器 (Chip Scale Atomic Clock) もOBS内に装備されるようになり，現在では，10^{-11}

[12] 最近は米国以外の衛星も加わってGNSS (Global Navigation Satellite Systems) と呼ばれることが多い．

[13] 18世紀の天測の時代に洋上のきびしい環境でも正確な時計が発明され，おかげで洋上で経度がわかるようになった（南中時刻との比較）．

精度も実現できる（消費電力は水晶発振器より大きい）.

反射法地震探査では，一つの時計で発振から記録まで制御できていればよいので絶対時刻が不要である．とはいえ，これもGPSで制御されたほうが簡単である.

緯度・経度 (latitude and longitude)

20世紀に入って電波の利用が進み，海上での船の位置決定には，70–80年代にいたるまで以下の決め方がよく使われた．2組の地上電波局から位相のそろった信号を受信したとき，その位相差から，観測船は，時間差一定で定義される双曲線のどこかに位置する．もう1組の電波位相差観測があれば，二つの双曲線の交点から二次元の船の位置が決まる[14]．GPS以前の時代ではNNSS衛星システム[15]も併用して数百m程度の誤差におさめようとした．1990年代後半から測地学に革命をもたらしたGPS衛星観測網の恩恵に浴するようになった．船の速度は対水速度をいうことが普通であるが，GPSによって対地速度もすぐわかるようになった.

緯度と経度の基準は，GPSで使われている世界測地系WGS84系 (World Geodetic System 1984) である．地球の基準体としての標準楕円体は，長軸6378.137 km，短軸6356.752 km，扁平率1/298.257（正確な決定値はさらに桁数が多い）である．日本も2002年から日本測地系からWGS系に移行した．二つの系では，日本周辺では数百m程度ずれていたので，GPSの精度では有意な違いである.

GPSも電磁波を通さない海底に対しては無力である．海底の位置の決定には音響測位が必要である.

地形 (bathymetry)

海底地形の高まりがあれば，その構成物質の密度が周りの水塊より大きいため，周りの水塊を重力的に引き寄せて海面がもりあがる．この海面の時間

[14] 誤差は，常時1海里以下に収めるのがむつかしかった.

[15] NNSS (Navy Navigation Satellite System); 複数衛星のうち最接近した衛星を感知して位置を求める.

平均値は，等ポテンシャル面をなし，ジオイドと呼ぶ（衛星の軌道面も等ポテンシャル面）．この重力変化は，密度分布の不均質によるものだが，海底地形がアイソスタシー原理を満たすように作られていると仮定し，海底の平均深さ，堆積物の厚さ，地殻の平均密度，厚さ，リソスフェアの弾性を示す厚さを仮定することにより，海底地形が浮き彫りになる（図 1.7；Smith and Sandwell, 1997）．したがって，世界の海底地形図は宇宙からわかってしまう．精度については，海底地形が洋上観測でマッピングされている海域で，検証すればよい．衛星 (ERS1, Geosat, TOPEX/Poseidon) は，20–25 km の空間分解能で（最近ではさらに分解能が向上し海域によっては 15 km に達した）3–7 mgal(10^{-5} m/s^2) の精度で重力分布を明らかにできることから，いわゆる海底テクトニクスを表す海嶺，海溝，トランスフォーム断層，断裂帯などのほぼ全容が浮き彫りになることがわかるだろう．衛星高度 (ERS1 775 km) におよぶ加速度変化（万有引力の法則）は，海底の数百 km^2 の広がりが 100 m 上下すると数 mgal 程度である．これを検知するには衛星高度が数 cm 単位で計測できることを意味する．Smith and Sandwell (1997) は，プレートの冷却モデルの検証も行っており，単純な冷却過程では得られた水深と年代の関係を説明できず，海嶺から遠ざかっているときにも何らかの再加熱過程が加わって沈降を遅らせたと見るべきであると提唱した．

ただし，海洋現場観測では，地震計を数十 km 四方に配置するような場合がほとんどであるから上記のスケールの地形図だけでは観測の実用にはならない．次に述べるように研究調査船のだいじな基本性能は深海底までの深さを計測できることである．

測器を置く海底の深さを正確に求めるには，音波速度分布を知る必要がある（第 2 章参照）．測定するのは，通常 10 kHz 程度の音波の往復時間から換算するからだ．

海底地形を面的に調査することをスワスマッピング (swath mapping) と呼び, ナローマルチビームエコーサウンダー (narrow multi-beam echo sounder; NMBES) を用いる．面的に計測する原理は，船底から両舷方向下方に超音波を発信すると海底からエコーが戻るのでその往復時間を計測するというものである．エコーが出た方向がわかるようにハイドロホンアレーで受信することにより，1回の超音波発信（ピング ping）により進行方向に直交する線上で深さ分布が求まる．進行方向に対して真横からの散乱波による地形の捕捉であるから，地形変化の方向に沿って走るのがよい．このような装備は1980年代以降の海洋調査船には，多く付随する．日本で言えば，海上保安庁海洋情報部（旧水路部）のような公的な海底地図を業務で作成する機関にとっては，欠かせない道具である．

地球科学的興味からは，海溝近辺のプレート折れ曲がりによるホルストグラーベン構造，海嶺軸の複雑なセグメント化など，さまざまなテクトニクスの営みを読み取ることである．地震観測者にとっては，自由落下の海底地震計をどこに落としたかを正確に推定する地図になる．

スワスマッピングデータを取り入れ，陸上データも含めてできるだけ精度の高いデータをコンパイルした地形データセットも入手できる（Ryan *et al.*, 2009）．データの追加によってアップデートもされる．

3.6　自然地震の観測 (Natural earthquakes observation)

OBSによって自然地震の観測を行う場合，必要な台数は陸上と同様である．P波だけで震源座標と震源時間 (origin time) を一意に決めるためには4台以上欲しい．地震計を複数台配置する際の決まり (rule of thumb) は，地震計の配置間隔は，明らかにしたい震源の深さ程度以下にすることである．解析の工夫はいろいろあるが，入り口となる観測でデータの品位と精度を上げる工夫がまず重要である．

定常的な観測網がまだきわめて限られているなか，OBSの動員台数増加，データの品質向上が進んできたことはこれまでに見た．このことは，大地震の余震活動観測に活かされ，断層の長さが100 kmを超えても全体をカバーするような観測もできるようになってきた．

震源や構造の決定のために海底に多数の観測点を高密度に短期間に投入する観測が，高密度機動観測である．多数のOBSを展開して強みを発揮するためには，相互位置と時刻精度をそろえることが重要となる．

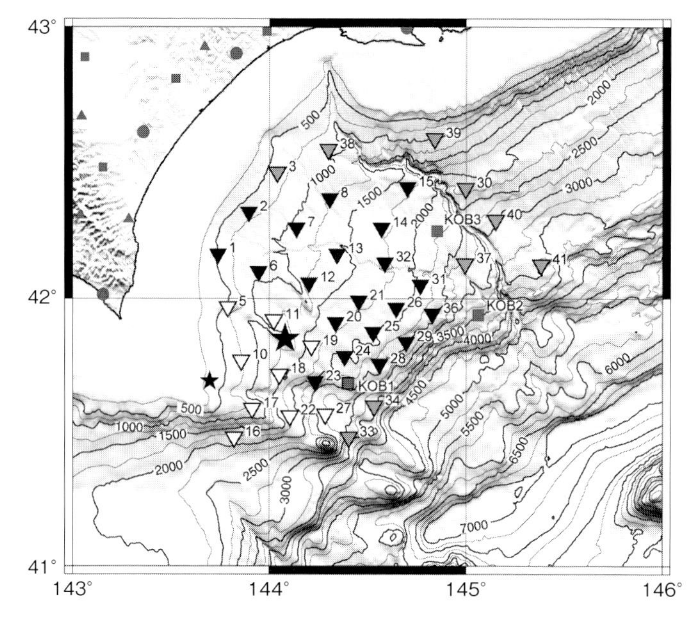

図 3.15　十勝沖 OBS 配置 (OBS locations during Tokachi-oki aftershock observation)
千島海溝の陸側斜面には海底ケーブル地震計が 1999 年より稼働している (四角)．2003 年 9 月 26 日午前 4 時 (JST) の十勝沖地震 ($M8.0$) の破壊域が海域であったことを受けて，OBS が余震観測のために設置された (逆三角)．太平洋プレートの沈み込みは陸側に深くなるので，OBS の間隔も合わせて調整されている．星印大は 2003 年十勝沖地震の震央，星印小は最大余震．逆三角に黒と灰と白抜きがあるのは観測期間の違いを示す．(Shinohara *et al.*, 2004)

3.6.1　余震活動 (Aftershocks)

2004 年の十勝沖地震の余震観測で OBS を設置した例を図 3.15 に示す．余震域がどこまで広がっているのかは，どこまで応力が解放されたかにつながる重要な情報である．大地震直後であれば，余震活動の時間的推移がわかる観測をねらう．ただし，地震数があまりに多いので，異なる地震計の記録のどこがどの地震に対応するかという判別は困難である．大地震直後の活動はなかなか観測のダイナミックレンジに収まりきらず，小さな地震で記録が飽和し続けない程度に低感度にしないと「真っ黒な」記録を持ち帰ることになる．

余震観測は，陸上から決められた本震の位置と余震の推移をたよりに OBS

観測に出動する．1978年には宮城県沖地震が発生し，2005年にはまた近傍で$M7$クラスが起きた．この海域は$M7$クラスが30年程度の再来期間で発生すると懸念されていたところである．78年の観測の際は，どこに沈み込む太平洋プレート境界があるのかさえわかっていなかった．陸上観測網では震源の深さを詳しく求めることが本質的に困難である．このとき開発途上だった自己浮上型OBS 3台の観測に成功し，OBS直下の余震の深さ分布はプレートの沈み込む様子を浮き立たせた．世界的にも先駆的なOBS余震観測であった．東北の沿岸の直下で50–60 kmの深さにある沈み込んだ太平洋プレートがどのように日本海溝へつながるのかは，それ以前の2船法の結果もあったが，80–90年代の調査結果により解明された（第5章）．

また，1983年の日本海中部地震の震源断層は，沈み込みプレート境界説（北米プレートとユーラシアプレート）を支持する低角逆断層だったのかを検証すべく，震源直上から余震の深さを観測した．OBSの数は6台だが，東北地方の日本海側沿岸部の観測データも用いて求めた余震分布は，複雑であった．その後，1993年に奥尻島を津波が襲う北海道南西沖地震が起きた．OBS観測によるこの余震分布も明瞭な分布にはならなかった．主断層のみに余震が発生するのではなく共役な断層系にも余震が発生するため，主断層面の特定をむつかしくさせているのであろう．1964年の新潟地震の震源断層が高角で海側に傾斜していたと推定されているように，日本海側のプレート境界に発生する地震は，あきらかに太平洋，フィリピン海側と異なる様相を呈する．震源決定精度を上げても，プレート境界がわかりやすい面として浮き彫りにされない．日本海側では，プレート沈み込み境界が構造的に明らかにされたとはいいがたい．

このように，震源直上から観測する余震活動は，本震断層の詳細を与えるとともにそのテクトニクスを考えるデータを短期間に与えてくれることにもなる．

3.6.2　定常的活動（Background seismicity）

定常的な活動に関しては，震源分布のパタンとともにグーテンベルグ・リヒター則を見きわめる観測を考える．どの範囲で何をねらうかは，蓄積のある陸上観測点のデータを参考にする．定常活動には地域性があり，活動度の高い場所（日本海溝），低い場所（南海トラフ），あるいはその活動が年単位で変動するように見える場合（伊豆・小笠原海溝）もあるので，このようなくせも知っておく必要があるし，そのくせの原因を追究することもねらいになる．

観測網の観測点間隔を大きくしてしまうと，小さな地震が近傍で起きていることが（S–P 時間が数秒以内であるとか）1–2 台の OBS でわかっても震源決定できないことにもなりかねない．定常地震活動と意義づけるには，微小地震で数をかせぐほか，観測の継続によって時間変動，観測マグニチュード幅を広げることが鍵となる．じっさい，観測期間を 1 年以上に延ばして，回収設置を繰り返す連続観測も行われるようになってきた．

2011 年東北地方太平洋沖地震については地震前からの海底 OBS データがある希有な例である．宮城県沖が地震の長期予測で要注意であったからだが，第 5 章にくわしく記す．

3.6.3　地震の物理 (Physics of earthquakes)

海洋地震学の進歩は地震の破壊過程の理解を進めるためにも重要である．プレート境界地震というプレート運動の直接の現れを近接観測できる．その地の利を活かして震源の情報を取り出すためには観測の質の向上が重要である．

地震の破壊進行つまり震源過程は，ほとんどの場合，断層の大きさに比して遠方から観測した波形データに基づいて推定される．このとき，遠方で観測される変位波形の源になるのは，震源断層面が形成される時空間すべりと，断層のそれぞれの部分で，すべりが始まり最終変位に達した時間とすべり量である．観測からこれらのパラメターを震源過程の表現として求めることが地震学の重要な貢献である．

不均一な特徴を表現するアスペリティとは，地震時のすべり量と応力降下が周囲より大きい場所のことで，地震波エネルギーの大きな放射源として観測より求められる．この不均質の物理的な実体については，構造の不均質なのか動的な場の変化で決まるのかなどの研究が進められている（第 5 章）．

現在までのところ地震観測は，上述の本震の過程から余震活動の推移，そしてさらに本震域から広域に影響がどのように広がるのか広がらないのかの検知に主力が注がれている．一方，定常的な微小地震活動 ($M < 3$) の推移は，地殻の応力状態を反映すると考えて重要視されている．これらを海域で実行するには，3.7 節の定常観測網を要する．

気象予測は，根本にカオス的性質を抱えながら，どこまで長期にどこまで時空間分解能を上げて予測できるかまだ進化中であるが，天気予報はわれわれの生活の重要な情報源になっている．地震については，観測もモデル化もより困難な状況にある．予知の三要素である震源と規模と時刻を数日以内程度の切迫性で検知できるかとなると，科学的な根拠はまだたいへん弱い．大地震の準備過程を捉えるためのモデル化と観測の相互進化は大いに必要である．一方，地震の長期予測については，地質学的時間から数百年スケールの過去の活動の歴史からの確率に基づく推定が行われている．

3.7　海洋地震観測の展開 (Expansion of marine seismology)

観測は目的に合わせて設計するが，一方で，つねに，どこまでも精密，正確に自然の鼓動を聞くことができるようにすることも観測の目的に含まれる．思いもよらぬ新しい発見が潜んでいるからだ．

3.7.1　海底ネットワーク (Seafloor network)

定常観測点を海底に展開できていればと願う研究者は地球科学者全体に広くいるだろう．地球のとくに海底下の上部マントル三次元構造を高解像度で深部まで見るためには地震の起きる場所はほぼ決まっているので，観測点を海域に展開するしかない．海洋島への設置は，そもそもそこが島になっているという構造の特異性があることと，大陸の静かな陸上点に比べて雑音レベルが高いことが難点である．

地球をまんべんなく覆うグローバル観測網という観点から，目安となる 2000 km 以内にかならず高性能広帯域地震計があるようにするには，世界全体で 20 点ほどの海底観測所が必要になる．その実現と維持には，国際的な協力と体制づくりをもってしないとできない．最大の海洋である太平洋をはさんだ各国の協力が不可欠だ．現時点では以下に見る観測ネットワーク建設が進んでいる．

リアルタイム化 (realtime observations)

構造や断層すべりの研究をできるだけ時空間的に精度の高いものにするためには，これを押さえるための多点同時観測データが必要である．あらゆる方向のあらゆる入射角のデータがものを言う．防災目的を考えれば，陸上，海底によらず，即時的な防災行動の判定にデータが使えるようになっているべきである．純粋に研究目的であっても，じつは，リアルタイムの効用は計り知れない．大地震などのイベントが発生すれば，世界中の研究者がそのイベントのもたらしたデータを用いて成果を競う．しかも海域の地震がほとんどであるので，もっとも解析に必要なデータは海底からのデータであることが多い．リアルタイム化によって，海陸合わせたデータセットを用いて，成果を競い合うべきであろう．

防災，リスクの軽減の観点からすると，地震が起きてもこわれないライフライン，こわれない建物など工学的防災が第一であることは論を待たない．しかし，海底下で発生する大地震については，リアルタイム地震学の実用化によって，震源で発生した瞬間の情報をもとに，陸上に地震動や津波が到達するまでの時間を活用した防災警報が現実的な方策である．

観測網の技術 (network technology)

ネットワーク化についてさらに考えてみよう．海洋の観測では，電源の供給と通信の手段が不可欠だ．リアルタイム性が重要でなければ，小型無人潜水艇（群）を手段として観測点を巡回させることも構想できる．海洋ネットワークを形成するには，技術的には，新規海底ケーブル敷設，利用が廃止された既存通信会社ケーブルの再利用，衛星中継ブイが考えられる．それぞれのメリット，デメリットを検討して目的に照らすことが重要である．通信は急速に光ファイバー方式（電力は銅線が必要）に置き換わっており，新しい観測システムも光ファイバー方式になっている．観測網を情報の流れとして考えると，設置したセンサーの動作状態を把握し，運用モード（スイッチ的なものから，内蔵ソフトウェアの変更まで）を変えるなど遠隔制御できる双方向通信が必要となる．ネットワークの構成デザインがおよそ決まっても，じっさいの設置には，観測点をどこに設置できるのかの調査，設置作業のスケジュール，機器の設置，接続，配線の手順，その後のメンテナンスなどビッグプロジェクトとなる．

恒久的海洋地震観測ネットワークについては，高品質データを長期安定に得ることを第一に考えれば，低雑音環境の海底孔内観測点を多数設置することが理想的である．現実には，沿岸から数百 km 以内では，後述するように海底観測と組み合わせるケーブル伝送方式が実現されつつある．一方で，緊急の防災上は，海域の大地震後の推移を把握するために短期間ハイドロホンブイを多数浮かべてデータを即時配信するという方法も考えうる．いずれにせよ実現の機会を捉えるには，観測目的をタイムリーに達成する方式を長期的視野をもって常に考えていることが重要である．

これまでに稼動している海底地震観測ケーブルシステムの多くは，分岐を行わない 1 本線形式である．世界初は 1965 年に米国ラモント研究所の Sutton らが行ったカリフォルニア沖の実験システムだろう．海底で長周期の観測も試みている (Sutton *et al.*, 1965).

日本では気象庁が 1970 年代に，御前崎沖で約 130 km 長のケーブルにほぼ 30 km 間隔で地震計と圧力計（津波計と呼称）を直列接続して 4 点設置した．懸念された東海沖地震の地震空白域である．両端を接地した同軸ケーブルによる直流定電流 (0.21 A) 供給方式を採用した．電圧降下（負荷）は，各々の地震計 (70–80 V) とケーブル，中継器で 360 V である．このシステムにより東海沖の地震検知能力は向上した．

その後，勝浦沖，東南海沖（気象庁），三陸沖，伊東沖（東京大学），相模湾（防災科学技術研究所），四国室戸沖，北海道釧路沖（海洋研究開発機構）と，世界でもユニークな海底ケーブルシステムが設置されてきた．光ファイバー方式による先鞭をつけたのは，駿河湾初島沖のシステムで，当時の海洋科学技術センターが成功させ，世界の注目を浴びた (Momma *et al.*, 1998)．また，既存の通信用ケーブルが廃棄になることを利用してケーブルに地震計を割りいれて観測する試みが，那覇–グアム（VENUS 計画；Kasahara *et al.*, 2000),

二ノ宮–グアム（GEO-TOC 計画；Kasahara *et al.*, 1998），ハワイ–カリフォルニア（米国の H2O 計画；Butler *et al.*, 2000）において実行された．

日本では，南海トラフ沿いの $M8$ クラスの地震対策のために DONET（Deep Ocean-floor Network system for Earthquakes and Tsunamis；観測点 20 点）と呼ばれるケーブル式観測網が 2011 年から稼働している．DONET-II（28 点）がその西側で 2016 年から稼働している（インターネットでデータアクセス可能）．また 2016 年には，日本海溝周辺を覆うケーブル式観測網が完成した（日本海溝海底地震津波観測網 S-net；150 点）．DONET のそれぞれの観測点には，広帯域地震計のほか，強震計，ハイドロホン，圧力計が装備されており，拡充も可能である．S-net の観測点には，加速度計（高感度，低感度，広帯域），速度計と津波を感知する圧力計が装備されている（現在，DONET，S-net はともに防災科学技術研究所に所属する）．カナダは，ケーブル方式のファンデフカプレート観測網を稼働しており，米国も加わる計画である (Ocean Observatories Initiative)．日本は，東北沖では後手に回ったが，これらの完成によるリアルタイムデータのもたらす価値はきわめて大きい．これから発生が心配される南海トラフ巨大地震の理解にも貢献するに違いない．

海底ケーブルを使った地震観測によって，設置範囲の震源決定能力は向上した．また，圧力計によって津波と海底上下動検知にも役立っている．T 相，SOFAR チャネル（第2章）の波によって遠地の種々の音（海底火山活動，鯨の鳴き声など）も観測される．技術的には，水中で脱着できる光コネクターと電気コネクターは実績があり，無人潜水艇 (ROV) のコントロールによって，これらを海水と海底の環境の中で行うことは可能になっている．水中では動きが大きく制限され，陸上の作業よりはるかに時間と労力を要する環境であり，何か事故が起きても簡単に現場に向かえない．経験とノウハウの蓄積によって，できるだけフェイルセーフに設計し，かつ遠隔で事故を把握，特定し，復帰も遠隔操作でできる方向に進んでいる．海底では，ケーブルが切断する事故がもっともおそれられるので，ケーブルを埋設するなどの工夫も行っている．

3.7.2　海底地殻変動の検知 (Detecting crustal deformations beneath oceans)

地震は，プレートとマントル対流のダイナミズムを構成する一要素であり，地球という連続体の応力歪分布と破壊（断層すべり）条件によって引き起こされる．過去の事例は，1944 年東南海地震のように直前に地殻変動が観測された例もあれば，2004 年のパークフィールド地震のように観測網のまっただなかで前兆なしに起きた例もある．地震サイクルとは，地震の準備，破壊，余効と回復過程を指す．このうち，地震計の守備範囲は，破壊過程の把握である．すなわち準備と回復過程については，地殻変動を知ることが必須だが，海底についてはほとんどわからないのが現状である．ここに技術革新が必要である．

およそ 100 年程度の繰り返し期間の地震に対し，今定量的にどの段階にあるかを言うには，地殻の状態（歪，応力，強度の変化）を把握して，その段階を認識できることが必要である．ところが，これも絶対値を知ることはむつかしい．GPS 観測からわかる地表点の変位から歪を推定する手法も相対値である．西南日本の内陸地震は，おおむね東西圧縮の起震応力で発生しているが，GPS 観測によれば，フィリピン海プレート沈み込み方向への歪蓄積を示す．このような制約があるが，海底の地殻変動を検知することはきわめて重要であり，海洋地震学の延長上にある．

海底に定点を置いてもその定点の位置を正確に cm 単位の精度で求めるのは深さが深いほどむつかしい．海底に 3 点の音響トランスポンダーを設置する．これらの位置は詳しくわからなくてもよい．海上でこの 3 点からの往復走時が等しくなる点を探して，その位置を GPS で詳しい精度で決める．この位置は，トランスポンダーの成す幾何学（三角形）で決まる重心である．よって，海底が変形移動してこの重心が変位すれば，海上から検知できる (Spiess *et al.*, 1998)．現在この技術は，日本にも応用され，海上保安庁海洋情報部では業務的に海底に水平変位を計測する観測点を設けている．2011 年東北地方太平洋沖地震前後の変位，あるいは南海トラフの海底の動きの検知に重要な知見をもたらしつつある（第 5 章）．

沈み込むプレートの屈曲が始まる海溝の海側まで視野にいれないとプレート間相互作用が実測できない．あきらかに，陸地からはるか遠方の深海底に対しても適用できる技術開発が必要だ．このほか，短い距離ならば，海底水平対向式の音波伝播計測で2点間の距離の変化（往復計測で流れは帳消しされるが，水中速度変化は含まれる）も計測できる．長い距離では波線が曲がるので相手が音響的に見えなくなる．

垂直変位まで検知しようとすると海中速度構造まで詳しく別途計測しないとならない．そこで，垂直変動は海底圧力計によることにして，海面変動，潮汐などの影響を取り除ければよい (Inazu and Hino, 2011).

衛星によるマイクロ波を利用したInSAR（干渉型衛星）地殻変動観測が成功を収めているが，3.5.2節で説明したスワスマッピングの精度を上げて同様なことを狙うためには，電波と音波の波長の大きな違いを狭めないとならない．2011年東北沖地震は海底が50 mスケールで動いたため海上からでも捉えられた．現状の10 kHzオーダーを10倍以上高周波側にあげ，潜水艇（たとえば小型自律型のAUV: Autonomous Underwater Vehicle）で海底に近づいた観測が考えられる．この場合，AUVの位置把握と電源供給を確保しないとならないが海底ネットワークがあればそこを基地（「灯台」，電源，データ中継の役割）にできる．

3.7.3 地震のグラウンドトゥルース (Ground-truthing earthquake faults)

グラウンドトゥルースとは実地検分のようなことを指した言葉である．たとえば，人工地震探査による構造モデルを掘削して検証する，あるいは，衛星観測による海面温度推定と実際の海上観測を比較して検証する（sea truthとも呼ぶ）などがある．地震断層に関するグラウンドトゥルースとしては，通常の地震学（リモートセンシング）によって推定される震源パラメターの物理的根拠を与えるために，地震の断層を直接掘削して断層面を貫いてその地球物理・化学的実体を把握することと思えばよい．これを大地震のダイナミクスの理解につなげようとしても，観測中に地震に遭遇することはむつかしく，複雑に不均質な断層面のごく一部を物質的に検証することになるので容易ではない．しかもリモートセンシングしている実体と実体そのものとは，かならず精度，分解能，範囲が異なる．しかし，目指すのは実体に立脚したモデルの検証であるから，グラウンドトゥルースのもたらす新知見への期待は大きい．

深部で地震を地質時代に繰り返した断層が，テクトニクスにより，地表に現れている場所がある（露出断層 exhumed faults）．これも広くはグラウンドトゥルースと言えなくもない．そのような場所での観察でも断層本体と破砕帯が観察されている[16]．

海域で独自に得られる知見として，地震により海底地すべりが起きると，海底ケーブルを断線させるなどの被害もおよぼしたりするタービダイト（陸源堆積物の混濁流）が発生するが，これも堆積物中に記録される．タービダイトは，流路にそって分布するのでピストンコアリングなどの試料採取でその繰り返しを調べることができる (Nakajima and Kanai, 2000; Goldfinger *et al.*, 2003)．北米沖では，この手法で約 1 万年の活動が推定されている．タービダイトが発生した時代の同定は炭素同位体 (^{14}C) による．

断層に達する (reaching fault)

地震発生過程の問題には，地震学的な側面とそうでない側面（物性，物質科学）がある．断層の破壊力学に迫るには，大地震を発生する断層の物質科学も必要である．断層付近の流体の挙動は，テクトニックな時間スケールよりはずっと速く断層のすべり条件を変えるだろう．

断層の掘削を考えたときに，不安定すべりを起こす地震断層の深さにまで達することができるのかが最初の疑問であろうが，米国カリフォルニア州のサンアンドレアス断層掘削計画はその実現例である (Hickman *et al.*, 2004)．一方，海域では，60 年代より米国主導の科学掘削が行われてきたが，堆積層からの試料による地球の歴史の解明がメインであった．近年，地球深部探査船「ちきゅう」の投入（2007 年から）により，プレートの沈み込みによる巨大地震発生断層をターゲットにできる時代に突入した．南海トラフにおいては水深 2500 m の海底から 6 km ほど下部までが掘削ターゲットである（次節）．また，2011 年東北地方太平洋沖地震については，断層面を地震直後に掘削し

[16] 参考：木村学・木下正高編「付加体と巨大地震発生帯」東京大学出版会 (2009)．

て孔内精密温度変化計測を実現し，断層面の摩擦について直接的なデータを得ることができた (Fulton *et al.*, 2012).

高速すべりを起こす断層（つまり地震の信号源）に近づくほど小さな地震波の信号が判別できるようになり，伝播経路で加わる余計な情報がなくなる．遠方では考慮されない波動場のニアフィールド項（距離$^{-2}$ に比例して減衰）が観測でき，歪，傾斜変化（距離$^{-3}$ に比例）が観測できるだろう．減衰の影響が小さくなれば，観測例の少ない高周波数（数～数十 Hz 以上）の情報を得て震源断層運動の解像度を上げることは強震動発生機構の解明にも資すると期待される．

南海トラフ掘削実験 (Nankai Trough seismogenic zone experiment)

2007年から，南海トラフにおいて，$M8$ クラスの大地震が発生する沈み込みプレート境界断層の実体を調べるために，「ちきゅう」による断層貫通掘削計画が国際的に進められている (IODP)（図 3.13 の海域）.

南海トラフ地震発生帯プロジェクトでは，検証すべき5つの仮説（アイデア）が以下のように設定されている．

1. 沈み込み逆断層に沿う物質とその状態が徐々に変化していって断層すべりを起こす（変化の実証）.
2. 断層は弱い（周囲より強度が低下する原因）.
3. プレート境界の地震発生帯（固着すべりを起こす範囲）では，地震によってのみプレートのすべりが進行する．
4. 断層の物性，化学的特性，状態は，地震サイクルの準備，発生，回復段階によって時間変化を示す．
5. 巨大分岐断層は，間欠的にすべりを起こし津波を伴うことがある．

実際の掘削と調査研究によって仮説の棄却，改訂，新説誕生が現在進行中である．たとえば5については，2011年東北地方太平洋沖地震がそうであったように，プレート境界面のすべりがトラフ軸に達した証拠もあげられている（5.2節）.

3.7.4 海洋変動を見る ("Ocean weather")

地震学的な信号をもっと幅広く地球科学に活用できないだろうか？

脈動は，海洋の波によることを見た（2.2 節）．Nawa *et al.* (1998) は，地球の自由振動が自然地震によらず励起されていることを見出した．大きい地震が自由振動を励起することは理論的に予測され，観測して地震学的知見が進歩したが，これは，広帯域観測が進歩したための新発見であった．その後，原因特定の研究が進み，脈動に類似して大元は大気海洋相互作用によるが，さらにその海底との相互作用による長周期の表面波の励起によるらしいことがわかった (Rhie and Romanowicz, 2006)．海洋の存在が思わぬ大気海洋固体間のカップリングを見せていたわけだ．

経路の一部が海中となる T 相（第 2 章）の観測は，原因の特定に目が行くが，その経路の情報は，海中の状態を反映する．地震学で走時表と言えば不変と思うのがふつうだが，海中はそうではない．Sugioka *et al.* (2005) は，T 相の走時に現れる半日周期の変動が，整然とした潮流の変化ではなく海洋内部潮汐（潮汐が海底地形により等密度，等温線が不均一になると発生し，海洋のさまざまな運動を励起し，海洋全体の混合に影響をおよぼす）による SOFAR チャネルの変動で説明されることを示した．月と太陽による地球への作用がたとえば海洋の大循環にどう影響しているかは，このような海洋内部の流体運動の実測値からモデルの検証を行う必要がある．

人工震源で地殻構造探査を行うことは，原理は魚群探知と同じである．つまり，海中の構造にも検出できる異常があれば，周波数と感度に応じて観測されるはずである．Nakamura *et al.* (2006) は，黒潮と親潮の会合域に現出する海中の温度塩分濃度分布を再現する深さ 800 m までの詳細な音響インピーダンス分布断面図を得た．この海中音響インピーダンス断面図について時間変動までマッピングできれば，海面だけではない海洋内部の流れの把握に資する．

3.8　第 3 章のまとめ (Summary of this chapter)

サイエンスでは，自分のアイデアを試してみることが，基本である．一般に観測調査は，仮説検証型（research 型）と，わからないからやってみよう精神（探検型 exploration 型）とに対比されることもある．過去の成果からは，両者の上手なブレンドが結果を生む確率が高いようにも見える．

海洋地震観測は，観測の窓（周波数，ダイナミックレンジ）を，定常観測のほとんどない世界に広げることである．そのためにいろいろな手法，手段があることをこの章で見た．

観測者にとって克服すべき障害がいくつもあることを見たが，同時に，海洋底拡大・プレート沈み込み過程の現場という挑戦しがいのある，また未知のまま残されている部分の多い研究フィールドであることが観測者をいざなっている．

船に乗ったこともない，OBS もない，しかし，海洋地震観測に魅力を覚えたらどうしたらよいだろうか？　いずれは競争的研究資金を獲得し，公募利用の研究船の時間を確保すれば，海洋に出ることはできる．OBS がなければ所有している機関の研究者と共同研究を申し込めばよい．そこまでに至るきっかけとしては，現場を知っている研究者の話を学会の折にでも聞くのがよい．観測に参加する機会のつかみかたを教えてくれるだろう．

海洋地震学は，海での観測が好きな人，測器の開発が好きな人，データ解析が好きな人，あれこれ考えるのが好きな人など，いろいろな得意領分をもつ人の活躍の機会がある．船を動かすためにいろいろな人が力を合わせるのに似ている．

第4章　海洋からの地震データを使う

Marine Seismic Data Analyses

...sed instauratio facienda est ab imis fundamentis, nisi libeat perpetuo circumvolvi in orbem, cum exili et quasi contemnendo progressu.
(...われわれは，まさに基礎から新たに始めなければならない，そうでないと，永遠の堂々巡りに陥り，見るべき進歩もない.)
NOVUM ORGANUM, Francis Bacon, 1620.

手にした観測波形データを処理して，波の発生源とその伝播経路の客観的情報の取得を目的とすることは，フィールドが海洋でも陸上でも同じである．海洋地震学の観測手法として陸上と大きく異なるのは人工地震を用いた構造調査であった（第3章）．本章では，主に構造の推定方法を概説する．自然地震の震源，断層すべり過程を求める手法は陸上の地震学と同じなので，ごく簡単に触れる．

4.1　データの活用 (Data handling)

第3章で示したように海洋で得られたデータを活用するとき，以下のことが重要となる．データを得た位置と時刻は，1地点のことも時間とともに変化することもある．物理的な意味をもつ水圧や地動速度の変動を知るには，センサーの捉える信号の振幅と位相の周波数特性からの換算が必要である．データの質は観測の質で決まり，位置と時刻精度と合わせて高品質であることを確認する．

現代では大量のデジタルデータを扱う．たとえば，3成分OBSを24 bit ($2^{24} = 1.7 \times 10^7$)，100 Hzサンプリングすれば，1日分で約78 MBである．100台を1カ月展開すれば，>200 GBとなる．あるいは，反射法記録のデータを100 kmの測線長で取得すると，96チャネルで10秒長4 ms毎に2バイトずつのサンプルならば，>400 GBになる．この数十年で，デジタル記録媒体の大きさは小さくなり，逆に容量はMBからGB，さらにTBに進化した．

このデジタルデータを再利用可能なものとして保管し管理する上では，どのような形にせよ，わかりやすいフォーマット[1]と，データのアクセス方法が求められる．データの活用範囲は，もともとデータを取得した観測実験の範囲に閉じず，構造探査のデータと過去の探査データとの比較，陸上データとの橋渡しもあり，ましてや自然地震などの震源の情報は複数の観測網のデータを用いた問題にも広がる．多数の研究者に活用されうるデータが成果を呼ぶとも言える．きわめて多量のデータを同時に扱ってモデルを推定するには，計算機処理能力に頼ることが通常である．しかし，人間の眼こそ問題意識をもった頭脳との直結であるから，波形の特徴から閃くことができる直感ももっていたほうがよい．

一方，昔の磁気媒体へのアナログ記録はデジタル変換をしないと可視記録にする手立てがもはやないだろう．地震観測の歴史から言うと上述の進歩はごく最近のことに過ぎないので，過去の貴重なデータを活用するには，手作業を厭わない意識も大事である．

本章で主に取り上げる海洋での構造探査は，大きく反射法（次節），屈折法（次々節）と分けて呼ばれる（図 4.1；第 3 章の図 3.10 も参照）．反射法は，人工震源と受信器を海面上を水平移動させて，反射波による地下断面図 (seismic section) から，海底下の層状構造，断層や褶曲を描き出す．垂直方向の速度変化を分解することは不得手である[2]．屈折法は，人工震源を移動させるが，受信器は海底の複数の OBS により，異なる伝播距離に対するデータから海底下速度構造を得る．

屈折波も反射波も伝播距離によらず同時に存在し波動方程式に従うので，原理的に分ける理由はとくにない．呼び名を分ける意味は，観測の形態とこれまでのフィールド実験の発展の歴史による．反射法は地下の堆積物や岩石

---

[1] 反射法探査の世界では，必要な情報はフォーマットを決めている．SEG (Society of Exploration Geophysicists) では，人工震源 (Johnston *et al.*, 1988)，ストリーマー (Reed *et al.*, 1987; Badger, 1988)，データフォーマット（SEG-Y (Barry *et al.*, 1975) の改訂版 (2002)）についてそれぞれ技術委員会で議論されている．自然地震に関しても世界的に流通するフォーマットが Incorporated Research Institutions for Seismology (IRIS) あるいは，International Federation of Digital Seismographic Networks (FDSN) で公開されている．

[2] 反射法の教科書は，たとえば，Ö. Yilmaz, Seismic Data Analysis, Society of Exploration Geophysics (2001); R.E. Sheriff and L.P. Geldart, Exploration Seismology, Cambridge University Press (1995); J. Claerbout, Imaging the Earth's Interior, Blackwell Science Inc. (1985)（オープンアクセスで入手可能）が参考になる．

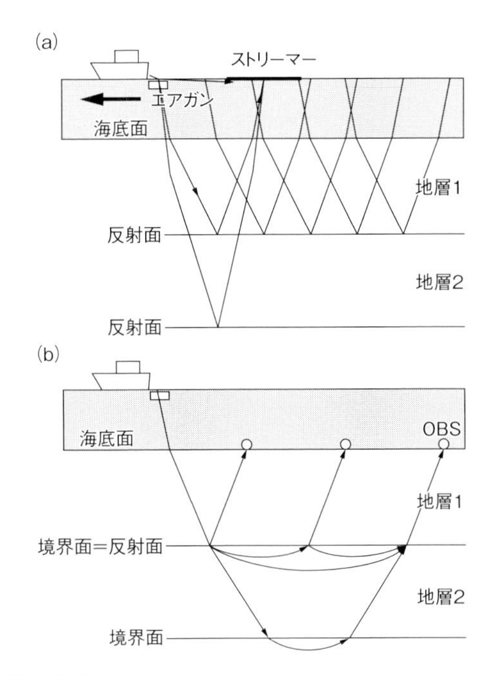

図 4.1 反射波/屈折波の観測
(a) 船がエアガンを発振しながら移動し，後方に曳航されるハイドロホンストリーマーで記録する方式では，反射点の連なりが連続的に観測されて反射面がイメージングされる．波の経路は垂直距離が水平距離より大きく，水平方向の構造の変化に敏感になる．
(b) エアガンからの波を海底の定点 OBS で観測すると，各 OBS 毎に異なる水平距離の信号が記録される．波の経路は水平距離が垂直距離より大きい屈折波なので，水平方向の構造を平均化しつつ深さ方向の変化を見ることになる．いずれの場合も反射波，屈折波ともに観測されるが，実験の幾何学的配置が大きく異なる．

のもつ反射係数分布をマッピングすることが，屈折法は地下の弾性波速度分布を明らかにすることが，主な目標となって発展してきた．

得られる観測データは人工震源のショットタイムからの経過時間に対する観測信号波形である．したがって信号を記録として捉えて構造をモデル化するには，時間軸に沿って信号が雑音から浮かび上がって観測されているかが第一であり，第二にその信号の伝播経路（相とその変換）が同定できるかが重要である．

また，構造を解像度よく求めるためには，制約条件を増やすことが重要であるから，全波動のもつ位相，振幅そして波形の特徴を構造に反映した解析が今後ますます志向されるだろう．以下に見るように，反射法も屈折法も地下の情報を得るために，距離–時間軸に取得される多数の観測波形に対して，フーリエ変換（第2章）などを駆使して波形全体の同時処理を行う．

4.2　反射法による構造 (Seismic structure from reflection seismics)

反射法が得意とするところは，反射波が生じる地下の不連続面の検出である．海底地形地質の情報に加えて地下への断層，褶曲のつながりを知ることは，地質学やテクトニクスにとってきわめて重要である．1990年代以降発振側と受信側の技術の進歩により，人工震源の信号から海底下10 km以上の深部の情報が得られるようになり，地震断層，地殻深部，モホ面の構造などが観測されるようになって手法の重要性の認識と応用が広がった．

4.2.1　空間分解能 (Spatial resolution)

地下の不均質を，どこまで見分けることができるかという分解能 (resolution) は，波長がものさしとなる．ある大きさをもった目標物からの反射波は，目標物の各部分からの反射が重なって干渉を受けている．このとき，1/4波長分の距離を余分に往復してきた波は，最短で反射した波と1/2波長ずれるので位相が逆転して重ねると振幅がなくなる．これよりずれの小さい範囲（第1フレネル帯 first Fresnel zone）からの波は，干渉によって強め合うが，この範囲より小さいスケールは見分けられない．周波数が10 kHzの水中音波は波長が15 cmなので3000 mの海底なら第1フレネル帯は直径30 mの範囲になる．地震波は高くて20 Hz程度なので海底下になると，波長のものさしは，すぐに数百mを越えてしまう．陸上で露頭を眺めるのとはスケールが大きく違う．フレネル帯の範囲（直径 D）は，$D = v_{rms}\sqrt{\frac{T_{TWT}}{f}}$ となる (Hubral *et al.*, 1993; Ponce-Correa *et al.*, 1999)．v_{rms} は二乗平均平方根速度（実効速度），f は周波数，T_{TWT} は往復走時である．

4.2.2　反射法記録断面図 (Seismic section)

図4.2は，サイスミックセクションと呼ばれる反射法記録断面図で，距離

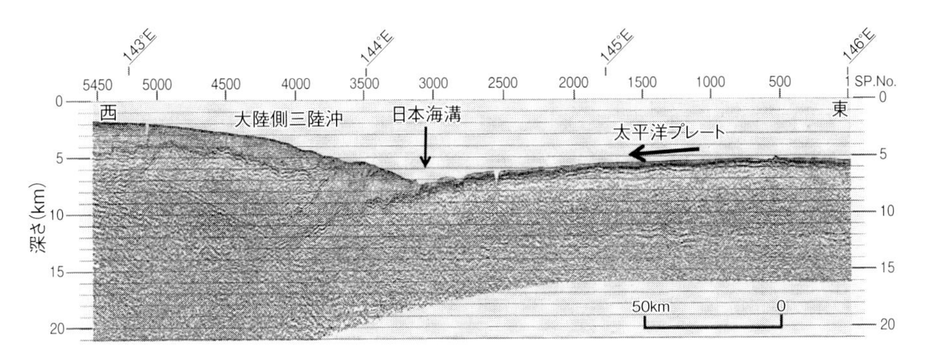

図 4.2　反射法記録断面図例
東北沖の日本海溝（最深部）を挟む東西約 300 km，深さ約 15 km の範囲からの反射波によるイメージ（Tsuru *et al.*, 2000 より）．実際の波形からこのような断面図に描像するには種々のデータ解析のステップを踏む（本文）．この例では，海側から海底地形が変化しつつ海溝から陸側に向けて「沈み込む」様子が見て取れる．海側の海面からの深さ約 12 km に濃淡変化の大きい反射面が認識されるが，海洋地殻とマントルを分けるモホ面と解釈できる．陸側にも海底から 2–3 km 下方に凹凸のある反射面が見える．これは掘削試料から過去の浸食面が沈降したものであることがわかった (Nasu *et al.*, 1980).

を水平軸にとり，往復走時を垂直軸（下方を正側に向けるのがふつう；後で述べる屈折法とは逆が多い）にとった座標系に，観測波形からの情報をマッピングしたものである．図の水平軸は，観測の測線 (seismic profile) に沿う．すなわち，船が曳航する海面直下のハイドロホンストリーマーが水圧変動（第 3 章）を記録して生データとなり，これに種々の解析処理を施して可視化したものである．この図から地下に分布する反射面の位置と構造が読み取れる．計算機処理技術の発展により，振幅以外の情報などについてもいろいろな可視化の方法が考案されている．

サイスミックセクションは，地下の媒質の音響インピーダンス（acoustic impedance; $Z =$ 密度 $\times$ 媒質速度）から求められる反射係数 (reflection coefficient, reflectivity, R_c) の分布を表すのがふつうである．入射角度が垂直に近い波が，媒質 1 から 2 に向かって垂直入射して境界で反射すると，反射係数（反射波の振幅の入射波に対する振幅比）R_c は，

$$R_c = \frac{Z_2 - Z_1}{Z_2 + Z_1} \tag{4.2.1}$$

となる．この比は，反射面への入射角度によって変化することを考慮すると，

波動方程式から導かれる Zoeppritz の式[3]によって記述される．また，反射エネルギーはほぼ反射係数 R_c の二乗に比例する．図 4.2 が地下断面図のように見えるのは，水平方向に幅数十 m ごとに得られる人工地震反射波記録（トレース）を密に並べているからである．トレースの 1 本ずつは山谷をもつ波形であり，上から下へ時間あるいは深さが増す．縦に並べた各トレースの振幅の極性は，上述の音響インピーダンスが深さ方向に増加する場合が正である．この正方向がプロットされたトレースの右（山）側になるのが普通だが，逆の場合もあるので確認するのがよい．

4.2.3　反射法データ処理の流れ (Flow of reflection data processing)

生のデータを地下の不均質構造の垂直断面図にするために，通常のデータ処理の順序では，デコンボルーション，スタッキング，そしてマイグレーション処理が重要である（詳しくは上述の反射法の教科書）．全体の処理の目的は，(1) 信号対雑音比を上げる，(2) 伝播距離による減衰の効果を補正する，(3) 多重反射波を除去する，(4) 反射波をパルス状にする，そして (5) 真下からの信号源（反射点）だけが見えるようにすることである．(2) は振幅が幾何学的に距離に反比例することと，高周波数ほど減衰が大きい効果を考慮する補正である．振幅の表示範囲が限られているサイスミックセクション上で信号が判別できるようにすることにもなる．以下に，通常のデコンボルーション (3, 4)，スタッキング (1)，そしてマイグレーション (5) について説明する．

4.2.4　デコンボルーション (Deconvolution)

人工震源が発した波形が反射波として観測されるときには，経路となる海面から海底，地下にいたるまでのすべての構造によって変調されている．これには，測器の特性も加わる．発振原波形にはエアガンのバブル収縮の影響も含まれる．観測から地下構造の影響だけを取り出して，われわれの目的である反射係数の地下分布を求めるためのデコンボルーション処理について見よう．

---

[3] 入射角による変化は，たとえば斎藤正徳「地震波動論」東京大学出版会 (2009) 参照.

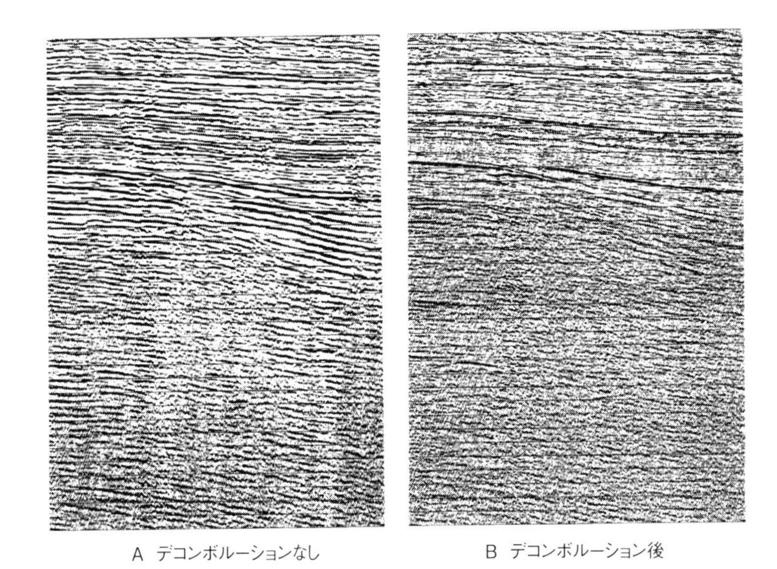

図 4.3 デコンボルーションの効果 (effect of deconvolution)
A（デコンボルーションなし）と B（あり）の比較により信号波形の変化，多重反射波の抑制が見える（Yilmaz, 2001 より）．

デコンボルーションとは下に定義される数学的畳み込み（記号 $*$，convolution）と呼ばれる操作だが，観測波形から地下の実体（反射係数の分布）に「戻す」意味をもたせて，接頭辞の de をつけている．観測波形をできるだけシャープにすること，そして反射面のゴーストを生む多重反射波をとりのぞくことをめざす（図 4.3）．海中の発振も受信も海面反射波があるので，地下からの反射波にも重なってゴーストになる．デコンボルーションの実際の操作は，畳み込みによって観測波形をパルス状に変換するものである．これはフィルターを通す操作であり，どのようなフィルターをかけるかを次に見よう．

畳み込み演算 (convolution)

等間隔に離散的な時系列，$x_i (i = 0, \ldots, N-1)$ と $f_j (j = 0, \ldots, M-1)$ に対して，畳み込み演算は，

$$y_k = \sum_{j=0}^{M} f_j x_{k-j} \equiv f_k * x_k \tag{4.2.2}$$

と定義され，交換，結合，分配法則が成り立つ．このとき，y_k の成分は，$k = 0, \ldots, N + M - 1$ と計算される．ここでは f をフィルターと想定して，$N >> M$ の場合である．また，x_i, f_j をフーリエ変換すると，畳み込み演算はそれぞれの周波数軸にフーリエ変換された周波数系列同士の積となる．

ある入力波形（時系列）にフィルターをかけて出力波形が得られるとき，入出力の関係が線形であって，すなわち，入力を定数倍すれば出力も定数倍になり，入出力の関係が時刻によらなければ，出力波形は入力波形にインパルス応答を畳み込んだものである．インパルス応答とは，単位インパルス（時刻 0 で振幅 1 をもつデルタ関数）を入力したときの出力である．この関係は，

$$\delta(t) * r(t) = r(t) \tag{4.2.3}$$

と表せ，畳み込み演算を使う意味でもある．これを，反射法にあてはめると，$r(t)$ が地下の反射係数分布であれば，それはインパルス応答であり出力である．しかし，入力波形はデルタ関数ではないので，出力も反射係数分布ではない．入力 x と出力 y は，

$$x(t) * r(t) = y(t) \tag{4.2.4}$$

であり，$y(t)$ から $r(t)$ を求めたい．そのために必要となる演算を次に示す．

フィルター (filter)

あるフィルター $f(t)$ によって，入力波形 $x(t)$ からデルタ関数が得られるとする．すなわち，

$$x(t) * f(t) = \delta(t) \tag{4.2.5}$$

そのようなフィルターがあれば，出力波形 $y(t)$ に作用させると，以下のように反射係数分布 $r(t)$ が求まる．

$$f(t) * y(t) = f(t) * x(t) * r(t) = \delta(t) * r(t) = r(t) \tag{4.2.6}$$

すなわち，$f(t)$ を記述できればよい．

入力波形 $x(t)$ はふつう記録していないのだが，重要な仮定が成り立てば先

に進める．それは，地下の反射係数分布はランダムであること，そして，入力波形の最大エネルギーが発振時刻に集中していることである．

地下構造 $r(t)$ がランダムであり，すなわち周波数帯域にわたって一定振幅のホワイトノイズと仮定できると，$r(t)$ のフーリエ変換は定数（4.2.10 式の H）になり，入力と出力との振幅スペクトルとは定数倍しただけの違いになるので，入力の代わりに出力波形を利用してよいことになる．すなわち，$x(t), y(t), r(t)$ の離散フーリエ変換を大文字で表記すれば，

$$Y[\exp(-i\omega t)] = X[\exp(-i\omega t)]R[\exp(-i\omega t)] \tag{4.2.7}$$

$$|Y| = |X||R| \tag{4.2.8}$$

$$\arg(Y) = \arg(X) + \arg(R) \tag{4.2.9}$$

と書け，周波数によらず振幅が一定 (H) であるから，

$$|R| = H \tag{4.2.10}$$

$$|Y| = H|X| \tag{4.2.11}$$

となり，入力のかわりに出力波形の一部を利用することができる．それを周波数領域で見ると，前述したように畳み込みはかけ算になって，

$$X(\omega)F(\omega) = 1 \tag{4.2.12}$$

$$F(\omega) = 1/X(\omega) \tag{4.2.13}$$

によって，フィルター $f(t)$ が求められそうに見える．しかし，一般に時系列 $f(t)$ は無限の長さをもつので，適用するには有限長に近似できなくてはならない．そのためには，エアガンの波形のように，発振される波形の最大エネルギーが時刻 0 に集中していればよい．この仮定が成り立つとき，次のウィーナーフィルターが適用できる．

ウィーナーフィルター（最小二乗最適フィルター）(Wiener filter, optimum least squares filter)

フィルターの設計のしかたを見よう．準備として二つのデータセットの互いの相関度を測る相互相関関数 (ϕ, cross correlation function) を定義する．

$$\phi_{xy}(\tau) \equiv \sum_k x_k y_{k+\tau} \tag{4.2.14}$$

定義より，無限の並びであれば，$\phi_{xy}(\tau) = \phi_{yx}(-\tau)$ である．コンボルーションの 4.2.2 式と見比べて，$\phi_{xy}(\tau) = x_{-\tau} * y_\tau$ の関係にあることがわかる．

ここで $x = y$ とすれば，自己相関関数と呼ばれる（2.1.1 節参照）．そして，$\phi_{xx}(0) = \sum_k x_k^2$ である．

実際の観測波形を入力波形 x とフィルター f の畳み込みと見なし，望む出力波形 d との差の二乗和 L が最小になるよう，適当な長さ M のフィルター f を設計する．すなわち，畳み込みを書き下すと，

$$L \equiv \sum_n \left\{ d(n) - \sum_m (f(m)x(n-m)) \right\}^2 \tag{4.2.15}$$

$$\frac{\partial L}{\partial f(i)} = 0 \tag{4.2.16}$$

となり，相関関数の定義を当てはめることができ，

$$\begin{pmatrix} R_{xx}(0) & \cdots & R_{xx}(M-1) \\ R_{xx}(1) & \cdots & R_{xx}(M-2) \\ \vdots & \ddots & \vdots \\ R_{xx}(M-1) & \cdots & R_{xx}(0) \end{pmatrix} \begin{pmatrix} f(0) \\ \\ \vdots \\ f(M-1) \end{pmatrix} = \begin{pmatrix} R_{dx}(0) \\ \\ \vdots \\ R_{dx}(M-1) \end{pmatrix} \tag{4.2.17}$$

という関係が導かれ，これを正規方程式 (normal equation) と呼ぶ．行列を **A** (autocorrelation)，**F** (filter)，**C** (cross correlation) とすれば，

$$\mathbf{AF} = \mathbf{C} \tag{4.2.18}$$

と表せる．

このとき，入力 x の自己相関関数 (R_{xx}) は，反射係数分布がランダムであれば，観測 y の自己相関係数と定数倍しか違わないので，前の項と同様に観測波形を使える．また，望む波形と入力との相互相関関数 (R_{dx}) は，ランダムな関係と見なせて，δ 関数に置き換えられる．結局，観測波形の一部を取

り出して自己相関関数を M 個求めることによりフィルターの M 個の係数が決まり，これを観測波形に通してデコンボルーションが完成する．4.2.18 式から，フィルター $\mathbf{F}$ を求めるには，行列 $\mathbf{A}$ の逆行列，$\mathbf{A}^{-1}$ の存在を仮定する．線形代数により固有値がゼロに近い場合，解が不安定になるので，そうならないようあらかじめ観測データのフーリエ振幅にホワイトノイズを加えることが行われる．

このように，エアガン信号の自己相関係数と，エアガン信号と望む出力との相互相関係数を計算できれば，フィルター設計の道が開ける．実際には，上述した仮定により，エアガン信号の代わりに観測波形の反射波のきれいな記録部分を選ぶ．フィルターの長さは短い方がよいが，パルスに圧縮しようとする場合は 1 波長程度以上，多重反射除去には多重反射が入る長さ以上をとる．

スパイキングデコンボルーションフィルター (spiking deconvolution filter)

観測波形は入力波形 (x) が通過する地層の反射係数分布 (r) によって変形されたものであり，すなわち x と r の畳み込みである．x を単位インパルスのデルタ関数に変換するフィルター (f) をスパイキングデコンボルーションフィルターと呼ぶ．このようなフィルターが設計できれば，それを用いて反射係数分布そのものが求められる．このとき，前述したように相関関数の計算には観測波形を用いる．反射係数分布（インパルス応答）r はランダムな並びと仮定して相関関数は，

$$\phi_{rr}(t) = (r_0, 0, 0, 0, \cdots) \tag{4.2.19}$$

望む出力波形を $d = (1, 0, 0, \cdots)$ とすると，最小二乗法から得た 4.2.17 式は，

$$\begin{pmatrix} R_{xx}(0) & \cdots & R_{xx}(M-1) \\ \vdots & \ddots & \vdots \\ R_{xx}(M-1) & \cdots & R_{xx}(0) \end{pmatrix} \begin{pmatrix} f(0) \\ \vdots \\ f(M-1) \end{pmatrix} = \begin{pmatrix} r_0 f_0 \\ 0 \\ \vdots \\ 0 \end{pmatrix} \tag{4.2.20}$$

と書ける ($f_0 = f(0)$). ここで右辺の定数は絶対値を気にしなければ, 1 としてもよい. 左辺の自己相関関数を観測波形から求めた上で 4.2.18 式から $\mathbf{F} = \mathbf{A}^{-1}\mathbf{C}$ が求めるウィーナーフィルターである.

予測デコンボルーション (predictive deconvolution)

波形に海面反射や堆積層中の反射繰り返しが重なっているのを取り除く場合は, 予測デコンボルーションフィルターと呼ばれるウィーナーフィルターを設計する. 入力 $x(n)$ より α 遅れた同じ波形を $d(n)$ とすると, $d(n) = x(n+\alpha)$（予測可能出力と言う）であるので, それを望む出力波形とするフィルター $\mathbf{F}$ を求める. このとき, 4.2.17 式に表れる相関係数は,

$$R_{dx}(i) = \sum_{n=0}^{M-1} d(n)x(n-i) = \sum_{n=0}^{M-1} x(n+\alpha)x(n-i)$$

$$= \sum_{n=\alpha}^{M-1+\alpha} x(n)x(n-(\alpha+i)),\ i = 0, \cdots, M-1 \quad (4.2.21)$$

$$R_{xx}(i) = \sum_{n=0}^{M-1} x(n)x(n-i) \quad (4.2.22)$$

であるので, $R_{xx}(i+\alpha) = R_{dx}(i)$ である.

観測された時系列のうちの $M+\alpha$ サンプルを使って長さ M のフィルターを作り, 観測値にそのフィルターをかけるというプロセスを順送りにやって d を探し出す. 最終的に欲しいのは予測不能なところに潜む反射係数である. すなわち入力観測時系列と予測可能とされるフィルター出力の差が求めるべき信号である. これを実現するフィルターを予測誤差フィルター (prediction error filter) と呼び, 多重反射を除いた求める信号は, 予測誤差フィルターと入力観測波形の畳み込みである.

海水層での多重反射 (Multiple reflections in water layer)

多重反射波除去のわかりやすい例として, 海水層中で多重反射する分を打ち消すことを考えよう. これまでの例と異なり, 既知の海水層の影響を取り除くことになる. 地下のある反射面からの反射波の振幅は 1 で往復走時 t と

する．多重反射波は，海水層を往復すると（1 往復 τ），大気との境界面で極性が反転し，海底の反射係数 R により振幅は $-R$ 倍になる．まったく同じ走時となる 2 通りの経路分（発振して海底で一度反射し海面を往復してから地下に入る波も，地下から海面に出て反射し海底を往復して受信する波も走時は同じ）で，振幅はその 2 倍になる．2 往復する場合は，経路は 3 通りになる．このようにして観測される振幅値の時系列 f は，往復走時を単位にすると，$f=(1,-2R,3R^2,-4R^3,\cdots)$ と書ける．じっさいの観測値の時間間隔 Δ はずっと短くなるが，その場合，往復走時の整数倍以外の時刻の値はゼロである．観測トレースから多重反射を取り除くフィルター (f_t^{-1}) は，

$$f_t * f_t^{-1} = \delta_t \tag{4.2.23}$$

を満たすように，

$$f_t^{-1} = (1, 2R, R^2) \tag{4.2.24}$$

と求められる (Backus, 1959).

4.2.5 トレースのスタッキング (Stacking traces)

信号対雑音比を上げるために，複数ショットの多チャネルデータから，同じ反射点からの信号を選んで足し合わせる作業である．

ストリーマーの各チャネルから得られる観測トレースは，あるサンプリング間隔（たとえば 2 ms）とビット長をもつ振幅値を，ターゲットの深さに応じて，エアガンを発振（ショット）したときを原点として必要な時間長並べたものである．

得られたトレースを，エアガンに近い方から順に並べれば，一つのショットに対してストリーマーの長さ分の距離（せいぜい数 km）に対しての走時記録となる．また，個々のトレースを並べただけでは信号が雑音に埋もれがちである．反射法の真骨頂は，多チャネルのトレースをじょうずに重ね合わせて信号対雑音比をあげて反射点を浮かびあがらせるところである．記録が欠落しているとか，明らかにあるトレースだけ雑音レベルが高いことがあれば，スタッキングの前に取り除いておく．信号対雑音比を向上するために信

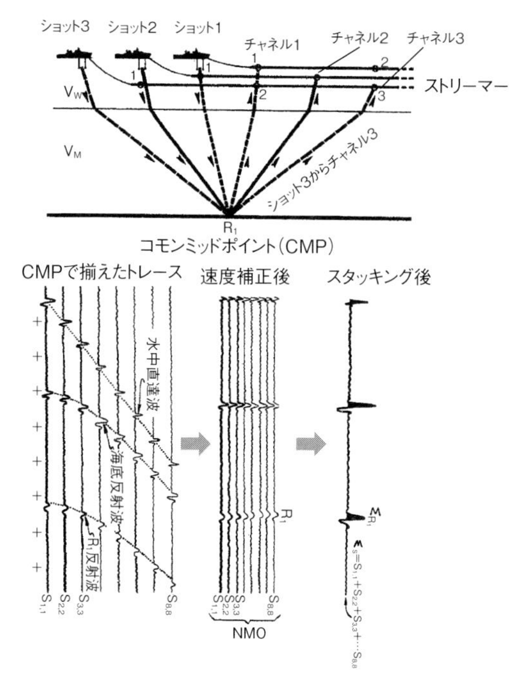

図 4.4　反射法トレースの CMP スタッキング (CMP stacking of seismic traces)
CMP を共通にするトレースを重ね合わせて信号対雑音比を上げる操作がスタッキングである．信号対雑音比を上げるためには，不適切なデータを棄却した後，最適な速度構造を用いた操作が必要となる．
(上) ショットの位置と観測トレースの地理的位置の中間点が，コモンミッドポイントである．CMP= R_1 に対しては，ショット 1 のチャネル 1，ショット 2 のチャネル 2，...がスタッキングの対象となる．
(下) スタッキングの流れ．(下左) 同じ CMP をもつトレースは，異なるショットに対する異なるチャネルの組み合わせであり，それぞれ異なる経路になる．そのため，このトレースの集合にあるように異なる反射波は異なる走時をもつ．(下中) 実際の構造に即した速度構造モデルを適用して，それぞれのトレースの時間軸を変換すると，異なるトレース間の信号の山が揃う．これをノーマルムーブアウト (NMO) と呼ぶ．時間軸の調整は，短い往復時間の側ほど大きい．(下右) これらの NMO 後の同じ CMP トレースを重ね合わせる．(Talwani *et al.*, 1977 の図を改変)

号の含まれる周波数帯域を強調するフィルタリングも行われる．

エアガンの位置と任意のチャネルの位置の中間点を基準点として重ね合わせる方法をコモンミッドポイントスタック (CMP (common mid-point) stack) と呼んでいる (図 4.4)．海上の現場ではエアガンのショット毎にデータが取得される．あるショットからのデータを記録する複数のチャネルの CMP はすべて異なるが，次々のショットに対しては CMP の重なりができる．これらを CMP 毎の並びにするためには，データの組み換えが必要になる．任意のトレースの CMP は，ショット位置とトレースのチャネル位置の中間点である．エアガンのショット間隔とチャネル間隔の半分とを一致させておけば，ショット 1 (S_1) をチャネル 1 (C_1) で受信したトレース，S_2 を C_2 で受信したトレース，...が，中間点の CMP が同じになる組となる（図 4.4）．この場合は，S_i–C_i の組み合わせであるのでチャネル数と同じ数の CMP 共通信号が得られる．ショット間隔とチャネル間隔が同じならチャネル数の半分の数のスタッキングができる．

CMP ごとのトレースの並びが得られても，それぞれ経路が違うわけであるから，そのまま重ね合わせるわけにはいかない．ここで，NMO（normal moveout ノーマルムーブアウト）補正 (NMO correction) といって，あたかも垂直反射経路をとったかのように波形の時間軸操作を行う（図 4.4）．正しく行うには速度構造が必要であるが，OBS 観測によって独立に速度構造情報があるような場合を除いては，速度構造を求めつつ NMO を行うことになる．すなわち信号対雑音比がもっとも向上して反射信号が強調される速度構造を探して選んで NMO 操作を行う．この段階でスタッキングを行う距離範囲の速度構造が決定されることになる．

これは海底からの反射波をあたかも直下から来たように，異なるトレース間で同時になるように揃えることにはなるが，海底下からの反射面に対しては深さによって速度が異なる．したがってあるトレースの原点移動だけではすまず，速度に応じて時間軸の長さを変えることになるので波形も変わる．このとき仮定する速度をスタッキング速度 (stacking velocity) と呼ぶ．1 層だけならば，走時曲線は t–x 面で双曲線，t^2–x^2 面では直線になる．速度 v の層（厚さ h）の下面からの反射波の走時は，

$$t = \left(\frac{2h}{v}\right)\left[1 + \left(\frac{x}{2h}\right)^2\right]^{1/2} \tag{4.2.25}$$

である．これを $\frac{2h}{v} = t_0$ としてテイラー展開して，

$$t = t_0 \left[1 + \frac{1}{2} \left(\frac{x}{vt_0} \right)^2 - \frac{1}{8} \left(\frac{x}{vt_0} \right)^4 + \cdots \right] \tag{4.2.26}$$

直下からの走時 t_0 との差を第2項まで採用して近似すると，

$$t - t_0 \approx \frac{1}{2} \frac{x^2}{v^2 t_0} = \frac{1}{4} \frac{x^2}{vh} \tag{4.2.27}$$

となる．たとえば，海底からの反射波であれば水中伝播速度を用いて，あるトレースについてそのエアガンとの水平距離 x に応じてこの時間軸をずらして真下からの信号とみなす．

何層も水平に重なっている場合は，t^2–x^2 面で曲線になる．この曲線の原点での接線の傾きは，

$$v_{rms}^2 = v_{ms} = \frac{\sum_{i=1}^{n} (v_i^2 t_i)}{\sum_{i=1}^{n} t_i} \tag{4.2.28}$$

の逆数になる．この曲線を t^2–x^2 面で直線と見なしてベストフィットの傾きが（スタッキング速度）$^{-2}$ である．

$$v_{mean} = \frac{\sum_{i=1}^{n} (v_i t_i)}{\sum_{i=1}^{n} t_i} \tag{4.2.29}$$

このようにNMO補正した後，N トレースをスタッキングして信号を強調したトレースがCMP毎に並べられることになる．すなわち横軸の水平距離に対して縦軸が往復走時となる記録断面である．スタッキングによりランダムな雑音は $\sqrt{N}$ 倍に，信号は N 倍になると期待されるので，$\sqrt{N}$ 倍の信号対雑音比の向上が見込まれる．海底の下に雑音ばかりでなく反射面が認識されればうまくいっている．

この操作は水平面を仮定しているので，傾いた反射面に対しては，DMO (dip moveout) 補正と呼ばれる傾きを考慮した操作が必要になる．すなわち，NMO補正では時間軸操作で発振点と受信点を一致 (zero-offset) させたCMPの真下に反射点があることになるが，傾斜層の反射点はCMPの真下には来

ない．これを反射点に対して発振点と受信点が一致するゼロオフセットのトレースの並びになるようにマッピングする処理がDMO補正である．これでスタッキングしても反射点は真下には来ないので，次のマイグレーション処理が必要になる．マイグレーションは反射点を地下の正しい位置に置くことだとすれば，NMO補正，DMO補正が不要と思われるかもしれない．じっさい，スタッキングする前にマイグレーションする場合もあるが，計算量が増える．

4.2.6 マイグレーション (Migration)

じっさいの地下構造は，図4.2からもわかるように，均質な水平層に分かれている場合よりも，三次元的な不均質媒体となっていることがほとんどである．ということは，サイスミックセクションには，地下のいろいろな方向の不均質から反射してくる散乱波が記録されているということだ．この波形は，ホイヘンスの波（第3章）の重なりである（図4.5）．すなわち，ある反射点からの反射波は，その点（二次的波源）からの球面波となって海面に戻っていくため，図4.5にあるような個々の反射点からの反射波が，記録断面上では双曲線分布の重なりとなる．このような広がった分布を個々の反射点に戻す操作をマイグレーション (migration) と呼ぶ．複数の観測点配置と観測走時から震源の位置と発震時刻に戻す自然地震の震源決定に似ているところがある．また，複数のトレースを同時に処理することが必要になる．

言い換えると，観測の測線をx軸として，観測されたトレースをx–t平面にプロットしたときに（図4.6），真下からだけの信号がイメージされるようにデータ処理することをマイグレーションと呼ぶ．

これを視覚的に理解するために図4.6を見よう．1点の散乱波源からの散乱波はx–t平面のトレース群上に双曲線を描く（図4.5）．伝播速度vが一定なら直線経路なので，$(0, z_0)$が波源なら片道伝播時間$t = 1/v\sqrt{x^2 + z_0^2}$となり，真の波源は双曲線の頂点にある．傾いた反射面がABであったとすれば，AB上の各点を頂点とする双曲線群が生じ，観測トレース群にはこれら双曲線群が描く包絡線が強い振幅となって浮かぶ．すなわち，ABは，見かけ上A′B′に存在するかのように見える．見かけの傾いた断層（反射面）をマイグ

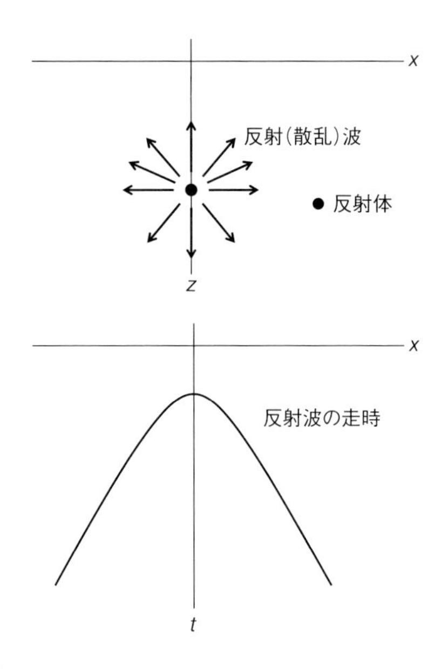

図 4.5　散乱波の現れ方
かんたんな二次元の例として地下のある深さ z に 1 点の有限の大きさをもった不均質があったとしよう．ここに波が入射するとあらゆる方向に散乱波が派生する（ホイヘンスの原理）．$z = 0$ の表面に沿って受信器を並べて，同じ表面の原点から地震波を一山発生させて観測し，各受信記録を並べると，下図のようになる．この形は，伝播速度が一定ならば，双曲線 (hyperbola) である．

レート (migrate) すると，必ず傾きがより大きく，長さはより短く，全体が浅い方向にすりあがるように戻される（図 4.6 の A′B′ が AB にすりあがる）．

A′B′ がトレース群上に見えたときに，これを AB に戻すことを考え，今度は A′B′ 上の各点と真上の観測点を半径とする円弧群（波源はこのどこかにあるはず）を描くと，その包絡線が真の位置を与える．

マイグレーション処理の効果の例を図 4.7 に示す．上の図では双曲線のイメージがたくさん見えるが，下図では消えて連続したうねった反射面のイメージとなっている．マイグレーションにはスタッキングもしくは独立の OBS からの情報など，速度構造の知識を必要とする．反射法処理では，速度構造は途中に用いられる情報であって，マッピングの目標は反射波を作る波源である．実際と異なった速度値を用いると，散乱源のつくる双曲線状の信号パターンが点に戻らないか，戻しすぎる，つまり正しい速度より大きな値を用

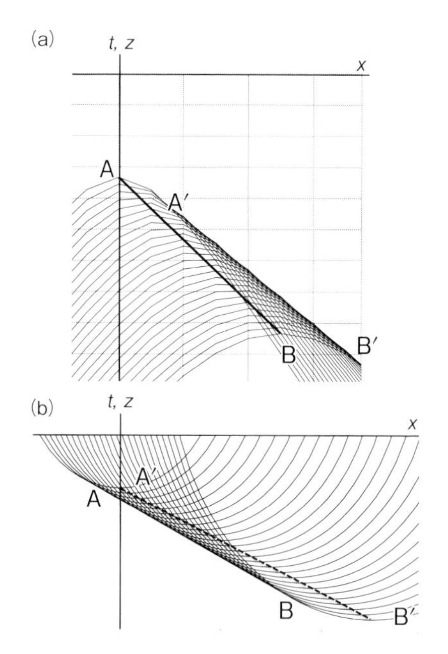

図 4.6 マイグレーション (migration)
(a) 真の反射面 AB からの反射波は双曲線となって観測される．その振幅が重なり合う包絡線 A′B′ が観測トレース上に見えることになるが，実際の反射面は異なる場所にある．
(b) 観測トレース上に見える A′B′ が最下点となる半円（波源の候補となる等走時曲線）を描くと，包絡線 AB が真の位置を与える．

いると，下に凸な双曲線になってしまう（図 4.7）．

上で説明したマイグレーションとはすなわち，海面 ($z = 0$) で得られた観測記録を $\phi(x, z = 0, t)$ とすると，そこに現れた信号を波源から散乱した時刻 $t = 0$ の正しい位置 $\phi(x, z, t = 0)$ に波動方程式に従って戻すことである．ここがマイグレーションの最大のミソと言える．図 4.6 では，t 軸と z 軸を合わせているが，x–t–z の空間の x–t 面 ($z = 0$) 上の値が観測によって得られ，見かけ上 A′–B′ が反射面に見える．求めるのは x–z 面 ($t = 0$) 上での信号であり，その面では A–B が $t = 0$ の信号として現れる．

実際のマイグレーション処理は，波動方程式をどのような近似で用いるか，どのように $z = 0$ の世界から $t = 0$ の世界にもっていくかによって，異なる方法がある．速度構造に水平不均質を許すか，傾斜した反射構造はどのくら

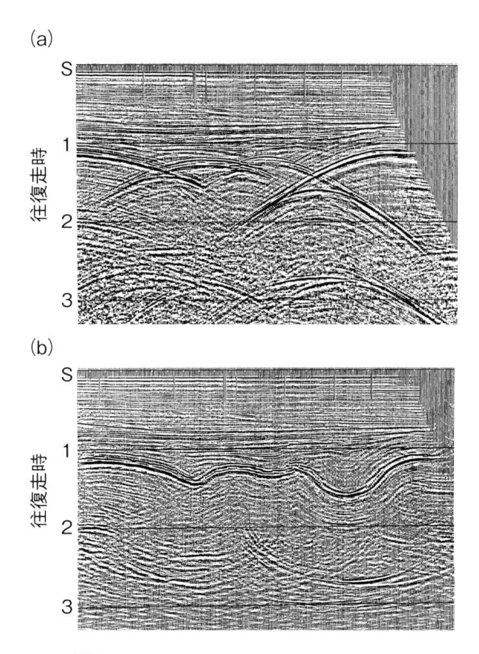

図 4.7　マイグレーションの効果 (effect of migration)
(a) マイグレーションなしの断面図．上に凸の双曲線がたくさん見える．それぞれ曲率も異なる．
(b) マイグレーションによって往復走時が 1–1.5 秒のところに変化の激しい音響インピーダンスの強い面がイメージされた．より下方にも不連続面が認められるが，双曲線が下に凸になっている．マイグレーションは双曲線を真の散乱波源に戻すための操作だが，うまくいかないと双曲線のかたちが残り，深い方に見えるように下に凸になることもある（本文参照）(Yilmaz, 2001 より)．

い傾斜を許すかなど，近似の仮定と照らし合わせる必要がある．複数トレースにまたがって散乱した波形を 1 点に集約するなど正しい反射波の波源に戻すためには，観測波形がそれを可能にする情報を含んでいなければならない．

マイグレーションは，フーリエ変換によって周波数，波数空間で観測測線から深さ方向にステップ Δz ずつマイグレーションするか，そのまま方程式の数値解法である有限差分法を用いるかに大きく分けられる．まず図 4.6 に沿った方法から見る．

キルヒホフマイグレーション (Kirchhoff migration)

上述した最初の見方に立つと，水平距離–往復走時空間にある任意の反射点 (x, z) がつくる散乱双曲線を反射点のみからの信号に戻す操作は，そこを頂点とする双曲線に沿って散乱波を積算して，それを (x, z) の信号とすればよい（図 4.6）．このときの積算には，波の回折の効果を取り入れる．すなわち二次波源のもつ振幅方位分布，距離による減衰，さらに振幅と位相スペクトルの補正である (Yilmaz, 2001)．正しい双曲線に沿って積算したときは信号が点に収束し，反射点でなく，また異常な雑音などのピークがなければ，振幅はランダムな積算となり，ゼロに近づく．そこで，観測空間 (x, z) 全体に対して双曲線に沿った積算を行えばよい．

このように散乱波を積算する方法をキルヒホフマイグレーションと呼ぶ．実際上は，積算する幅 (aperture) と双曲線のかたち（接線の傾き dip）の範囲を指定するが，マイグレーションで見かけの散乱源が水平移動するだろう距離よりじゅうぶん余裕をとる．大きく傾く反射面ほど積算幅と接線の大きな傾きを要する．

周波数–波数領域でのマイグレーション (Migration in frequency-wavenumber domain)

波数領域での一般的なマイグレーションは，Chun and Jacewitz (1981) にわかりやすい説明がある．ここでは，フーリエ変換を介して，ステップ Δz ずつ，深さ方向に進むマイグレーションについて説明する．ステップ毎に速度を変えることもできる．

$\psi(x, z, t)$ が二次元波動場を表すとすると，

$$\frac{\partial^2 \psi}{\partial t^2} = c^2 \left(\frac{\partial^2 \psi}{\partial x^2} + \frac{\partial^2 \psi}{\partial z^2} \right) \tag{4.2.30}$$

の二次元波動方程式を満たす．これに表れる時空間変数について三次元フーリエ変換すると，波数周波数領域では，3 変数はそれぞれ $x \to k_x$, $z \to k_z$, $t \to \omega$ に対応し，4.2.30 式は，

$$\omega^2 - c^2(k_x^2 + k_z^2) = 0 \tag{4.2.31}$$

と表され，波数 (k_x, k_z) と角周波数 (ω)，速度 (c) の間の関係式（分散の式とも呼ばれる）が導かれる．すなわち，周波数–波数空間ではこの式が満たされるように波が伝わる．そこで，この関係を用いて，上記したように $z = 0$ で取得したデータを $t = 0$ の散乱波源に戻すことを考える．波数領域にフーリエ変換するには測線方向のトレース群のデータ処理をすることになる．

$z = 0$ での観測イメージを下方に向かってそれぞれの深さでのイメージに引き戻して行くことを下方接続 (downward continuation) と呼ぶ．フーリエの成分波として $\exp[-i\omega t]$ の時間変化をする波を考えると，$t = 0$ の波の状態が $\exp[-i\omega t]$ で時間軸を進む．同様に x–z 面を進むので，合わせて ψ の成分波は，$\exp[i(k_x x + k_z z - \omega t)]$ と書ける．したがって下方接続するには深さ方向に変化する $\exp[ik_z z]$ を $z = 0$ のフーリエ波形にかけ算すればよい．必要な演算が積になるところがフーリエ変換の便利なところである．すなわち 4.2.31 式によって，

$$\psi_{xt}(k_x, z, \omega) = \psi_{xt}(k_x, z = 0, \omega) \exp[i\sqrt{\omega^2/c^2 - k_x^2}\, z] \tag{4.2.32}$$

が，下方接続を表す．これを x–z 面のイメージに戻すには，異なる z 毎に二次元逆フーリエ変換を行えばよい．ここで変数 ω を 4.2.31 式によって k_z に変換すると逆フーリエ変換の回数が減らせる (Stolt, 1978)．

ここまでは，速度一定と見なしていた．しかし，深さ方向に速度は増加するのが通常であるから，それを組み込むには，観測の $z = 0$ から Δz ずつ下方接続していく方法がある (Gazdag, 1978)．

ここで概略を見たマイグレーションは，はじめに観測波形を周波数 $(f \to \omega)$ と波数 $(x \to k_x)$ 空間に二次元フーリエ変換して，Δz のステップ毎にその深さのイメージを作りながら，記録長分の下方接続を実現する．各ステップでは，$\exp[ik_z(k_x, \omega)\Delta z]$ で表されるオペレータを，二次元フーリエ変換された周波数–波数空間において波数を固定して，周波数ステップ毎の値に繰り返し掛けて，周波数帯域の和をとってその波数ごとのイメージを得る．これを波数領域全体に対して得て，波数領域でのイメージを得る．これを波数について逆変換すると，その深さでの時間と距離空間のイメージになる．これを観測波形の時間長分行う．

差分法によるマイグレーション (Finite difference migration)

偏微分方程式である波動方程式を数値的に有限差分法で計算してマイグレーションすると，水平方向の速度不均質も考慮できる．前節の波数，周波数領域での処理は，かけ算のループを回すだけになるのだが，水平方向にも速度変化があると 4.2.30 式から 4.2.31 式を導けない．

そのような場合，反射法によって得られるデータの特性に注目して，下方からの信号だけがマイグレーションされるような波動方程式の近似式を用いて，通常の時空間領域で数値計算（有限差分法）する方法が用いられる．詳しくは Claerbout (1985) にあるので，ここではどのような基礎方程式を差分法にかけるのかについて重要なところを示す．

4.2.31 式を参考に時間空間領域に戻すことを考える．

$$k_z = \frac{\omega}{c}\sqrt{1 - \frac{c^2 k_x^2}{\omega^2}} \tag{4.2.33}$$

であるので，波形 ψ の z 方向の変化は，

$$\frac{\partial \psi}{\partial z} = i\frac{\omega}{c}\sqrt{1 - \frac{c^2 k_x^2}{\omega^2}}\psi \tag{4.2.34}$$

と書ける．成分波を深さ z で偏微分すると成分波に ik_z をかけた形になるからだ．平方根の中に k_x^2 があるので，これをはずすために再帰的に求める近似式を用いる．近似がおよそ成り立つとされるおおまかな入射角の範囲から 15 度の式とか 45 度の式と呼ばれる．その上で，$ik_x \to \frac{\partial}{\partial x}$，$ik\omega \to \frac{\partial}{\partial t}$ の対応で時間空間領域に戻して差分法で解くべき二次の偏微分方程式が求められる．15 度の式で下から来る波は，

$$\frac{\partial^2}{\partial z \partial t}\psi = -c(x,z)\frac{\partial^2}{\partial^2 x^2}\psi \tag{4.2.35}$$

の形になる．

断面図は，垂直方向が t 軸か z 軸かで前者は走時に対する時間 (time) マイグレーション，後者は実際の深さに対する深度 (depth) マイグレーションと呼ばれる．後者は速度構造の情報が加わってのイメージングである．

マイグレーションの手法による違いは，それぞれに用いた仮定の違いが観

測データにどう適合しているかによる．キルヒホフマイグレーションは，傾斜の大きな断層にも有効だが，水平方向の速度変化に対応していない．周波数–波数領域でのマイグレーションは，計算が他より簡単であるが，水平方向の速度変化に対応していない．差分法によるマイグレーションは水平方向の速度変化に対応でき，採用する近似によって傾斜への有効範囲が変わる（詳しくはたとえば，Sheriff and Geldart, 1995; Yilmaz, 2001）．

測線の断面図の外から入ってくる信号については三次元的にデータを得ることが必要になる．測線は，そのような影響ができるだけ小さくなるように設計する．すなわち，データ取得の際には，断面図方向が最大の水平不均質をもつようにする．

ここまで説明してきた各種操作の効果を，図 4.2 の海溝陸側部分を拡大した図 4.8 に示す．

4.2.7　三次元反射法 (3D reflection method)

当然であるが，反射法の測線を含む垂直断面内で反射，散乱波が閉じ込められているわけではない．そうなるのは，理想的な二次元構造をその二次元面内で観測した場合のみである．そこで，複雑な構造の三次元不均質を問題にするならば，三次元的な解析も行う必要がある．この場合，図 3.13 に示すような面積をカバーする調査から膨大なデータが取得される．解析手法の原理は二次元の場合と同じだが，次元の拡張によって桁違いの計算容量が要求

図 4.8　反射法データ処理の効果の実際（Tsuru *et al.*, 2000 より）
図 4.2 の日本海溝より陸側の拡大図．海側のプレートが沈み込む様子が詳しく見える．観測波形だけでは判然としないが，重合とマイグレーションにより実際の地下垂直断面図に近づくことができる．
(a) CMP 毎の同じトレース群を異なるスタッキング速度（左からある基準速度の 1 割増から 1.5 割減まで段階的に異なる）で重合して比較してある．NMO 補正が合えば濃淡が強調され，速度が増すと深い側の信号が強調され，水平方向にも速度による強調の違いが見える．最右のパネルはそれに基づいて低速度の堆積物と火成岩が地塁・地溝構造を成しているとする解釈図．
(b) スタックして得られた反射波断面図．縦軸は往復走時なので，深さを表していないことに注意．
(c) 水平不均質の影響をできるだけ取り除いて（マイグレーションの節参照）からスタックした方が信号が明瞭になる．

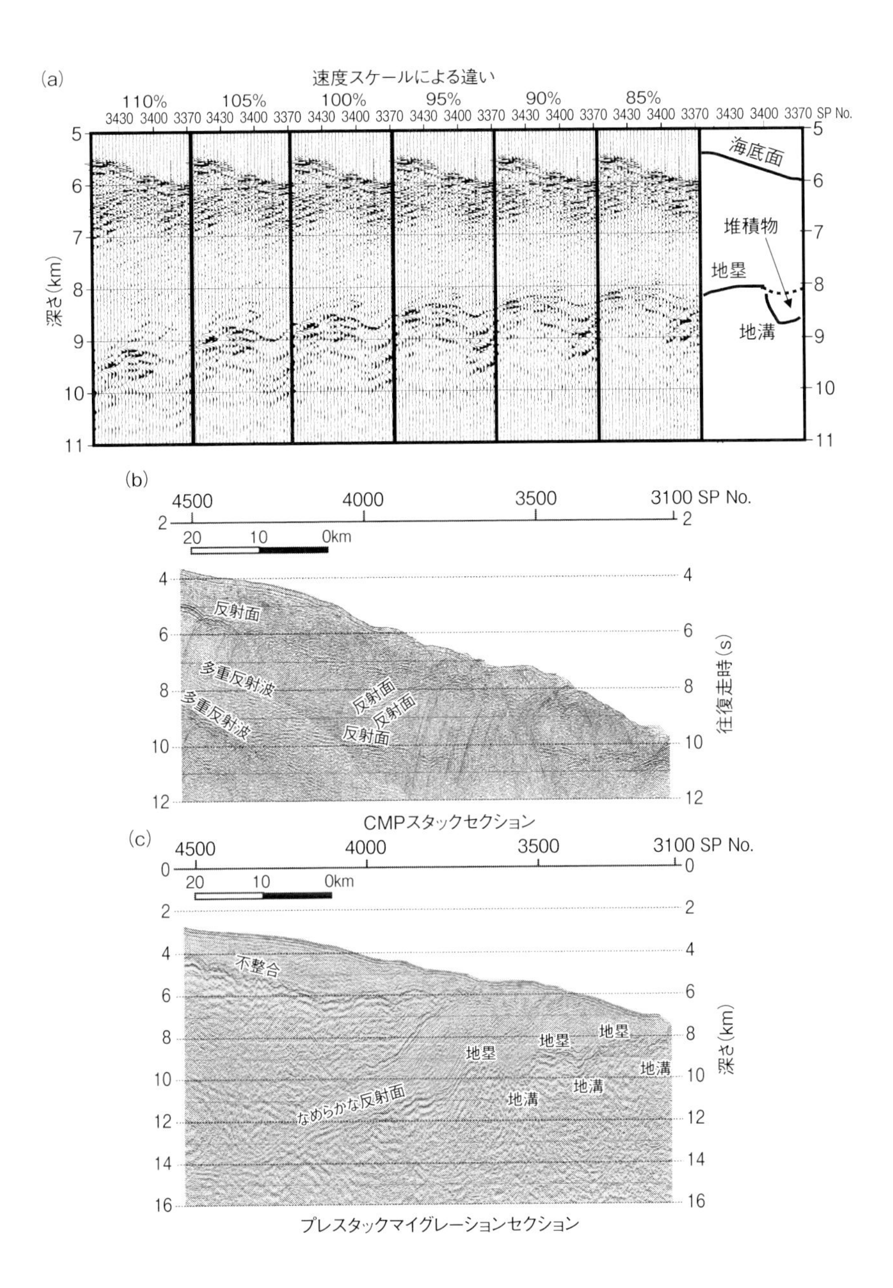
(a)
速度スケールによる違い
110%
105%
100%
95%
90%
85%
SP No.
深さ(km)
海底面
堆積物
地塁
地溝
(b)
4500
4000
3500
3100 SP No.
20
10
0km
反射面
多重反射波
多重反射波
反射面
反射面
反射面
往復走時(s)
CMPスタックセクション
(c)
4500
4000
3500
3100 SP No.
20
10
0km
不整合
地塁
地塁
地塁
地溝
地溝
地溝
なめらかな反射面
深さ(km)
プレスタックマイグレーションセクション

される．

4.3　屈折法による構造 (Seismic structure by refraction method)

4.3.1　屈折法の基本 (Basics of refraction method)

屈折法 (refraction method) は，垂直方向の波線に注目する反射法と異なり，地震波線の経路としては水平距離を大きくとる（図 4.1）．一般的に長距離になるほど，より深部で屈折して戻ってくる波を観測できる．そして，測線にわたる深さ方向の速度変化を見ることができる．このような観点で構造探査を行う手法を屈折法と呼ぶ．

屈折法の基本は，図 4.9 にあるように，走時図の T（走時）–X（震央距離）平面を埋めるように地震波形記録を取得することである．たとえば，エアガンショットを 50 m 間隔で数百 km にわたって分布させるなどして人工震源を移動させながら多点確保し，観測は数台から数十台の OBS を数 km 間隔で配置して行う．すなわち，受信点 (OBS) の数に比して，人工震源を圧倒的に多く配置でき，OBS 毎に走時図が得られる．陸上の観測実験では，受信器を多数配置して，少ない発振源毎の走時図を用いることが多いが，走時は伝播の向きによらない．波線の経路上で反射，変換する波のエネルギー分配は向きによるので，振幅，波形は変わる．このようにして得られた多数の走時図から地殻あるいはマントルの不均質構造を求める．通常，人工地震のエネルギーでは，深さ数 km から数十 km が探査範囲になる．測線長が水平距離にして数十～百 km であれば，平面地球が仮定でき平面座標が採用できる．数百 km の長距離を伝播する波を扱う場合は，球体である地球を考慮して球面座標で考えなければならない．

4.3.2　OBS データを並べる (Arranging OBS data)

多数の OBS で取得したデータを取り扱うためは，各々の OBS がもつ独自の時計と海底の OBS 位置（水深，直下の不均質構造）による違いの影響を最小にすることが必須となる．陸上観測データと統合的に解析するためにも必

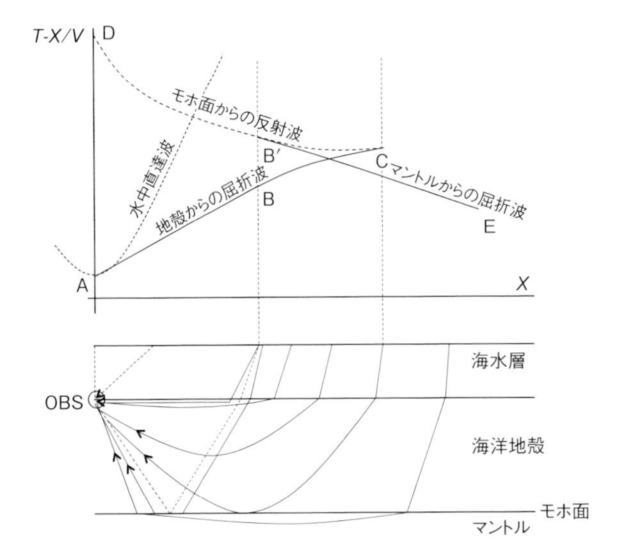

図 4.9 走時図と構造の関係 (traveltime curve and structure)
海面のショットを OBS で受ける場合を示す．点線は水中直達波で走時は双曲線をなす．地殻の上面をヘッドウェーブ（2.3 節）が伝われば，AB 線分（ブランチと呼ぶ）に沿った信号になる．傾きがヘッドウェーブが伝わる深さの波線パラメター（2.2 節；この場合，伝播速度の逆数になる）である．深さ方向に速度が漸増すると走時は上に凸の曲線になる (BC)．C 点でモホ面に波線は接する．さらに深く侵入する波は，速度の不連続な増加によって大きく曲げられて B′ 点から現れて E へとつながる．速度不連続は反射波を励起して CD（下に凸）に現れる．CD と BC は C 点で同じ傾きになる．同じ震央距離では屈折波が反射波に遅れることはない．しかし，C 点は振幅の極大点であり，B′E ブランチが雑音に埋もれると解釈を間違えることもある．

要である．

具体的には，観測期間，時刻の補正，位置の確定，水平動の方位決め[4]，生データのデジタルカウントの地動への換算 (transfer function) を行った情報を用いることによって異なる OBS 同士のデータをそろえることができる．時刻は，国内では JST (Japan Standard Time) 採用のケースが多いが，国際的には UT (universal time) である[5]．

OBS データの品質に影響するのは，第 3 章で述べたように海底とのカップリング，雑音である．

---

[4] コンパスを組み込むか，異なる方位からの人工震源に対する OBS の応答からおよそ決められる．
[5] 観測期間中にうるう秒が入ることもありえる．

4.3.3 海底の深さと堆積層の補正 (Correcting for water depth and sediment thickness changes)

異なる観測点間では設置点の高さの基準をそろえないと走時の正しい比較ができない．OBS ではその置いてある海底の深さ分，仮定するモデルによって求められる平均海水面までの走時より早く信号が到達するので，その分を以下のように補正 $(+\delta T)$ しなくてはならない．

もっとも単純には，仮定した標準モデルの地殻構造が 6 km/s 程度の値であれば，すなわち陸に合わせて海水層がないとすると，OBS の水深分 z_{OBS} (km) 早く到達することになるとして $\delta T = z_{\mathrm{OBS}}/6$ を加えて基準を地表（水面）にすればよい．しかし，これでは OBS を真上に垂直に移動させたことになり，入射角を無視しているので，より正確には，波線パラメター（2.3 節参照）に応じた補正，すなわち構造に依存する補正が必要である．波線パラメターとは，その波線の最深部到達点での速度の逆数（スロウネス slowness）であり，また，走時曲線の接線の傾きでもある．

海洋中の人工地震の実験であれば深さ (z) の変化する海水層を置く．このとき，各ショットがいかに海中を伝わりどこから海底下に入射するかは，海中音波速度分布 $(v_w(z))$ と海底地形によることになる．すなわち，入射角 θ の経路に沿った微小部分 (ds) は $ds = dz/\cos\theta$，波線パラメター $p = \sin\theta/v_w$ であるから，時刻補正 (δT) は，

$$\delta T = \int_0^{t(h)} dt = \int_0^{s(h)} \frac{ds}{v_w(z)} = \int_0^h (v_w^{-2}(z) - p^2)^{1/2} dz \qquad (4.3.1)$$

であり，これが水深 h によって変化する．水深を正確に独立に連続観測することが重要なことがわかる．また，通常標準構造モデル（図 1.4）には記述されていない堆積層が波線に与える影響を考慮しなければならない (Purdy, 1982)．数百 m 厚（場合によっては数 km 厚）の堆積層の浅部未固結部分は水中音波速度とあまり変わらない．

4.3.4 深さ方向のみに地震波速度が変化する場合 (1D velocity structure)

もっともかんたんなのは一定速度の直進と反射だけ考えればよい場合で，水中をそう仮定することが多いが注意が必要なことは述べた（2.3 節）．次は，このような層が複数重なっている場合である．これは，層の境界でスネルの法則を用いて反射屈折を考慮すれば，かんたんに走時が計算できる．ある層の上側境界面で全反射が始まる経路 (critical path) を計算すれば，この経路による水平距離より遠方は，単にこの層の最上部をまっすぐ伝わる経路が加わるだけである．スネルの法則で言えば，境界面をはさんで上下に第 1，第 2 層が速度 $v_1 < v_2$ の関係にあれば，第 1，第 2 層の入射角[6]をそれぞれ θ_1，θ_2 として，

$$\frac{\sin\theta_1}{v_1} = \frac{\sin\theta_2}{v_2} \tag{4.3.2}$$

である．ここで，第 2 層を水平方向に進む波は，$\theta_2 = \pi/2$ ということである（ヘッドウェーブ（3.3 節））．

スネルの法則はある波線のどこでも成立し，波線パラメター（第 2 章）$p = \sin\theta/v$ が一定に保たれることを示している．この関係は重要で，波面の水平方向に伝播する波の見かけ速度は一定になる．前章に出てきた，モホ面直下をまっすぐ伝わり，地殻に随時戻る経路をとる相を Pn 相と呼ぶ．このとき $p = 1/v_m$ でなければならないことがわかる（図 4.9）．

水平に N 層重なり，それぞれ層内で定速度で下方に速度が増すモデルでは，OBS と人工震源の間の走時 (T) と震央距離 (X) との関係は以下の式で表される．まず海水層（厚さ h_w，速度の逆数は u_w）の下の第 1 層（厚さ h_1，速度の逆数 u_1）からの相の走時は，

$$T = u_1 X + h_w u_w \sqrt{u_w^2 - u_1^2} \tag{4.3.3}$$

の直線であることが幾何学的に計算できる．このとき震源からの射出角はつねに一定である．また右辺の第 2 項は，走時の T 軸切片である．観測走時の傾きから u_1 が求められ，既知の水中速度あるいは水中直達波の情報から，h_w

[6] 垂線と波線の間の角度で場合に応じて射出角あるいは入射角と呼ばれる．

が求められる．これは船の水深計測値によってチェックができる．

次に，第 2 層から下の n 層からの走時は，

$$T = u_n X + h_w u_w \sqrt{u_w^2 - u_n^2} + \sum_{i=1}^{n-1} (h_i u_i \sqrt{u_i^2 - u_n^2}) \tag{4.3.4}$$

である．これで層厚の浅い方から順次求められる．このことから浅い方の推定誤差が下方に伝播することがわかる．層厚を小さくすれば速度が漸増する構造を近似できる．

じっさいに不連続面を伴う層であるかどうかは，反射相が観測されているかが決め手になる．反射法探査を同時に行う利点はここにもある．また，地殻最上部の堆積層は水平方向の不均質も大きいことが多い．サイスミックセクションがあれば，屈折法と独立のデータにより，堆積層補正ができる．逆に屈折法からの速度分布の情報は，反射法のスタッキング，マイグレーションに必要な速度情報を独立に与える．

τ–p 法による直交座標系（平らな地球）一次元の区分的に連続な速度構造の求め方 (τ–p inverse method)

反射法では，震央距離 0 になるように処理したトレースが T–X 平面に並ぶのに対し，屈折法では x が震央距離を表す．海域では，屈折法データについても反射法データと同じ空間密度のデータセットが得られる．しかし，図 4.9 で見たように，T–X 平面のデータは，異なる深さからの複数の信号が重なる．この複数の信号はじつは，それぞれ波線パラメターが異なることを利用すると，より一般的かつ便利に，観測される走時から構造を求めることができる．

まず前節の議論を一般化して波線パラメターを用いて連続的に変化する構造に対しての走時と伝播距離を記述する．波線に沿った微小伝播距離 ΔS の伝播時間 ΔT を，S の水平成分 ΔX と垂直成分 ΔZ に分けて考える．射出角 θ の波線パラメターは，$u(z) = 1/v(z)$ とおくと，$p = u \sin\theta$ と書け，あらたに $q = u \cos\theta$ とすると，幾何学から，

$$\Delta X = \tan\theta \Delta Z \tag{4.3.5}$$

$$\Delta T = u\Delta S = p\Delta X + q\Delta Z \tag{4.3.6}$$

$$u = \sqrt{p^2 + q^2} \tag{4.3.7}$$

である．θ を波線パラメターの関係から消して深さ依存を見ると，

$$\Delta X = \frac{p}{\sqrt{u^2 - p^2}}\Delta Z \tag{4.3.8}$$

$$\Delta T = \frac{u^2}{\sqrt{u^2 - p^2}}\Delta Z \tag{4.3.9}$$

となる．全距離に対しては，

$$X(p) = 2\int_0^{Z(p)} \frac{p}{\sqrt{u^2 - p^2}}dz \tag{4.3.10}$$

$$T(p) = 2\int_0^{Z(p)} \frac{u^2}{\sqrt{u^2 - p^2}}dz \tag{4.3.11}$$

となる．波線が水平になる最深点で $u(z) = p$ である．T，X ともに 2 倍にしてあるが，海面のショットと海底の OBS とでは水深分の往復のあるなしを考慮する．

上の走時を表す式が，観測から構造を求めるための関係である．一定速度をもつ層の重なりならば，前節のようになる．

上述したように，速度勾配の変化によって走時曲線は，距離に対して多価関数になる（図 4.9）．とくに図 4.9 の BC 間では小さい走時差内に 3 つの相が重なるトリプリケーション (triplication) が見られる．これを，距離に対してではなく，スロウネス（OBS への入射角とも言える）に対して見ると，この多価関数は一価関数に表示することができる．それを τ, p 写像と呼ぶ（図 4.10）．τ は，以下の式で定義される．

$$\begin{aligned}
\tau(p) &\equiv T(p) - pX(p) \\
&= 2\int_0^{Z(p)} \sqrt{u^2 - p^2}dz \\
&= 2\int_0^{Z(p)} u(z)\cos\theta(z)dz = 2\int_0^{Z(p)} q(p, z)dz
\end{aligned} \tag{4.3.12}$$

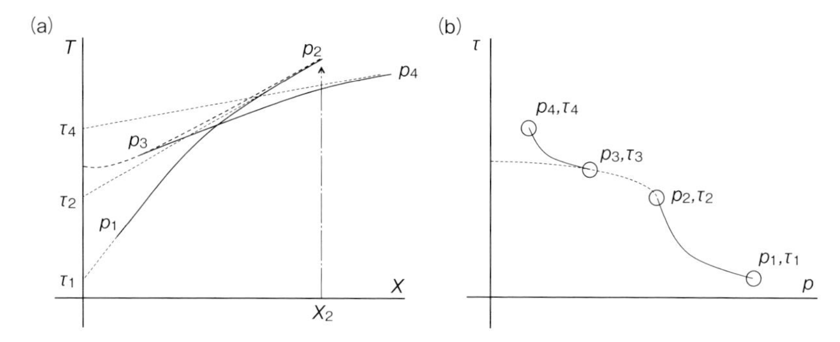

図 4.10　T–X と τ–p の関係

(a) 図 4.9 の BCDE ブランチに相当する．上に凸の走時変化をもつ屈折波（実線）とそれが伝わる層の下の境界面からの反射波（下に凸）とがあると，反射波（破線）は後続波として観測され，$X = X_2$ で全反射を起こす．点線が示す屈折波，反射波走時曲線への接線の傾きは p である．

(b) (a) の走時曲線上の各点の τ と p をパラメターにプロットした．屈折波の相の傾き (p) が一定であれば，その T 軸切片が τ であり，τ–p 平面では 1 点に写像される．屈折波は，p_1 から p_2，さらに p_3 から p_4 に減少して，(a) 図のブランチの重なりが単調減少する曲線になる．

したがって，

$$\frac{\partial \tau}{\partial p} = -X(p) < 0 \tag{4.3.13}$$

すなわち，単調減少関数になる．観測にトリプリケーションのような異なる相が同じ距離で複数見られても，この写像によってどの層からの反射・屈折に相当する走時曲線部なのかが，見分けやすくなる（図 4.10 ）．

計算機上で (T, X) から (τ, p) へ写像をするときには，T–X 空間である τ（T 切片）と傾き p をもつ直線に沿って分布する振幅を重ねれば，その (τ, p) 点上にくるべき振幅が求まる．これをスラントスタック (slant stack) と呼ぶ．すなわち，T–X 面上での振幅を $f(T, X)$ とし，τ, p 面上での値を F としたとき，

$$F(\tau_j, p_j) = \sum_{k=1}^{N} f(\tau_j + p_j X_k, X_k) \tag{4.3.14}$$

を計算することになる．

このとき，T–X 空間がデータで埋まっているわけではないので，観測点間距離と観測周波数によって，検知できる波数パラメターに限界がある．たとえば，

10 Hz までの観測周波数範囲で観測点間距離が 1 km とすると, 20 km/s より大きな速度しか信頼できないことになる．観測点間距離が 50 m であれば, 1 km/s より大きな速度に有効になり，この方法が使える．$p \leq p_N \equiv (2\Delta X f_{\max})^{-1}$ が，その判定式である．ナイキスト周波数（第 2 章）がサンプリング間隔で決定するように，観測点間隔が波数の限界を決める．信号に含まれる最大波数の 2 倍がナイキスト波数（最小の観測点間隔）である．

屈折法による走時セクションのマイグレーション (Migration of refraction record section)

観測波形を τ–p 領域上に写像した 1 点は，ある最深点 $Z(p)$ を屈折してくる平面波を表す．前項の 4.3.12 式によれば，τ とは，波線パラメター p の波が最深点から観測点のあるところまでの q（垂直方向のスロウネス）の積分であることが示されている．すなわち $\tau = 0$ のとき，この波は最深点 $Z(p)$ にあり，p^{-1} がその深さの伝播速度である．

反射法のマイグレーションとは，観測された波動場 $\phi = \phi(x, z = 0, t)$ を散乱波源 $\phi = \phi(x, z, t = 0)$ に写像するものであった．反射法と同様に時空間的に密な観測データを手にすれば，データの写像によって一次元速度場を求めることができることを見よう (Clayton and McMechan, 1981; McMechan *et al.*, 1982)．前節で走時を正しく読み取るための τ–p 平面への写像に触れたが，$z = 0$ での τ–p 平面写像を求めたのち，深さ方向に変化する速度構造を組み入れながら，それぞれの p が $z = Z(p)$ で $\tau = 0$ の状態になる写像ができれば，p–z 平面上に速度構造が浮かび上がることになる（図 4.11）．

前項で触れた観測波形 P のスラントスタック S は,

$$S(\tau, p) = \int_{-\infty}^{\infty} P(px + \tau, x) dx \tag{4.3.15}$$

一方，観測波形 P の x，t の二次元フーリエ変換により

$$P(k_x, \omega) = \int\int P(x, t) e^{-i(k_x x - \omega t)} dx dt \tag{4.3.16}$$

となるが, この式の時間 t を τ に変換して, p 毎に着目することから, $k_x = \omega p$ のときの波形は,

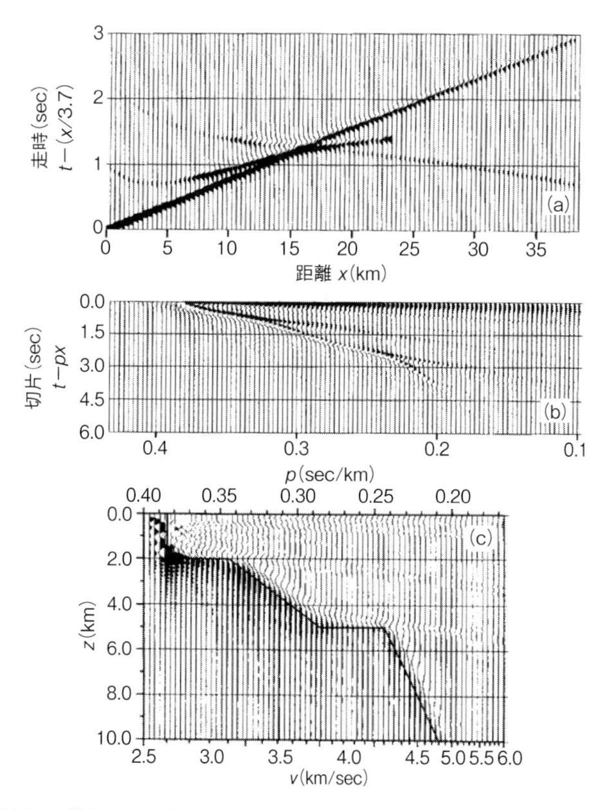

図 4.11　走時図から構造へのマイグレーション (Clayton and McMechan, 1981)
(a) いくつもの屈折波と反射波の相が重なって見えるモデル計算例.
(b) τ–p 平面では，図 4.10 と同じように屈折波と反射波の相が分かれて見える.
(c) これを本文にあるようにマイグレーションして波形と速度も一致して見えるときが正しい速度構造を表す.

$$P(k_x = \omega p, \omega) = \int\int P(x, px + \tau) e^{i\omega\tau} dx d\tau \tag{4.3.17}$$

と書ける．これは上の 4.3.15 式を時間についてフーリエ変換した式と同じことがわかる．すなわち

$$S(\omega, p) = P(k_x = \omega p, \omega) \tag{4.3.18}$$

という関係にある．反射法のマイグレーションで見たように，波動場を深さ方向に下方接続していくには，周波数，波数空間で，位相をずらしていく．つ

まり,

$$P(k_x, z, \omega) = P(k_x, z = 0, \omega) \exp\left(-2i \int_0^z \sqrt{\left(\frac{\omega}{c}\right)^2 - k_x^2} dz\right) \quad (4.3.19)$$

であるので,スラントスタック S は,

$$S(p, z, \omega) = S(p, z = 0, \omega) \exp(-i\omega\Psi(p, z)) \quad (4.3.20)$$

$$\Psi(p, z) \equiv 2 \int_0^z \sqrt{c^{-2} - p^2} dz \quad (4.3.21)$$

と書ける.これを時間について逆フーリエ変換すると

$$S(p, z, \tau) = \int_{-\infty}^{\infty} S(p, z = 0, \omega) \exp(-i\omega(\Psi - \tau)) d\omega \quad (4.3.22)$$

となるので,これで,p 毎の $\tau = 0$ の場合,すなわち最深点のイメージとして,

$$S(p, z, \tau = 0) = \int_{-\infty}^{\infty} S(p, z = 0, \omega) \exp(-i\omega\Psi) d\omega \quad (4.3.23)$$

が得られる.これは,p が媒質伝播速度の逆数となる最深点の分布を示しており,速度構造に変換されたことがわかる.スラントスタック後のこの操作は,速度構造を既知として進めるので,推定値が正しいかどうかを仮定した速度構造と照合しながら一致するまで繰り返し計算 (iteration) することになる.また,τ, p 変換されたデータのそれぞれの p に対するトレースについて,4.3.23 式の右辺を計算すればよい(図 4.11 の (b) から (c)).

4.3.5 傾斜層がある場合 (Case with dipping layer)

二次元不均質構造のなかでもかんたんな傾斜層がある場合に触れておく.現代では,多数の OBS データを活用し,計算機上で不均質構造モデルを求めてしまうが,走時図をぱっと見てわかることも大切である.たとえば,ある測線上の,異なる地点の OBS に対しての走時図を眺めて,観測された相の現れ方がたがいに大きく異なれば,地下に水平不均質があることがわかる.OBS の場合,もっとも浅い部分の速度の小さい堆積層の厚さ分布が大きな走時変化をもたらすので最初に気にすべきところだが,より深いところで,傾

いた層があるかどうかは，地殻深部からの相の走時図上の傾きと水平距離0地点の切片の違いから推測がつく．

測線ABの端点A，BにOBSを置いて，この間のショットを記録すると，両測線の観測データセットが得られる．両測線とは互いに逆向きの2測線のことで片方を正(normal)測線としてもう一つは逆(reverse)測線と呼ぶ．観測された同じ深さからの相の見かけ速度が異なったら，真の速度は近似的に二つの見かけ速度の逆数の平均から求められる関係にある．すなわち，走時Tと震央距離Xの関係は，

$$\frac{dT}{dX}|_{True} = \frac{1}{2}\left(\frac{dT}{dX}|_{Norm} + \frac{dT}{dX}|_{Rev}\right) \tag{4.3.24}$$

である．

4.4 トモグラフィーによる構造 (Structure model by tomography)

ある構造モデルを仮定すれば，波線がどのように存在できるか，幾何光学的にはスネルの法則により計算できる．解析的に求められる場合もあるが，一般の不均質構造に対しては，数値解析的に波動方程式あるいは波線の式を満たすように，逐次的に，モデル媒質中の波の伝播を追う．

これを波線追跡 (ray tracing) と呼ぶ．震源での波形を与えれば，伝播経路での変化（幾何学的減衰，不連続面での相変化による位相振幅変化など）も合わせて，波長に応じて速度構造を考慮して観測に合わせるべき波形も求められる（たとえばČervený *et al.*, 1977）．計算機の向上により，このような計算は，波動方程式を用いて二次元構造から三次元構造への応用に広がりつつある．

トモグラフィーは，波線が通過した媒質の内部断面像を得ることをいう．人工地震の走時から反射法や屈折法によって内部速度構造を得るのはまさにその典型とも言える．速度構造が複雑な二次元不均質構造をもつ場合，構造が既知であれば，波線追跡法によって走時も振幅も計算できる．現実はこの逆で，構造が未知であり，第2章で触れた逆問題となる．この解法がトモグラフィーであり，より一般的にはインバージョンと呼ばれる．速度構造vに

よって経路が変わってしまう非線形の問題なので，一般的な解法はなく，たとえばモデルと観測のずれの二乗和が最小となる解を探す．明瞭な最小解が唯一見つかるとは限らない．

一例として，人工地震法によるデータに用いて二次元構造を求める手法をを紹介する (Zelt and Smith, 1992)．構造のモデルは，任意の層の境界は複数の線分をつなげたものとし，境界上に速度値を分布させて，層内の速度は，その層の上下境界上の 2 点ずつを組み合わせた台形の内部を線形に補間することによって与える．ルンゲクッタ (Runge-Kutta) の数値解析法を用い，震源と受信点を結ぶ波線を探す．微小ステップで射出角を単調増加させても単純に波線の到達距離が伸びるわけではないので，探し当てるには工夫がいる (行き過ぎたら半分戻るなど)．また，経路中での反射屈折変換も指定できる．このときそれぞれの波線に対して走時がモデルパラメター（速度分布と境界層分布）にどう反応するかという偏微分係数（行列 $\mathbf{G}$）を計算する．すなわち観測 $\mathbf{d}$ とモデル $\mathbf{m}$ の関係は，$\mathbf{Gm} = \mathbf{d}$ と表現される．

観測 $\mathbf{d}$ は，走時 t の観測値の集合に相当し，これから速度分布を求めたい．ある波線の経路 l を n 分割し，各経路の長さを l_i, 区間速度を v_i とする．このとき，走時 t は，

$$t = \sum_{i=1}^{n} \frac{l_i}{v_i} \tag{4.4.1}$$

と表せる．問題が非線形なので，上記の行列の関係は，Taylor 展開で線形化して，ある初期モデルから繰り返し計算で解に近づこうとすることになる．すなわち，

$$\mathbf{A\Delta m} = \mathbf{\Delta t} \tag{4.4.2}$$

上記した偏微分係数行列が $\mathbf{A}$，モデル修正パラメターが $\Delta\mathbf{m}$，それによって走時残差 $\Delta\mathbf{t}$ が計算される．偏微分係数行列は，各観測走時のモデルパラメター（速度分布）依存度である．波線追跡を系統的に行うことによって観測との残差と偏微分係数行列が求められるので，モデル修正を行うことができる．このモデルであらたに波線追跡を行って，同じプロセスを繰り返す．

問題はどこで解とするかである．どのくらい詳しく見えるかという解像度とどのくらい確かに決まるかという分散はトレードオフと言って，詳しく見

ようとすると，使える波線が限定されて確からしさが犠牲になり，逆に確からしさを追求すると，解像度を犠牲にすることになる．よく構造を市松模様にしたテスト (checkerboard test) [7]が行われるが，これが確かさと解像度のバランスをよく描き出す．つまり，観測データから自ずとモデルの設定をどこまで細かくできるかが推定できる．インバージョンのよいところは，観測を説明するモデルというだけでなく，その解像度と分散の大きさを定量的に測れることである．

また，この結果，観測走時が構造のどこをどのように伝播したことになるのか，それは正しく相を同定しているのか，確認することも大切である．あるいは，今では，計算機上でモデル空間をかたはしから探しまわるようなこともできるので，データを説明する異なるモデルがないか調べることも可能である．

振幅の情報と後続波の情報は構造に敏感であるので活用すべきであるが，振幅に影響する現実要素（相変換，散乱，減衰）を考慮した上で，たとえばある境界面の全反射点に近い距離の振幅変化を見る，あるいは後続波の伝播経路などに注意を払う必要がある．OBS の波形については，観測の制約条件もこれに重なる．いろいろな例（たとえば，Korenaga *et al.*, 2000; Zelt *et al.*, 1999, 2003）を参考に自分で試してみるのがよい．

このようにして，インバージョンの過程で求められる解像度と精度が解釈の参考になる．

4.5　発生源を知る (Source parameters)

延々と続く常時微動や，突発的な地震のほか，地震計が記録する「信号」は多種多様である．地震計は地下の振動を記録するのみならず大気の擾乱にも反応するし，海底では海洋の動きも感知している．

---

[7] 仮想的な構造モデルに対して，逆行列計算によってデータ分布から市松模様がどのくらい復元できるかをチェックする．

4.5.1 自然地震 (Natural earthquakes)

いわゆる逆問題の典型的な例となるのが，地震波到達時刻の観測値から震源を求めるインバージョンである．正確な震源決定は地震学の基本であり，観測点が地表や海底近傍に限定されているために震源を三次元的に取り囲めないので震源の緯度・経度より深さの決定精度が落ちる．これの克服が永遠のテーマでもある．海洋地震学として震源の真上近傍からの観測手段を提供するが，震源決定方法については，上記（4.3.3 節）した深さや浅部構造を考慮すること以外は，陸上と同様なので，他書を参照して何をどこまで正確に押さえるべきか調べてほしい（たとえば，Shearer, 2009）．

4.5.2 非地震性のプロセス (Non-seismic sources)

海底の雑音は，天候，季節，海域によって変動する．因果関係を知るには，長期的かつ広帯域に観測を実現しなければならず，多くの観測例はハイドロホンによるものである．近年，広帯域地震計による観測例も増えつつある（たとえば Webb, 1998; Shinohara *et al.*, 2006）．この雑音は種々の原因で発生する水の波の運動による．一般に海洋の大きさが波の発達を制約するが，加えて気候の穏やかさによって海域毎に脈動の周期帯のレベルが異なる．太平洋はレベルが高く，日本海は低い．

生物の活動，たとえばクジラの鳴き声も信号として入る．冷戦時代に建設された潜水艦探知のための海底ハイドロホンアレーは，現在では学術利用されるようになり，クジラの生態を見ることにも応用されている．ほかにも，包括的核実験禁止条約機関 (CTBTO) が運営する海底ハイドロホンネットワークがグローバルに約 10 点ある．海中は効率よく音波が伝わるので，日本近海でエアガンを鳴らしても東太平洋で聞こえることがあるほどである．

海底火山活動を，T 相（2.3 節参照）によって検知した例も報告されている (Norris and Johnson, 1969; Sugioka *et al.*, 2000)．このほか南極の氷が崩壊する音などさまざまな音が海洋を伝播している．

水中音波は，海水中の変化する温度構造によって伝播時間が影響されることから，逆に温度構造の変化をモニターすることもできる．

人工地震を用いて，たとえば同一ショット点・同一観測点間の走時の時間変化あるいは波形の変化を高解像度で見れば，潮汐や，地殻中の流体の移動あるいは地殻変動が及ぼす構造の微細な変化が見える可能性がある (Reasenberg and Aki, 1974).

4.6 第 4 章のまとめ (Summary of this chapter)

この章では，海洋でのデータを使う場合にほぼ限定し，かつ海洋地震学に特徴的とも言える地震構造探査のデータ解析の基本について概説した．とくに，観測波形に解釈を加えず，データ処理をして構造を求めるやりかたに関して，主に下方からの反射波を用いる場合と水平距離を伝播した屈折波を用いる場合について基本的なところを述べた．時空間的に密な観測データをそろえると，一定の条件のもと，フーリエ変換による周波数，波数領域での表現を介してのデータ処理が簡単になることを見た．二次元不均質も扱うためには，波動方程式の解に差分法を用いる．また，観測波形データの信号対雑音比を上げる，波形をシャープにする，多重反射波を除去する方法も見た．走時図を使ったトモグラフィーにも簡単に触れた．

観測データの質と量の向上は，陸上データの解析と同様のことができるようになるということでもあり，次章で例示する．本書では触れていないが，近年の観測データ量の爆発的増加と計算機処理能力の向上は，データ解析のやりかたを大きく変えつつある．たとえば，異なる地震の波形同士の膨大な比較から，似た波形を抽出して震源が互いに近い地震群を探し出して震源精度を上げ，時間変化を追うなどは，計算機とデータベースアクセスの進化なくしては考えられなかった．海洋観測データはまだデータベースの蓄積が進んでいない，つまり観測所がほとんどないのが現状であるが，いずれは，このような展開もできるはずである．

第5章　海洋地震学の実践

Marine Seismology at Work

"...seguid vuestra historia línea recta, y no os metáis en las curvas o transversales; que, para sacar una verdad en limpio, menester son muchas pruebas y repruebas."
Don Quijote, M. de Cervantes, 1615
（「...そんな脇道にそれたり曲がりくねったりせずに，物語をまっすぐに進めるのじゃ．なにしろ，真実を明らかにするためには数多くの事実をあげて，それを実証する必要があるのだから，道草を食わぬがよいぞ.」セルバンテス作，牛島信明訳「ドン・キホーテ」岩波書店）

自然地震をはじめとする地球の活動を海洋から観測した歴史はまだ浅く，広大な未知の領域が研究者の挑戦を待っている．

第1章で概観したように地球のダイナミズムは，不安定な構造として水平不均質を生じ，地震，火山，地殻変動などの活動となって現れる．海洋地震学はこれらの現象を海洋に観測の眼を置いて研究する．この章では，ここまで記してきた海洋地震学によってもたらされた知見のじっさいを見よう（図5.1）．

本章では，はじめに海洋底拡大説の枠組みとも言える，海洋地殻，それを形成する海嶺系，拡大とともに成長する海洋プレート，そしてその下部のマントルについて記す．次にプレートが沈み込んで大地震を起こす場を見る．さらに，海洋プレートは，海嶺軸からの拡大とともに冷却，沈降していくのが基本の見方であるが，マントルからの上昇流はホットスポット海山や海台を形成したり，沈み込み帯では海洋性島弧の生成を見たりもする．あるいは，背弧に縁海を開く過程もある．これら海洋底を現場とするダイナミクスは，海洋地震学によって明らかにされる不均質構造から推定・解釈できることを紹介する．

海洋地殻のマントルからの生成，海洋底拡大時や大陸との衝突による変形，マントルへの消失過程は，マントルの不均質構造の存在と不可分に違いない．海洋地震学の眼により地殻スケールのクローズアップからマントル対流のスケールまで俯瞰できれば，地球表層のプレートテクトニクスからマントルダイナミクス，そして地球全体を包括する新しい地球像が見えてくることが期待される．

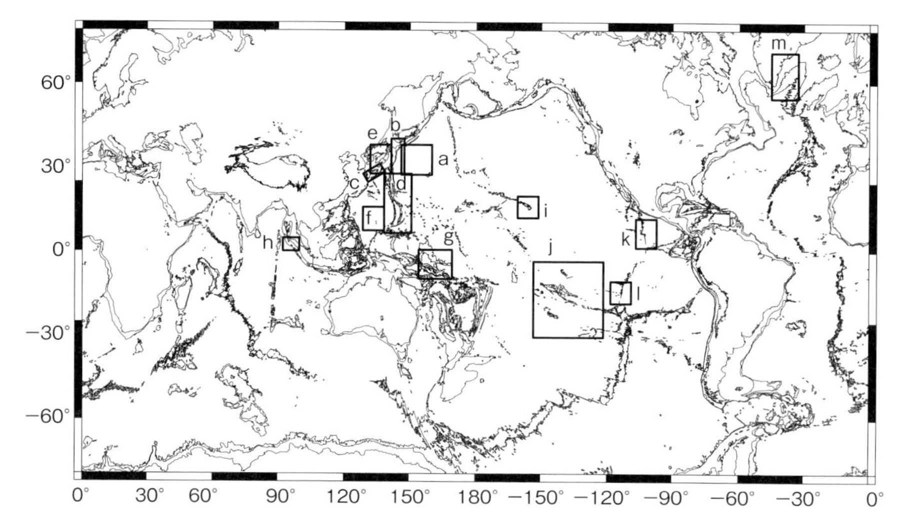

図5.1　本章が対象例として扱う海域
およその位置を四角で示した．西太平洋では，北西太平洋海盆 (a)，東北沖 (b)，南海トラフ (c)，伊豆・小笠原，マリアナ島弧系 (d)，日本海 (e)，フィリピン海 (f)，オントンジャワ海台とソロモン島弧 (g)，スンダ海溝 (h)；太平洋中央から東部では，ハワイホットスポット (i)，南太平洋 (j)，東太平洋海膨北部 (k) と中央部 (l)；北大西洋ではグリーンランド沖 (m) に注目する．

5.1　海洋底の拡大 (Seafloor spreading)

5.1.1　成長した海洋地殻 (Mature oceanic crust)

地震波速度構造 (seismic velocity structure)

White *et al.* (1992) は，海洋地殻の地震波速度構造について 90 年代までの結果をまとめた (表 5.1，5.2)．そのさいに海洋底拡大過程から外れるホットスポットや断裂帯の影響のありそうな速度構造結果は含めていない．

これによると，海洋地殻の堆積物を除いた火成岩の部分の厚さの世界平均は 7.08 ± 0.78 km となり，この底がマントルとの境界を成すモホ面である．この面を境に地殻側の第 2 層，第 3 層の P 波速度はそれぞれ 2.5–6.6, 6.6–7.6 km/s，マントル側は方位依存性もあるが平均的にはそれ以上の速さ

表 5.1 海洋地殻構造のまとめ

太平洋と大西洋で求められた海洋地殻の大まかな年代別の厚さ（White *et al.*, 1992 による）．厚さから海水と堆積層は除いている．各海域では平均の厚さは，>30 Ma の古い年代の方が数百 m ほど厚い．また拡大速度の小さい大西洋の地殻の方が太平洋の地殻に比べ厚い傾向がある．平均を求める標本数は観測測線数として示してある．

海域	地殻形成年代 Ma	平均の厚さ km	観測測線数
太平洋	<30	6.48 ± 0.75	18
	>30	6.87 ± 0.29	3
大西洋	<30	6.97 ± 0.57	7
	>30	7.59 ± 0.49	24
両海域	すべて	7.08 ± 0.78	52

表 5.2 平均的海洋地殻構造

表 5.1 の地殻構造の全域の平均像．厚さのおよそ 7 割が第 3 層である．

層	P 波速度 km/s	層厚 km
第 2 層	2.5–6.6	2.11 ± 0.55
第 3 層	6.6–7.6	4.97 ± 0.90
第 2 層 + 第 3 層		7.08 ± 0.78
最上部マントル	>7.6	

で 8 km/s 台を示すことが多い．第 2 層の速度変化は，深さとともに空隙が減少して本来の玄武岩の弾性波速度に近づくことを反映していると解釈され，掘削によって検証されている．

この平均モデルは大西洋，東太平洋の結果によっており，年代の古い西太平洋からのデータは，Duennebier *et al.* (1987) の 1 例しか含まれていないが，次に見る新しい結果（図 5.2）とも調和的である．

北西太平洋海盆で現時点でもっとも精度高く求められた速度構造は，OBS と第 2 層に設置した孔内地震計 (WP-2) によるものだろう (Shinohara *et al.*, 2008)．第 2 層内で速度勾配が減る様子，モホ面の特徴，最上部マントルの速度異方性が示された（図 5.2）．第 2 層と第 3 層とを合わせた厚さは 6.4 km であった．

上部マントルにおいては，地震波速度の方位依存性（異方性；第 2 章参照）が数%認識されることが報告されてきたが，この精度の高い研究でもそれが検証されており，P 波で 5%，S 波で 3.5%と報告されている[1]．この深さで

[1] 最大速度と最小速度の差と，平均速度との百分率．

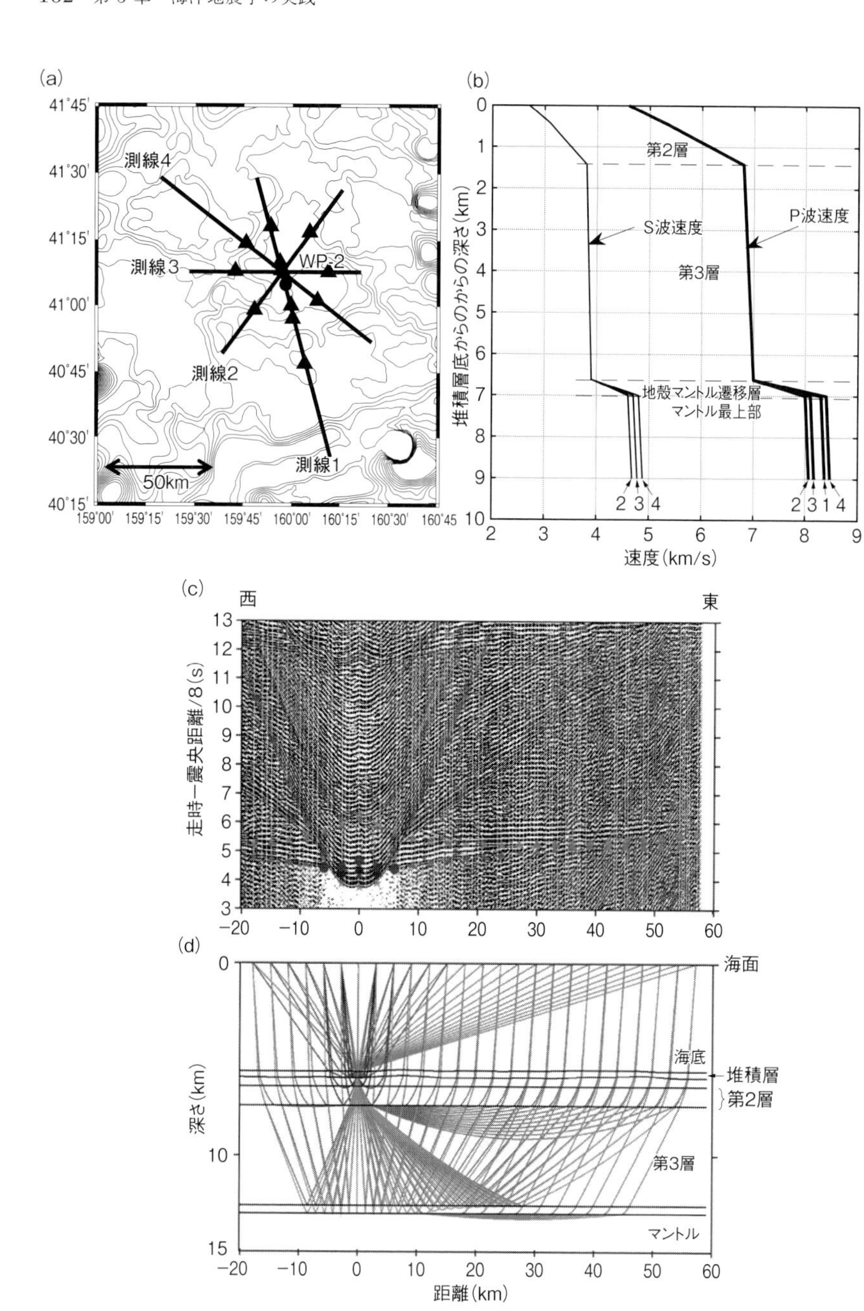
(a)
41°45'
41°30'
41°15'
41°00'
40°45'
40°30'
40°15'
159°00'
159°15'
159°30'
159°45'
160°00'
160°15'
160°30'
160°45'
測線4
測線3
WP-2
測線2
測線1
50km
(b)
堆積層底からのからの深さ(km)
速度(km/s)
第2層
第3層
S波速度
P波速度
地殻マントル遷移層
マントル最上部
2 3 4
2 3 1 4
(c)
西
東
走時－震央距離/8(s)
(d)
海面
海底
堆積層
第2層
第3層
マントル
深さ(km)
距離(km)

の異方性は，マントル構成岩石とされるかんらん石結晶がもつ異方性によって説明できる（第2章参照）．観測された異方性からは，プレート生成時にかんらん石結晶軸の地震波速度の大きい方向が海洋底拡大の方向を向く割合がおよそ20%であると説明できる．

プレート内部の地震活動 (intraplate seismicity)

プレートテクトニクスでは，地震活動はプレート境界を定義するように起きるとされるが，第1章で見たようにアジアから欧州にかけて陸の地震は広く分布している．すなわちプレートの内部でも地震活動がある．では，基本的に水深と年代が相関し，プレートの熱伝導による冷却モデルが成り立つような，また，剛体的に移動するように見え，したがって陸のプレート内部より均質に見える海洋プレートの内部は，地震が起こらないのであろうか．海洋プレートの境界から数百km以上離れた，境界からの影響が無視できると想定される海洋プレート内部での地震活動について，陸上観測による地震カタログを調査した結果では，海洋プレート内部にも震源が再決定された．しかし，それらの震央は，断裂帯などの地形異常に対応するようにも見えた (Wysession *et al.*, 1991)．このような不均質構造がない海洋プレート内部での地震活動はきわめて不活発のようである．

図 5.2 北西太平洋海盆の OBS 観測例と構造モデル (Shinohara *et al.*, 2008)
(a) 海底地形図上に示した OBS（三角）と人工地震（エアガン）測線（太線），WP-2（丸印）の配置．ここでは，海底の年代は東北東—西南西に沿って同じ（約 130 Ma）である．放射状の異なる方位の測線によって速度が規則的な方位依存性を示せば異方性の存在が検証できる．
(b) この実験から求められた P 波と S 波の速度構造モデル（海面から堆積層までを省いて表示）．海洋地殻内の伝播速度は，第2層内が急勾配で第3層では小さな勾配になる．モホ面は厚さが数百 m あってマントルに遷移する．マントルの地震波速度は測線（図中測線番号）の方位によって異方性が検知され，生成時の海洋底拡大方向におよそ直交する方位 140° の方向に P 波，S 波の速度が最大になる．
(c) 測線3に対する OBS 02-4（両端）の上下動成分の記録．横軸は，OBS 設置場所を原点にとった測線に沿う水平距離である．縦軸は走時と震央距離/速度 (= 8 km/s) の差をとって見かけ速度 8 km/s の相が水平になるように表している．
(d) 観測を説明する地殻モデル中の地震波伝播経路．距離 30 km くらいまでは第3層からの屈折波が初動に見え，モホ面からの反射波は後続波に見える．それより遠方ではマントルからの屈折波が初動となる．

海側のプレート内部で大地震となった例は，沈み込み帯の近傍で大陸プレートの相互作用による歪集中が起きている場所と目される（次節）．

5.1.2　活動する海嶺系 (Active ridge system)

構造 (structure)

海嶺はマントルからのマグマ供給，海洋地殻生成の場である．その過程を知るために，精密な面的な海底調査が行われ，加えて潜水艇や掘削による物質採取などのピンポイントの調査も合わせて行われている．これらの結果と地殻の地震学的構造とがどう整合するのか総合的に研究することが，海嶺系での海洋地殻生成過程の理解に必要である．

海嶺系は海洋中に7万5000 km もの延長距離をもつ海底山脈と言えるが，その拡大速度によって地形が異なる．大西洋のほぼ中央部を南北に縦断する大西洋中央海嶺 (MAR; Mid Atlantic Ridge) の中央部は両側に引っ張られて正断層群が発達し窪んだ谷を形成している．MAR は 2–4 cm/yr 程度の低速拡大である．一方，東太平洋海膨 (EPR; East Pacific Rise) は，窪みはなく，断層の発達も少なめである．EPR は 10–15 cm/yr 程度の高速拡大である．拡大速度の小さい海嶺の方が拡大方向の地形の変化が激しい．遅い方が拡大に比してマグマ供給が不十分なため割れ目が生じていて，速い方は山脈を形成するに十分な供給があるためと見られている．

では，海洋地殻を形成しつつあるマグマの存在と分布は，海洋観測によって検知できるだろうか？　EPR での反射法地震探査（50 m 間隔 48 チャネルのストリーマーと 29 L のエアガン）により，海底から 1.2–2.4 km 下に海嶺軸に沿って数 km の幅で数十 km スケールでつながる特徴的反射面が見つかっている（Detrick *et al.*, 1987; 図 5.3）．マグマであるという判定には，屈折波も観測できる2船法実験[2]によりこの深さで地震波速度が低速度になること，反射法の記録で波形の極性が反転している場合のあることを用いた．反射の相手側がより低速度であると極性が反転するからである．このようにして海嶺軸沿いのマグマ溜まり (AMC; axial magma chamber) の境界面が見つけ

[2] expanding spread profiling：エアガンの発振船とストリーマーの受信船との2船を用いる．広角反射法とも呼ばれる．

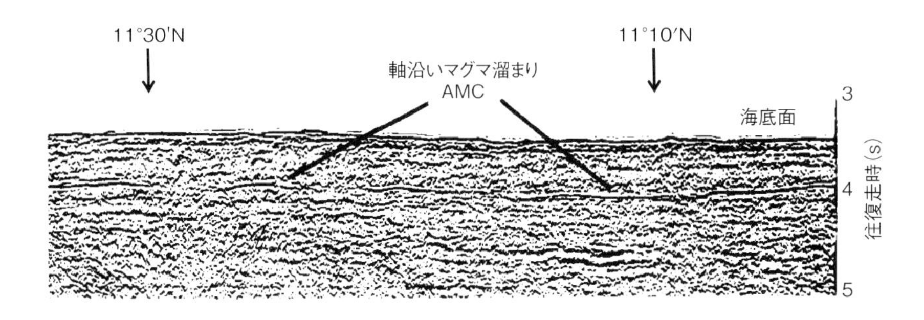

図 5.3　海嶺軸直下に連続するマグマ溜まり
マグマ溜まりの天井を示す反射面が見られる東太平洋海膨 (EPR) の 11°N 付近の反射法断面図（Detrick *et al.*, 1987 による）.

られる場合がある.

これらの海嶺系は，およそ数百 km ごとにトランスフォーム断層（第 1 章）によって断ち切られ，軸は不連続になっている (segmentation). 詳しい地形調査から，このセグメンテーションは数十 km 以下のレベルまであることがわかってきた. 拡大軸の切れ目でトランスフォーム断層を挟むのではなく，図 5.4 にあるように，重なりを生じている場合もあり，重複拡大軸 (OSC; overlapping spreading center) と呼ばれる.

これを調査した EPR における調査例 (Dunn *et al.*, 2001) を紹介する (図 5.4). このようなセグメンテーションの原因がマントルからのマグマ供給の変動を表すのか，それとも表層のテクトニクスによって拡大軸が分かれているのかという問題に決着をつけるために，OBS とエアガンを用いてこの場所の地殻構造を三次元的に調べた. ここで 2 列重なっている海嶺軸は距離 27 km ほどあり，軸間は 8 km あいている. 図 5.4 から，海嶺軸からモホ面の直下までの構造を確実に通過する地震波が観測できるように，測線の配置が工夫されていることが見てとれる. 一般に，地震波は周囲より低速度の部分を迂回して最短波線を選ぶのでそれを考慮している. 結果は，深さ 7 km のマントル最上部では，OSC に関わりなく南北にスムーズに低速度領域が連なった（図 5.4 (b)). すなわち，マントル最上部には海底に重複拡大軸を作るような 2 列に分かれる不均質はなかった. このことから，OSC は表層のテクトニクスによって形成されると示唆される. これとは別に，マントル最上部の

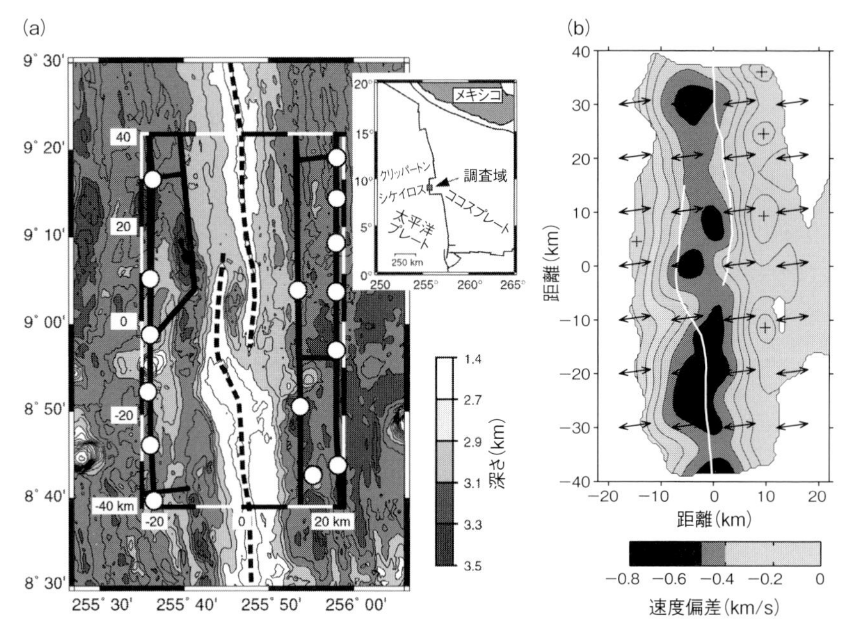

図 5.4　重複する海嶺軸（破線）での地殻構造調査例 (Dunn *et al.*, 2001)
(a) 東太平洋海膨 (EPR)，クリッパートン (Clipperton) 断裂帯とシケイロス (Siqueiros) 断裂帯の中間に位置する調査範囲 (40 km × 80 km) を示す．OBS（白丸）と測線（黒太線）．
(b) 最上部マントルにあたる深さ 7 km での水平不均質構造（7.8 km/s からの偏差）．+ で示した領域では 7.8–7.9 km/s．矢印は方位異方性の速度の大きい方向を示す．南北端域の構造解像度は中央部に比して低くなる．

方位異方性も求められ，ほぼ一様に 5–7%拡大方向に速いことが示された．

次に，新しい海洋地殻を作るマントルからの作用を調べるために，よりスケールの大きなマントル対流の上昇流と海洋底拡大の始まる海嶺軸とがつながる様子を見よう．これを調べるには，数百 km オーダーの深さを対象として，遠地自然地震データを海底で観測することが必須になる．人工地震では調べたい上部マントルの深さまで信号が届かず，また海嶺付近には，信号源に利用できる深い自然地震もない．

ここでは，OBS が 3000 km 以上の遠地地震を EPR 近傍でとらえて得た数十 km スケール以上の大局的構造を紹介する (The MELT Seismic Team, 1998; Toomey *et al.*, 1998)．この実験は，MELT (Mantle Electromagnetic and Tomography Experiment）と呼ばれ，日本からも海底電磁気観測に参加した．大規模かつ当時の測器の限界に挑戦した野心的な地震電磁気合同観測であった（図 5.5(a)）．ここでは地震観測の結果について述べる．

P，S 波の OBS アレー観測では，遠地地震 20 個からの数～20 秒周期の波に注目して平均地球モデルからの走時との差を求めて，それが観測点間でどう変化するか求めることができた（図 5.5）．その結果，P，S 波速度ともに，海嶺軸の両側 ±400 km の間，深さ最大 200 km まで，平均地球モデルより低速度の領域が広がる．詳しく見ると，低速度の中心は海嶺軸の西側 20–40 km 辺りにずれる（図 5.5(b)）．海嶺軸の両側ほぼ 100 km の範囲では走時差の変化は小さく，これはマントル上昇流がその幅に存在することによると推定された (The MELT Seismic Team, 1998; Toomey *et al.*, 1998).

さらに，S 波については，異方性によって生じる S 波の分離 (splitting)（図 2.12 参照）が軸の西側で顕著に観測された．また P，S 波ともに，拡大方向の向きに速く，海嶺軸に平行な向きに遅かった．このほか，レイリー波の観測結果も整合的であった．第一義的には，海嶺軸での海洋地殻生成は，深さについては上部マントルに限定されるが，水平方向には広範囲の構造が関与していることから，狭い領域に限定された能動的な上昇流ではなく，受動的に水平の流れが生じているモデルが支持された．構造の東西の非対称性は，太平洋プレートとナスカプレートの境界である海嶺軸がマントルに対して西側に移動していること，あるいは海嶺軸から離れたところにあるホットスポットへ上昇流があること，などの影響が示唆されている (Toomey *et al.*, 2002).

海嶺，トランスフォーム断層帯の地震活動 (seismicity at ridges and transform faults)

一般に，地震発生の深さは，その場の温度によって規制され，プレートの脆性的振る舞いの限界を示すと考えられ，じっさいプレートの年代が若いほど震源は浅くなる (Wiens and Stein, 1983)．海嶺はもっとも高い温度のため，断層サイズが規制され大きな地震が起きない．また，海嶺軸沿いの地震は正断層型で，トランスフォーム断層では横ずれ型になる．このようにプレート境界の違いは，発震機構の違いにも現れる．

海嶺の近傍で小さい地震がいったいどのような頻度と分布を持って発生し，温度構造さらには，海嶺の拡大過程とどう関連しているかは，OBS による現場観測が必要になる．拡大速度の小さい（< 約 4 cm/yr）海嶺軸沿いに起きる地震（$M5$ クラス）は正断層型で震源の深さは 6 km 以浅と推定されている (Huang and Solomon, 1988)．拡大速度が大きければ地震を起こしうる低温領域がより限定されていると推定できる．拡大速度が大きい (>10 cm/yr) 東太平洋海膨の調査によると，海嶺軸沿いの微小地震はきわめて限定された深さ (<1.5 km) でしかも熱水活動の活発なところで起きている (Sohn *et al.*,

(a)

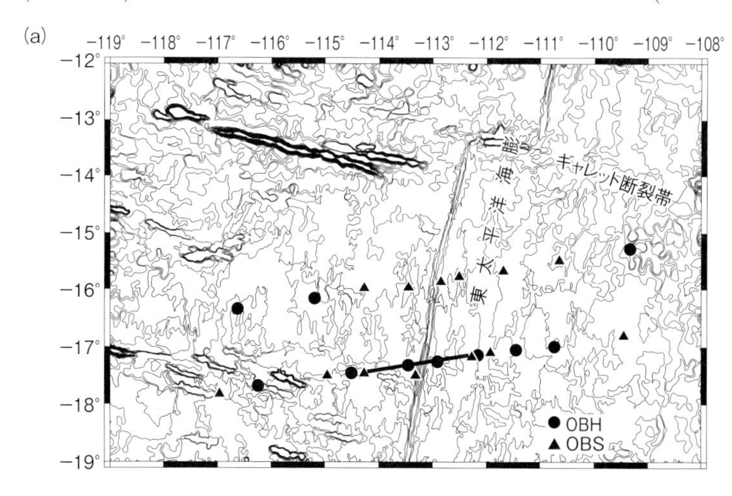

(b)

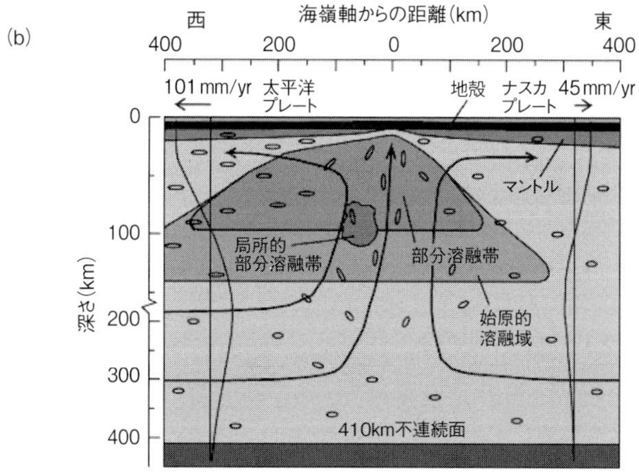

1999; Tolstoy *et al.*, 2006). さらにEPR 9°50'N 海嶺軸では, 2006年の熱水噴出イベントより約2年半前から地震活動が高まり噴出イベント後下がるという因果関係を示唆する一連の活動が観測された (Tolstoy *et al.*, 2006).

トランスフォーム断層帯の地震は, 海嶺軸沿いの正断層ではなく横ずれ断層によるのが特徴である. 陸上観測によって決めた震源の深さをプレートの推定温度構造と比較すると, およそ600°Cあたりが地震断層すべりとなる高温限界と見当がつけられている. この温度面は年代とともに深くなるので, 震源の最大深さは年代に依存することになり, 断層面積も大きくなりうる. トランスフォーム断層帯では, 20 km の深さに及ぶ報告例もある (Abercrombie and Ekström, 2001). じっさい, $M\,7$ クラスの地震も起きている.

McGuire (2008) は, EPR のトランスフォーム断層で発生した7年間の46個の $M\,6$ クラスの地震活動のなかで, じつは同じ場所で繰り返されたペアが16例あって, しかもそれぞれのペアが5年の間隔をもっていることを見つけた. 地震発生の周期性である. これを踏まえて, 詳しい OBS 調査が EPR 4°30'S 付近のゴーファー (Gofar) トランスフォーム断層に沿って行われ, 2008年の8–12月の間に2万2000個の震源を決定した. 震源の深さは15 km 以浅で, 5 km 以浅に集中した. それによると, 上記の周期的に発生す

図 5.5 東太平洋海膨 (EPR) 下の上部マントル構造モデル (The Melt Seismic Team, 1998)
(a) MELT 実験展開図. OBS は海嶺軸の両側それぞれ 400 km に広げて 15–16°S, 17–18°S に2列配置した. 遠地の自然地震分布から大円経路に並ぶように海嶺軸とは斜交して配置している. 三角は OBS で丸は海底ハイドロホンを示す. 実験は1995年11月から51台の OBS を動員して6カ月観測した. 拡大速度が 14.5 cm/yr と最速の部類の拡大軸なので, 上昇流は受動的な垂直流を予測した. 水深は軸部の約 2000 m から両側に沈降し約 4000 m になる.
(b) 求められた総合的な 17°S の東西断面の模式図. 海嶺軸より西側に広がる太平洋プレートはホットスポットを基準にすると 10 cm/yr 西方に拡大し, 東側に広がるナスカプレートは 4.5 cm/yr 東方に拡大する. 低速度域は 150 km より浅い部分に非対称な三角形状に分布し, 濃い灰色部分ほど低速度である. 小さな楕円の長軸の方向と扁平度は, マントルを構成するとされるかんらん石結晶軸の並びによる速度が大きい方向 (2.3節) と並びのそろい方の度合いの定性的な表現. マントルの地震波速度構造は, 海嶺軸の西側で走時の遅延と異方性が顕著である. それは東西非対称な対流の流線 (矢印のある曲線) を示唆する. また, 走時の遅れは, 溶融の存在がないと説明できない. 拡大速度表記の下の曲線は, その位置での深さ方向の対流の東西水平速度分布の推定を示し, 深さ 200 km 辺りではプレート拡大方向と逆の流れである. 流れの速さは東西に非対称で, 西側で大きい.

る中規模地震（M_W6.0 程度）のタイプの一つと判定される地震 (M_W6.0) が2008 年 9 月に発生した．このとき，これを主震とする顕著な前震活動が主震の震央の東側に分布し，また西側には 12 月になって群発的な活動が見られた．この一連の活動から，前震，主震，群発地震が空間的に重ならず隣り合っていることがわかった (McGuire *et al.*, 2012)．さらに前震活動のあった断層域では，主震の 1 週間前に S 波速度が 3%低下したことから，地殻内の水の動きを反映して地震のタイプ（前震 – 主震 – 余震系列と群発型）が分けられていると解釈された．周期性が予想でき，地震発生の深さが限定されている横ずれ断層帯で，前震から主震を予測できることを示したことになる．中規模地震の高い周期性からこのような OBS 観測をタイミングよく実行できたわけだが，OBS 観測結果は，さらに，小規模の地震まで合わせた高精度の時空間分布と流体移動を関連付けられることを示した．

5.1.3　大陸分裂の痕跡 (Traces of continental breakup)

大陸の分裂は将来の海洋底拡大軸の両側で大陸地殻が引っ張られて薄くなることから始まると考えられている．たとえば，アフリカ大陸の東アフリカ地溝帯はまさにその始まりの現場と見られる．大陸地殻が割れるように引っ張られると，原因もしくはその結果としてマントルからの上昇流が起きる．地殻の薄化が続くとアイソスタシーで沈降し，大陸地殻が割れたところに新しい地殻，すなわち海洋地殻を形成する過程が始まる．海洋底拡大軸が形成されるまで，つまり大陸地殻が薄く伸ばされ，マントルからの上昇流がそれを埋めたのち，継続的な海洋底拡大に移る前の様子は，大陸縁辺部に記録されているはずである．

そのような縁辺域が顕著にあるのは，北大西洋をはさんで 60 Ma 頃に大陸分裂して分かれたグリーンランドとノルウェー沖である．この海域では大西洋の拡大した過程を探るために海洋地震学の実験が行われてきた (White *et al.*, 1987)．ノルウェー沖側では，日本の OBS チームも貢献をなしてきた（たとえば Kodaira *et al.*, 1995; Mjelde *et al.*, 2003）．

反射法地震探査により，大西洋をはさんだ両海域で海側に傾斜する特徴的な反射面群が見つかっている (Mutter *et al.*, 1982)（図 5.6）．これはマントルから地表に吹き出した火成活動が分裂軸近くになるほど新しくなるためである．OBSに期待がかかるのは，これらの反射面群の下の下部地殻から最上部マントルの速度構造を明らかにすることである．大陸地殻を割ったマントルからの火成活動の痕跡を見つけたい．実際に調べると，大陸縁辺部の下部地殻ではマントルからの急速な岩石付加作用があったことを示す7 km/sを超える速度の層が特徴的に見つかる（図5.6(d)）（5.3.2の縁海の項参照）．

ここでは，グリーンランド側で行われた観測実験の例を示す (Korenaga *et al.*, 2000)．この論文で解析された測線2ではグリーンランドの陸上から大西洋拡大の磁気異常が観測される海底までの350 kmの距離をとり，海域ではMCS反射法とOBS/OBHを併用した（図5.6）．陸上に8台，海域は18台で屈折法データを得た．人工震源は総容量約140 Lのエアガンアレーの50 m間隔のショットである．MCS反射法記録から，海側に傾く反射層群 (seaward dipping reflector sequence; SDRS) が，陸から160 kmほどの水平距離範囲に認識される．もっとも海側でもモホ面からの反射波が見えている．

得られた地殻構造モデルには，陸の30 km厚から海側の9 km厚に変化する水平不均質な地殻構造が描き出された（図5.6）．Korenaga *et al.* (2000) は，地殻の火成岩の厚さが海側に薄くなっても，その地震波平均速度はおよそ7 km/sと保たれることに注目した．岩石学からの知見では，マントルからのマグマ上昇流に変化がなければ，地殻の厚さと平均速度とは，温度圧力条件から，およそ比例する．一方，この比例関係は，マグマ上昇流が受動的なほど，同じ地殻の厚さでも平均速度は大きくなる (Holbrook *et al.*, 2001)．これらから，厚さが年代とともに薄くなる過程で平均速度が小さくならなかったのは，大陸分裂初期に活発だったマントルからの能動的なマグマ上昇流 (56 Ma) がだんだん受動的に変化した (43 Ma) ためと推定された．

5.1.4 海洋プレートと上部マントル (Oceanic plate and upper mantle)

海洋底拡大とは海洋プレートの移動成長のことでもある．海洋プレートはマントル対流の地球表層側にあるわけだが，下側のマントル構造にどのようにつながるのだろうか．はじめに，海底で広帯域地震観測が可能になった以前の知見をおさらいする．

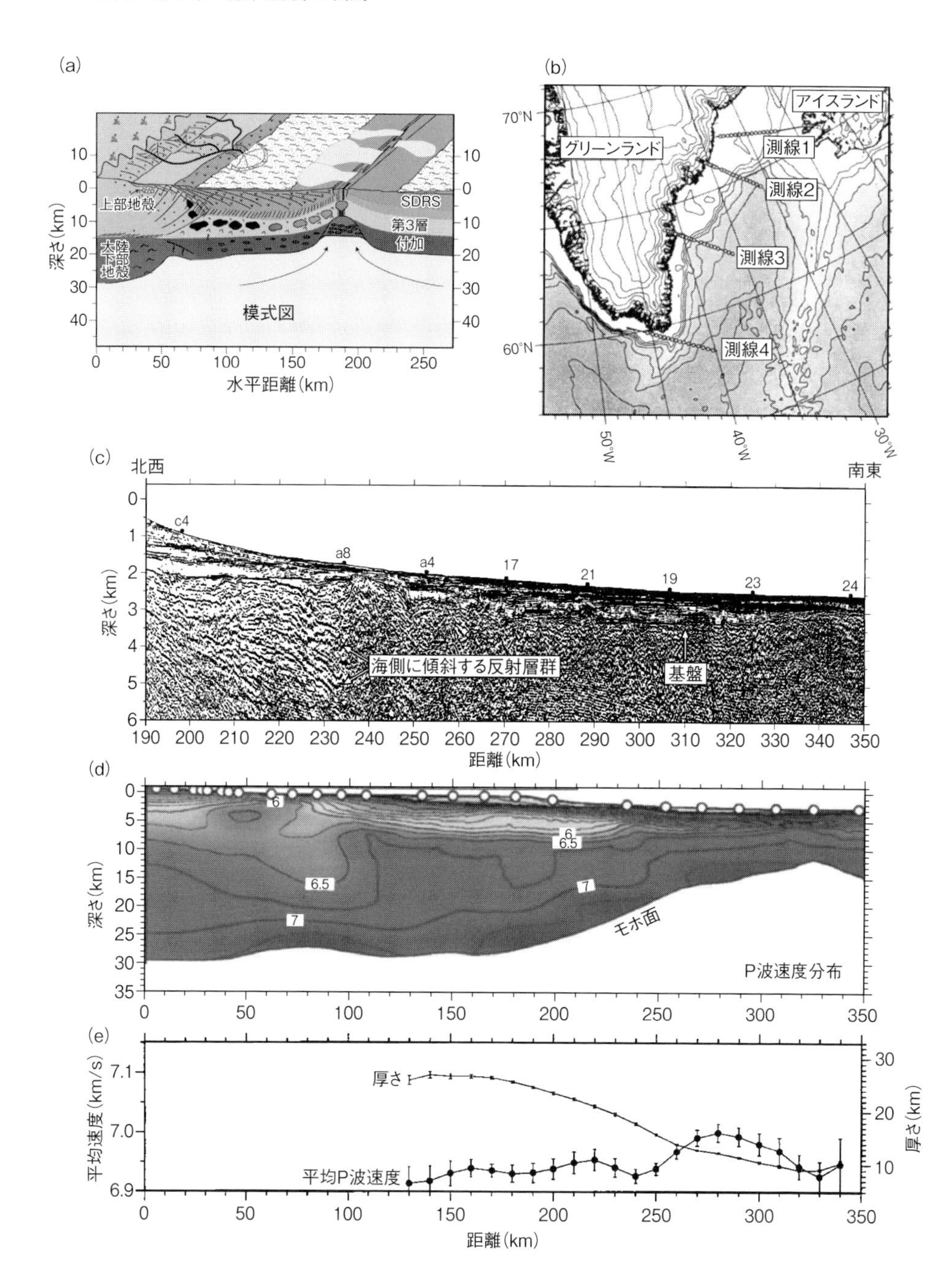
(a)
上部地殻
大陸下部地殻
SDRS
第3層
付加
深さ(km)
模式図
水平距離(km)
(b)
アイスランド
グリーンランド
測線1
測線2
測線3
測線4
70°N
60°N
50°W
40°W
30°W
(c)
北西
南東
海側に傾斜する反射層群
基盤
深さ(km)
距離(km)
(d)
深さ(km)
モホ面
P波速度分布
(e)
平均速度(km/s)
厚さ(km)
厚さ
平均P波速度
距離(km)

◆以前の海洋プレート像 (previous view of oceanic plate)

陸上観測データしかない時代は，プレート境界の地震からプレートを長距離伝播した表面波を用いた研究によって海洋プレートの構造が推定されていた．大陸プレートも含む水平不均質構造を逆問題としてテクトニックな領域の違いに分解して，プレートの厚さと年代の関係，さらにプレートの拡大方向に依存する異方性の研究が行われてきた．大洋底の年代は OBS 観測以前から海底掘削と地磁気からわかっていた．

そもそも地震波速度構造においてプレートの下限を示すと期待されるのは，S 波速度が深さ方向に小さくなる低速度層の存在である．歴史的には，Gutenberg (1948) は上部マントル中の低速度層を実体波の観測から主張していたし，Kanamori and Press (1970) は，表面波から低速度に変化する深さを調べて海洋プレートは大陸プレートよりずっと薄く 70 km 程度の厚さと求めた．Leeds *et al.* (1974) は，表面波の分散構造（2.1.2 節参照）を海底年代別に見て，太平洋プレートは少なくとも 150 Ma まで成長を続けて 100 km 以上の厚さになるとした．以後，現在までさらに深部の違いがどこまでどのようにあるのか追究が続いている．

その後，レイリー (Rayleigh) 波とラブ (Love) 波とからでは異なる結果，すなわち，SV 波と SH 波とで速度値の異なることが，SV 波と SH 波の直交する振動方向による速度依存性として見出され，「偏光」(polarization) 異方性を求める研究が進められた．たとえば，海嶺以外では，SH 波の方が SV 波よりおおむね大きい速度をもつため，水平の流れに沿ったマントル成分のかんらん石結晶の配列が示唆された．

このように，海洋リソスフェアの構造は，偏光異方性と方位異方性，不均質（とくに陸上観測データに不可避な大陸伝播部分），および深さによる速度変化，さらに地震波減衰の構造と，多数の決めるべきパラメターがあるため，制約なしに一意的に決めることは困難である．このため，Leeds *et al.* (1974) の推定よりリソスフェ

図 5.6 グリーンランド海陸測線実験
北大西洋分裂拡大の過程を探るため，4 測線について反射法と屈折法による探査が行われた．
(a) 大陸分裂時の過程の模式図 (IODP, 2001)．
(b) 測線図．ここでは測線 2 による結果を見る（Korenaga *et al.*, 2000, 以下同）．
(c) 反射法断面図の陸側（左）から海側に向けて海側に傾斜する反射層が幾重にも見える（(a) 中の SDRS)．
(d) 測線 2 に沿った二次元構造モデル．OBS，OBH の位置は丸印．P 波速度分布は速度コンター (km/s) とその間の速度変化を濃淡で表している．火成活動の痕跡と見られる特徴的な高速度層は，下部地殻の 7.0–7.5 km/s の部分である．
(e) 二次元構造モデル (d) から SDRS より海側に変化する地殻火成岩部の厚さと地殻中の速度分布の平均 P 波速度の変化を抽出すると，厚さが海側に薄くなるのに対して，平均 P 波速度には大きな変化がない．これの説明には岩石学の知見が必要となる（本文参照）．

アの厚さが半分という推定もある (Regan and Anderson, 1984).

海洋での地震観測は，おもに小型の速度型地震計を用いた実体波の短周期観測が先に進んだ．プレートの存在の検証が問題であった70–80年代に，日本の研究者が海底地震観測により海洋プレートの実体に関する現在にも通用する画期的な結果を得ているので概要をまとめておく．

海上で火薬を発破し，1000–1800 km スケールの長い測線距離をとって海底地震計を数台並べて記録をとる実験が，LONGSHOT と名づけられて6回 (1974–1980) 北西太平洋，東マリアナの海盆部で行われた (Asada *et al.*, 1983)．さらに LONGSHOT-7 にあたる実験が1986年に行われた．これらは，わずか1 kg の火薬発破による信号でも，海底下なら90 km もの距離を数 Hz の周波数帯の波が届くことが，浅田敏の率いるグループの1971年の実験でわかったことから始まった．すなわち，プレートスケールの構造が人工地震の海底観測によって解明する道が開かれた．

北西太平洋での結果 (LONGSHOT-2) は，プレート内部の低速度層を示唆する走時から，プレートの内部構造が単純でないこと，厚さが少なくとも約90 km あることが示された（たとえば Shimamura, 1984）．

一方，年代からは厚いと推定される東マリアナ海盆（約160 Ma）では，北西太平洋の場合ほど遠方からの信号が明瞭でなく，信号の表れ方の違いがプレートの厚さが有意に薄いためかそうでないのか解釈が分かれた (Nagumo *et al.*, 1981; Asada *et al.*, 1983)．現在でも，北西太平洋（約110–140 Ma）下と異なる構造である理由はわかっていない．少なくとも古い年代のプレート同士でもその下のマントル構造に違いがあることを示している．

もっとも注目を集めたのは，マントルの深さに及ぶ異方性の証拠であった．複数の実験結果を総合して $V_p = 8.15 + 0.55\cos 2(x - 155°)$ と方位 (x) によって変化する式を求めた (Shimamura and Asada, 1983)．この速度の方位依存性は磁気異常の縞模様に直交する方向にもっとも大きいが，現在のプレート移動方向とは異なる．このように，大規模な上部マントルに及ぶ構造の地域性と異方性の存在を示したことが長距離発破実験の大きな成果である．

最近の知見 (recent results)

その後の技術革新によって観測の窓は広がり（第3章），位置精度，時刻精度も上がり，99年から今世紀初頭にかけて大洋底での観測実験が進められた．それは海半球計画と呼ばれ，国際深海掘削計画 (ODP; Ocean Drilling

Program, 1985–2003) と連携して広帯域地震計を海底掘削孔内に設置し，数年にわたる高品質のデータを取得した．その広帯域地震計のデータと OBS とを合わせた北西太平洋海盆のリソスフェアに関する結果 (Shinohara *et al.*, 2008) によると，新たに S 波速度の結果も得て，上記の Shimamura and Asada (1983) の結果を支持した．また，前節（5.1.1 節）に示した最上部マントルの P，S 波異方性は，深さ方向に大きくなることが遠地地震の走時の方位依存性より示された（図 5.7）．さらに，深さ 80–210 km の範囲がマントル内低速度層を形成していることが示唆された．

このことは，プレートは地震学的にどう見えるか改めて考えさせることになった．リソスフェアがレオロジーの挙動を分ける温度境界層だとする考えによれば（第 1 章参照），プレートの底には，地震波の相変換（P から S，S から P）を起こすような不連続な速度変化はないと予想される．上記の表面波の観測結果についても不連続な速度変化は必須の要請ではない (Nishimura and Forsyth, 1989)．

ところが，最近になって Kawakatsu *et al.* (2009) は，WP-1，2 観測点の孔内地震計が蓄積した自然地震データの解析から，リソスフェアとアセノスフェアの境界が地震学的な速度不連続面であると報告した（Kawakatsu *et al.*, 2009; 図 5.8）．WP-1，2 観測点に対して複数の遠地地震から入射してきた地震波には，この不連続面による P(S) から S(P) への変換波が励起されていた．これを海洋プレート全体に敷衍できる観測事実として説明するためには，部分溶融を考えるなど不連続を形成する物質科学的理由が要請される．また，太平洋プレートとフィリピン海プレートの年代の異なる (25, 50, 130 Ma) リソスフェアの厚さ（およそそれぞれ 55, 76, 82 km）の変化は，プレートの年代による冷却曲線に合うことが示された．

海洋プレート下の上部マントル (upper mantle beneath oceanic plate)

数十台規模の広帯域海底地震計 (BBOBS) を 1 年程度設置することが可能になり，とくに陸上観測網からだけではほぼ見えない上部マントル構造に海洋地震学のメスが入るようになった (Suetsugu and Shiobara, 2014)．観測期間が長いほど記録される自然地震の数が増える．$M5$ 以上の世界の地震の年間

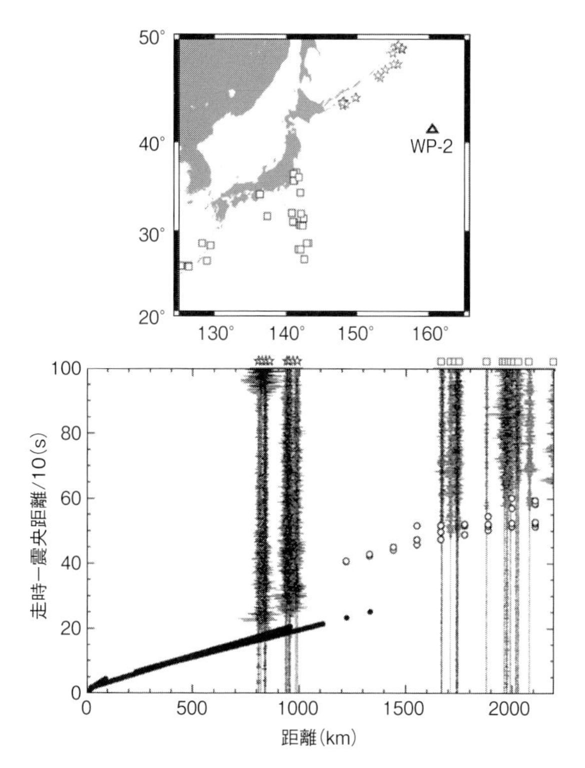

図5.7　北西太平洋の広帯域孔内地震観測点 WP-2 で観測された遠地地震からの観測走時 (Shinohara *et al.*, 2008)
上：地震計の位置と観測された自然地震の震央を示す.
下：WP-2 に対して震央距離 800–1100 km の星印の地震からは北西—南東方向の波線が観測されるのに対し，1600–2100 km の震央距離の四角印の地震群からは南西—北東方向となり，およそ互いに直交する．走時を説明するには，図 5.2 の地殻および最上部マントル構造に加えて，深さ 210 km 以深まで標準モデルと異なる速度を仮定する必要がある．速度の遅い向きの走時（白丸）は，深さ 30–210 km の範囲で P 波速度が 7.8 km/s の低速度であれば説明できる．深さ 210 km 辺りには変換波の存在から速度不連続面が推定され，低速度層の底とされた．速度の速い方向の走時（黒丸）を説明するには，P 波速度が深さ 80 km まで標準モデルより速い 8.4 km/s とすればよく，異方性が少なくとも深さ 80 km までは及んでいる.

平均発生数は 940 個あり，$M6$ 以上は年間平均 140 個になる．自然地震の主たる発生場所であるプレート境界が信号の発信源であり，研究の対象によって BBOBS の設置域が決められる.

地震学による上部マントル中の顕著な 410，660 km 不連続面（図 1.4）の

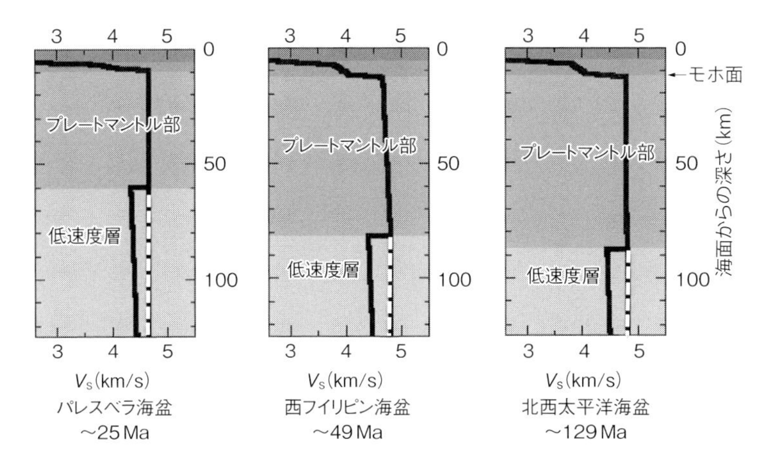

図 5.8 西太平洋域に推定されたリソスフェアの底（Kawakatsu *et al.*, 2009 より）
フィリピン海中央部と北西太平洋海盆の 2 点の孔内地震計データから海洋リソスフェア下部の低速度層の存在が求められた．各パネルの黒線が求められた速度変化．プレートマントル部の速度を深さ方向に延長した速度構造（白い破線）では観測を説明できない．左：フィリピン海九州パラオ海嶺東側のパレスベラ海盆下の構造．中：同西側の西フィリピン海盆下の構造．右；北西太平洋海盆下の構造．これらからプレートの年代により低速度層の始まる深さが深くなることわかる．

同定は，マントルを主に構成するとされるかんらん石の相転移と対応づけられるので，マントル物質とその置かれた温度圧力条件を制約する重要な指標である．Suetsugu ら (2005) は，フィリピン海下の 660 km 不連続面が，この標準の深さに比して 9 km 程度深い結果を得た．このことは，660 km の深さの温度場が 100°K ほど平均より低いことに相当する．一方，北西太平洋海盆での同様の解析結果は，世界標準モデルと調和的な結果である．マントルの低温度が示唆されたフィリピン海下には，深く沈み込んだプレートが想定されるので，その影響を見ている可能性がある．

表面波データも望んでいた海底で得られるようになった．たとえば BBOBS をフィリピン海に設置してフィリピン海全域の表面波による S 波構造も得られた (Isse *et al.*, 2006a, 2009, 2010)．このような空間密度の高いデータを用いれば，構造の水平不均質が表面波の経路を変化させることも織り込んだモデル計算もできるようになる．

BBOBS のデータから，伊豆・小笠原海溝とマリアナ海溝を境に深さ 40–

80 km のマントル中の地震波速度は明瞭に太平洋側が速い．フィリピン海内部では，年代の古い西フィリピン海盆下の上部マントル速度が速い．この研究の解像度は表面波を利用していることもあり，水平距離で 300–400 km の分解能であるが，さらに分解能を上げた成果が今後期待される．このように，マントルを巻き込んだダイナミクスが議論できるようになったのは，大きな進歩である．

5.2　海洋底の沈み込み (Seafloor subduction)

海洋プレートの沈み込み場に置かれている日本列島は，四方の海も含めて海洋プレートの沈み込み過程によって形成され，地震，火山活動が活発である．海溝の海側から屈曲し始め，海溝軸から陸側に向けて陸側プレートの下のマントル中にまで，地震発生を伴って入っていく（1.3 節，図 1.5）．とくに相接するプレートの境界に相互すべりがある深さ数十 km までの構造とダイナミクスが，被害を及ぼす地震津波の発生様式を決めているし，列島の造山活動にも影響する (Wang and Suyehiro, 1999)．この海洋プレートの沈み込み過程の実態を知ることは，科学的探求心のためのみならず生活の営みにも直結する重要性をもつ．

5.2.1　水平不均質構造と地震活動 (Heterogeneity and seismicity)

プレート境界の不均質構造 (structural variations at subducting plate boundaries)

沈み込みプレートが海溝海側から陸へ沈み込む深さ 10 数 km までの様子を調べるには，速度不連続面に敏感な反射法探査が適しており，70 年代後半から 80 年代にかけて南海トラフ，日本海溝などでの反射法地震探査が，沈み込みの様相を描き出した (Aoki *et al.*, 1983; Moore *et al.*, 1990)．

図 5.9 からは南海トラフで沈み込むプレートとともに堆積物が沈み込まず，陸側に付加 (accretion) されている姿が確認できる．そして，海洋プレートの最上部の堆積物がトラフ軸より陸側へと連続し，変形を見せていることに気がつく．付加された堆積物は陸側で変形していくつもの逆断層群をつくる（図 5.9）．デコルマン（décollement すべり面）と呼ばれる反射面がプレート

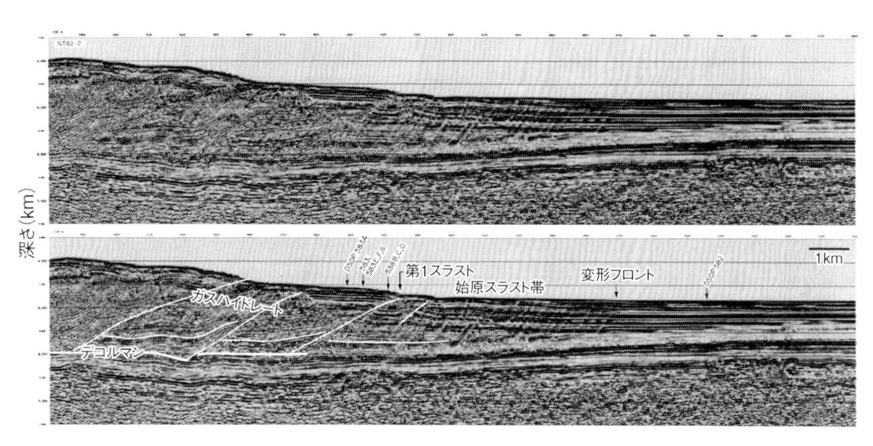

図 5.9　南海室戸沖の反射断面モデル (Moore *et al.*, 1990)
（上）デプスマイグレーションした記録．（下）上図に解釈を加えた．海側堆積物がトラフにさしかかり変形が始まる様子，すべり面（デコルマン）の形成，陸側堆積物中の逆断層では海側ほど新しい断層が形成されていく（始原スラスト帯）のが見てとれる．

のすれ違う境界面となる．同様の探査は世界的にも多数展開されている．

この反射法断面図が描きだしている像は，地質学的には以下のように説明される．南海トラフでは日本列島から侵食され海に運ばれた堆積物が，四国海盆の遠洋性堆積物と合わせてプレートの沈み込みによって西南日本弧に付加される．この作用によって白亜紀以来形成された付加体が九州南部から紀伊半島にかけて分布している（たとえば Taira, 2001）．海洋で進行しているプロセスが陸の形成作用にもなっているわけである．海洋地質学では，これを海底調査，試料採取によって実証しながら，沈み込みの浅い部分での実体と，変形と物質移動をもたらすテクトニクスを論じてきた．一方で，日本海溝，あるいは中米コスタリカ沖のようにこの付加作用がほとんど見られない沈み込み帯もある．この違いと地震発生との関係など論じられてきているが，明快な説明はまだない．

南海トラフ（図 5.10）では，1944 年東南海地震あるいは過去に繰り返されたであろう巨大地震の断層部分と解釈される反射面が複数見えている (Park *et al.*, 2002)．この図にある冷湧水は，断層を流路として上昇してくる流体路が海底に出たところで，日本海溝ほか広く沈み込み帯で確認されている．80 年代以来の海底潜航調査によりこの場所に海底の生物コロニーが発見され，

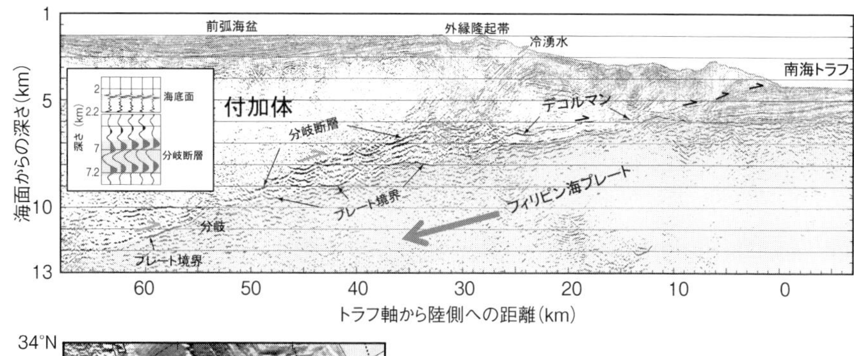

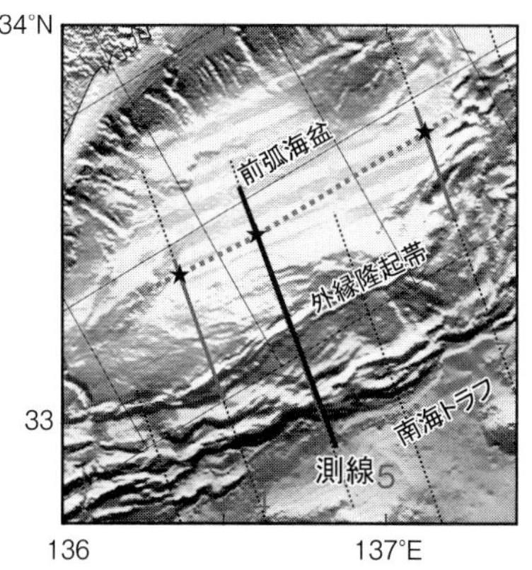

図 5.10　紀伊半島沖南海トラフ域の反射法断面記録と解釈 (seismic reflection record section off Kii Peninsula in Nankai Trough area)（Park *et al.*, 2002 より）

（上）フィリピン海プレートのトラフ軸から沈み込む様子を示す反射法記録．深さ 10–12 km でもプレート境界と解釈できる反射面が見える．この境界面は深さ 10 km 辺りから分岐断層と分離してトラフ軸に連なる．分岐断層は，冷湧水と記した海底が深まり始める辺りに続くように見える．深さ 7 km からの海底反射とは逆位相になる分岐断層からの反射トレース群をインセットに示す．小さい矢印はデコルマンの付加体側のすべり方向．

（下）調査海域の海底地形．上の断面は太線の測線 5．探査に用いたエアガンアレーは容量が 200 L (12000 cu. in.)，ストリーマーは 25 m 間隔に 120 チャネル．ほかの測線からの情報と合わせて分岐断層が分かれる深さを点線で示してある．

コロニーがこの冷湧水を栄養にしていることがわかった．その一方，沈み込みプレートが海側から運び込んだ流体を脱水する過程（還流）とそのテクトニックな役割が注目された．最近になってより広域深部までの構造調査に見られる地震波とくにS波の低速度帯，あるいは低電気抵抗帯と，低周波地震によるゆっくりすべりなどが観測されるなど，地震と流体との関わりが注目されている．

真上で現場調査できる利点を生かして，沈み込む前の海洋プレート側の海底地形と，沈み込んだ後の地形の変化に伴う不均質構造の対応も研究されている．フィリピン海プレート北部には海底地形の線状の高まりである銭洲海嶺が存在する．銭洲海嶺はいずれフィリピン海プレートとともに沈み込むのだろうか？　銭洲海嶺から南海トラフ陸側にかけては，90 年代の OBS 実験によって，不均質構造の詳細が深さ 20 km 程度まで明らかにされた (Nakanishi *et al.*, 1998)．その結果から銭洲海嶺直下は海洋地殻の速度構造を示すが，海洋地殻の平均より厚く (8–11 km)，銭洲海嶺軸の南東側でモホ面の不連続が見出され，解釈として現在の沈み込み境界が銭洲海嶺軸の海側にジャンプする可能性も指摘された．

その後さらに大規模に OBS を投入した実験では，銭洲海嶺と同様の隆起帯が 2 列もすでに沈み込んでいると解釈される二次元地震波速度構造を見出し，銭洲海嶺もいずれ沈み込むと推定された (Kodaira *et al.*, 2004)．この研究では自然地震も観測して S 波速度分布も合わせて海底下構造不均質をマッピングできた．S 波速度は流体の存在に大きく影響されるので，地震と流体の存在の関係を探る上でも，重要な情報となる．

南海トラフの四国沖には紀南海山列があり，銭洲海嶺の例にならうとすでに沈み込んでしまった海山があってもおかしくない．実際，室戸沖の海底地形はえぐれ，その北西側は盛り上がっている．Park *et al.* (1999) は，これに対応した沈み込み地殻の地下での盛り上がりを反射法で見つけている．沈み込んだ海山が通り過ぎた南東側は沈降したように見える．このような特徴は，中米沖にも顕著に見える (Ranero and von Huene, 2000)．

このように地震断層の形状と分布，特異地形の沈み込み，S 波速度異常による流体の関与が見えるようになってきた．

地震活動と沈み込みテクトニクス (seismicity and subduction tectonics)

第 1 章で触れたように，プレート沈み込み帯の地震活動は地球上最も活発であり，かつ M 8–9 クラスの地震も起きる．しかし，その発生様式は多様でかつ地域性がある．これを沈み込む海洋プレートと陸側プレートとの相互作用の違いに帰するとしても，その違いの実体がまだはっきりしていない．自然地震の分布やメカニズムと，構造とを合わせ見ることが重要である．本節では海洋地震学からの知見が大きな意味をもつ海底下の活動を見る（図 1.2 参照）．特に注目するのは，プレート相互のすべり様式が逆断層地震となる固着域と呼ばれる領域の周辺である．

まずプレート境界である海溝軸より海側の地震活動は，陸に向かって海洋プレートが屈曲し，アウターライズと呼ばれる地形の高まりを作るところから始まる．津波被害が大きかった 1933 年三陸沖地震（表 1.1）は，太平洋プレート内部の正断層地震であった．この正断層型の地震は，プレートの屈曲がもたらすプレート浅部の主応力の向きと整合的であり代表的な例である．地質学的に形成される地塁地溝構造の走向とも合う．第 1 章で触れた Padmos and VanDecar (1993) の例は，千島海溝に近く，活動していない小海山の近傍で $M\,5$ クラスの正断層地震であった．一方，海溝軸に近い断裂帯が巨大地震断層となった例が最近あった．2012 年 4 月 11 日に発生したスマトラ島沖の地震（$M_W\,8.6$）は，スンダ海溝西側のインド・オーストラリアプレートに属するウォートン海盆 (Wharton Basin) 下での横ずれ断層によるプレート内部地震である (Wei *et al.*, 2013)．プレートの沈み込みによる屈曲に加えて不均質構造の存在も地震のメカニズムに影響をもつ．

地震発生の多様性

海溝沿いの地震活動は，大きな地域差がある．日本周辺に限っても南海トラフ，日本海溝，伊豆・小笠原海溝とまるで異なっており，その原因はいまだ明らかでない．簡単に言うと，定常的な地震活動度は，日本海溝域が高くほかは低い．逆断層の大地震の起こり方は，南海トラフでは $M8$ クラスが百数十年間隔で繰り返し，日本海溝では $M7$ クラスが数十年ごとに発生するが，伊豆・小笠原海溝では大地震はほとんど発生しない．これは，プレートの移動量が，プレート境界地震による逆断層のすべり量では少なくとも百年スケールではまかないきれていないことによる．

地震で勘定が合わない分，非地震的なすべりの存在を想定するか，再来期間が千年スケール以上の大地震が起きることになるのか，大きな違いである．

何が起きているのかまだ全貌はわかっていないが，通常の地震と異なるゆっくりすべりが見つかってきた．南海トラフでは，地震発生帯の深部側と浅部側とに低周波地震の発生が見られる（Ito and Obara, 2006; Obara, 2009 にまとめ)．この現象はほぼ同時にカスカディアでも発見され，さらにサンアンドレアス断層でも報告されている．問題は，このような低周波地震が固着域とされる領域でも起きてプレート間すべりを担っているのか，定常的にすべりを起こしているのかを弁別しなくてはならない．今後の課題である．

地震発生の分布

東北弧下への太平洋プレートの沈み込みの幾何学は，陸の下ではよく決められていて沈み込み角度で見ると 35° である．1994 年の三陸はるか沖地震 (M_W7.7) の余震観測では，18 台の OBS により求められた余震の深さ分布は，海溝軸から 100 km の距離までは低角度なのが，沿岸下の 200 km の距離まで角度を増していく．これらの余震の震源メカニズムも M_W7.7 の主震と同じ境界型を示し，この地震の断層面がプレートの境界面であることを地震学的に証明した (Hino *et al.*, 2000)．

詳しく見ると，東北弧では，海洋プレートが大きく屈曲するのは東経 143° 付近である．およそ海溝軸と沿岸との中間線で水深約 2000 m である．ここは島弧側のマントルそして下部地殻が海洋プレートに接し始める領域でもある (Hino *et al.*, 2000)．そして大地震の断層すべり量も大きい部分である (Yamanaka and Kikuchi, 2004)．この構造変化が地震発生の物理的規制条件として意味をもつのかまでは，まだよくわからない．

世界中の沈み込み帯での OBS 観測による微小地震分布から共通な特徴に見えるのは，海溝軸から陸側への無地震帯の存在である (Hirata *et al.* 1985; Byrne *et al.*, 1988)．これが事実とすると，地震発生帯の範囲を浅部側で限定する意味がある．東北弧沖では地震波速度が 3 km/s 以下の遅い領域，すなわちやわらかいと見なせる部分は，海溝軸から数十 km 陸側に入ったところまである (Suyehiro and Nishizawa, 1994)．このやわらかい構造が無地震帯に対応しており歪を貯められないと推定されていたが，2011 年東北地方太平洋沖地震では，そこでも高速すべりが起きたため，従来の考え方は否定された

(次節参照).

微小地震活動のOBS調査によると，地震活動は，プレート境界面の固着域に限定されてはいない．OBSによる海溝型地震の余震活動の三陸沖（上述），福島沖（第1章），南海トラフ（本章），中南米側（たとえばDeShon *et al.*, 2003）における観測結果では，プレート境界面での逆断層すべりのほか，その上下の範囲で低角逆断層以外の活動も見られる．発震機構の違いは応力場の状態を表すと期待されるので，大地震の前後の変化は注目される．2011年東北地方太平洋沖地震の余震活動はアウターライズまで及び，また定常活動とは異なり正断層型が目立った（Asano *et al.*, 2011; Obana *et al.*, 2013; Hino, 2015; 5.2.3節）.

微小地震と固着域

固着域と呼ばれる領域がどの程度固着しているかは多くの場合, 陸上のGPS観測データから推測され，南海トラフはまさにほとんどが固着しているとされている（たとえばMazzotti*et al.*, 2000）．しかし，断層直上のデータなしではモデル依存度が高く，結果の拘束力も強くないので，直上のデータを取得するか，別の指標が欲しい．

微小地震活動は，地域の応力場を反映した起震応力を示す．仮説として，微小地震が定常的に発生している地域では，地震発生能力をもちながら，歪の解放を小出しにしかしていないと見ることができる．あるいは，過去に大地震があったのに現在起きていなければ，歪の蓄積は進んでいると考えられる．

Obana *et al.* (2004) は，紀伊半島沖でのプレート境界での固着による歪蓄積の様子を微小地震活動から調べた．2001年末から2002年始めまでの70日間，24台のOBSで検知された604個の微小地震 ($2 < M < 3.7$) から信頼度の高い震源71個が決定された．この研究の震源決定の手法は，まず三次元モデル空間の1 kmメッシュ毎に仮想震源を置きOBSへの走時表を作ってしまう．これをたよりに実際の観測値をある初期値からインバージョンし，最終段階では250 mメッシュ毎に震源をサーチした．

彼らの結果では，観測時の微小地震の多くの活動は，過去の構造探査から既知のプレート境界面では起きてなく，陸側もしくは海側プレートの内部で起きていることがわかった．このことは，プレート境界は固着していて現在はプレート間相互すべりがない様子の表れと解釈された．すなわちいずれプレート境界すべりによって解消されるべき歪の蓄積が進行している．南海トラフ軸沿いから陸側に向けて浅い地震があるのは，この場所に特有の断層や内部構造異常によるものと解釈された．

津波と分岐断層

スンダ海溝（スマトラ島沖），日本海溝（東北沖）の地震と同様に，南海トラフ沿いの地震でも大津波による被害が懸念される．津波の想定については，地震断層が海底に突き抜ける角度と場所が重要になる．プレート境界に沿って低角度でトラフ軸に突き抜けて大きくすべる（2011 年東北沖型）ほかに，ときによって，トラフ軸より陸側に高角に枝分かれして突き抜けることも考えられる．同じ地震であれば後者の方が海底の上下運動を大きくするので津波の励起に有利に働く．南海トラフでは顕著な分岐断層が見出されている（図 5.10）．海洋掘削による採取された断層サンプルからの物質科学的証拠は，両方の場合がある可能性を示している (Sakaguchi *et al.*, 2011a, b)．プレート境界型の地震は，深い方から破壊が始まる場合が多く（1994 年三陸はるか沖地震は例外的），すべりが浅い方に進行してきて，動的に変化する応力のバランスによってすべり面が選択されるとなれば，正確な津波予測には同時進行の海底からのリアルタイムのモニタリング情報がきわめて重要になる．

低周波地震の実態

海洋プレートの沈み込みダイナミクスに果たす低周波地震の役割は未解明である．特に，海溝付近で低周波地震の震源プロセスを明らかにするには，広帯域の OBS 観測が必要である．Sugioka ら (2012) は，南海トラフ紀伊半島沖に陸上観測網から検知されていた低周波地震発生域 (Ito and Obara, 2006) の現場直上での BBOBS 観測により興味深い特徴を見出した（図 5.11）．すなわち，地震の震源はプレート境界浅部（深さ約 6–9 km）に並び，しかも低周波のみに偏るのではなく，高周波数側にも通常の地震なみのエネルギー放出がある．陸上からは減衰によって低周波側しか見えないような地震群（$M_W 4$

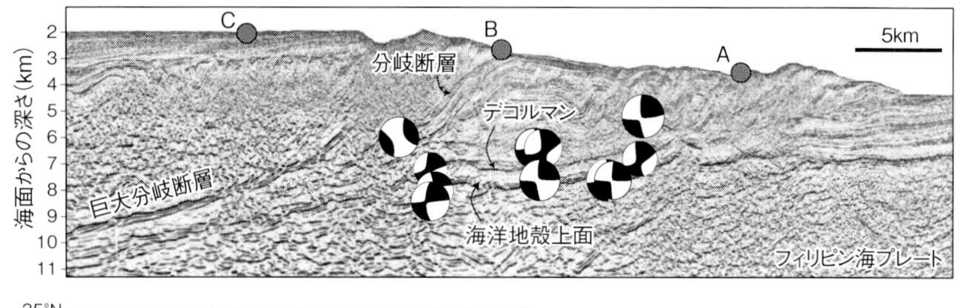

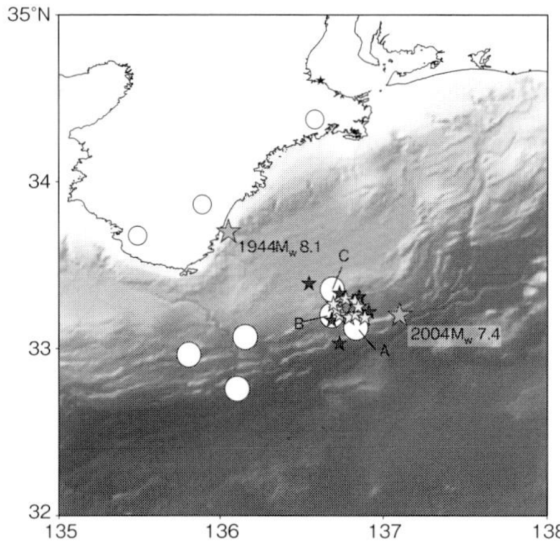

図 5.11　紀伊半島沖の低周波地震活動（Sugioka *et al.*, 2012 より）
上：側方から見た低周波地震の発震機構．これらの低周波地震（M_W3.8 以上）は，1–2 秒で終了せず 30–100 秒の異常に長い継続時間をもち，低角度に沈み込むプレート境界に集中している．
下：海域と陸域の広帯域地震計（丸印）を利用して南海トラフ軸近傍の低周波地震を捉えた．1944 年東南海地震と 2004 年 M_W7.4 の震央は大きな星印．2004 年（黒星印）と 2009 年（白星印）に観測された低周波イベントの直上に 3 台の BBOBS を配置している．

程度）である．これが津波地震（2.2.1 節）のたまごなのかもしれない．

ここまで地震活動についてテクトニクスとの関係を例示してきた．地震発生がないところでは，地殻変動から歪応力場を調べることになる．地殻変動データを見るときの留意点として，観測できる地殻変動は相対値なので，基準は任意となる．このため，通常の歪と応力の関係が単純でなくなる．たとえば，1995 年兵庫県南部地震ほか，西南日本内陸部の地震の発震機構は東西圧縮応力軸を示すが，GPS 観測からの歪の圧縮軸はプレートの沈み込む方向であるので，主軸が一致していないように見える (Wang, 2000).

5.2.2 2004年スマトラ島沖地震と津波(2004 Sumatra-Andaman Earthquake and Tsunami)

本節では，2004年12月のスマトラ島沖地震(M_W9.3)と大津波の原因となった断層すべりの現場に迫った翌年2–3月の海底観測の例を示す．発生後，緊急に計画されたこの調査では，海底地形・反射法調査と，潜航調査，そしてOBSによる余震観測が実施された(Araki *et al.*, 2006)．この地震の全体像，グローバルな位置づけについては，たとえばKanamori (2006)がある．スマトラ島北部沖で始まった破壊は，北に1000 km以上進んだが，最大すべりが推定されたのも，このスマトラ島北部沖であった．

海域の調査は，この推定最大すべり域を中心に行われた．まず，スンダ海溝軸から陸側数十kmの範囲に明瞭かつ最近（地質学的に）の活動を示す地形，断層は認められなかった．つまり，海溝軸近傍に大きな揺れが襲った証拠はなかった．一方，海底地形が陸側に大きく高まる部分に潜航すると，大きな地形のくずれが視認された．数十mの割れ目とがけくずれが，海溝の走向に平行におそらく数十km続く．OBS観測によって決められた余震分布は，この破壊の原因が沈み込んだプレート境界におよぶ深さにあることを強く示唆した．すなわち，海溝軸近傍には余震がなく，余震活動は，視認された地形の破壊域から陸側に向けて沈み込んだプレート境界面に向かって深くなるように分布する．この余震が津波を起こした断層を表しているとすれば，それは海溝軸より陸側で海底面に立ち上がる分岐断層のすべりによると考えられる（図5.12）(Araki *et al.*, 2006)．

これは，次に見る2011年東北地方太平洋沖地震とは，津波発生源が異なる．津波が大きくなるのは，海底の上下運動の大きさによるので，地震断層の傾斜角度が大きいこととすべり量が大きいことが要件となる．OBSの結果によれば，スマトラ島沖地震の大津波は，海溝軸へ連なる低角度のプレート境界面から外れて高角度に分岐した断層のすべりによって励起されたことを支持する(Araki *et al.*, 2006)．ただし，断層が1200 km長にもおよぶことから，断層すべり量の大きかった範囲からの結果とはいえ，断層全体にわたって分岐断層であったとするのは早計かもしれない．

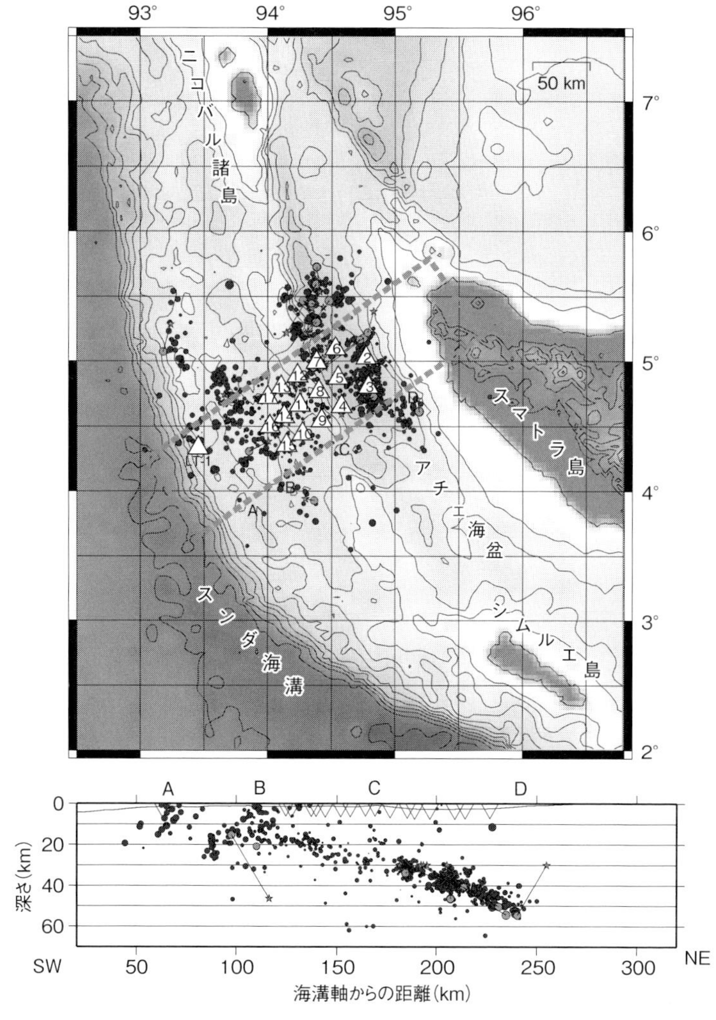

図 5.12　2004 年スマトラ島沖地震の余震分布 (Araki *et al.*, 2006 より)
上：北緯 2–7.5°，東経 92.5–97.5° の地形図と OBS（三角）による余震の震央分布（黒丸）．下：上の破線の長方形の範囲の地震の深さ分布断面図．上下の図中の A-D は同じ位置を示す．分岐断層は A の浅い震源のあたりで海底と交差すると推定される．星印は OBS 期間中のグローバル地震観測網による震源の深さ．

5.2.3 2011 年東北地方太平洋沖地震と津波 (2011 Great Tohoku-oki Earthquake and Tsunami)

海域では，定常観測網は限られた海域にしか存在しないため，これまでのほとんどの場合，上述のスマトラ島沖地震の例のように大地震後の余震活動を OBS 観測して，本震断層の近地からの検証が行われてきた．

じっさいに大地震発生前から直上で海底観測が行われていたのが，2011 年東北地方太平洋沖地震 ($M9.0$) であった[3]．断層の大きさは陸上観測データから幅 150 km × 長さ 300 km 程度が推定されている (Ammon *et al.*, 2011)．陸と海の地殻変動のデータを合わせて解析した結果によると，海溝軸から陸側にかけての幅 40 km × 長さ 120 km 程度の範囲でプレート境界上のすべりが 50 m を超えて大津波を発生させたと求められた (Iinuma *et al.*, 2012)．この結果は海底のデータによって強く制約され，津波観測との整合性もよい．上述した無地震帯のプレート境界が大きくすべったのである．これを踏まえて，以下，この地震について海底観測によってわかったことについて述べる[4]．

OBS による知見 (findings from OBS observations)

地震の発生した海域には，東京大学地震研究所が 1996 年から設置していたリアルタイムケーブル方式の地震計が東西に 3 台並んでいたほかに，23 台の OBS が宮城岩手沖の緯度 38–39.5° の範囲で本震前後の活動をとらえていた (Suzuki *et al.*, 2012; 図 5.13)．本震後には，全断層域を覆うように OBS が設置され，余震活動が調査された (Shinohara *et al.*, 2012; Obana *et al.*, 2013)．

宮城沖では $M7$ クラスの地震発生の長期確率がきわめて高く，OBS 観測が 2002 年より継続されていた．これらの観測の結果，本震とその後では，海溝側から陸側にかけて明らかに地震活動の様相が大きく変化した．それまでの観測により無地震帯（前節）であった海溝軸から陸側へ水平距離 3–40 km の範囲の陸側プレート内ではやはり無地震であるが，その下の海側のプレート内では活動が見られた (Shinohara *et al.*, 2012; Obana *et al.*, 2013)．また，

[3] 2004 年十勝沖地震も希有な一例である．

[4] この巨大でまれな地震の全般的なまとめは，たとえば Lay and Kanamori (2011), Hino (2015) がある．

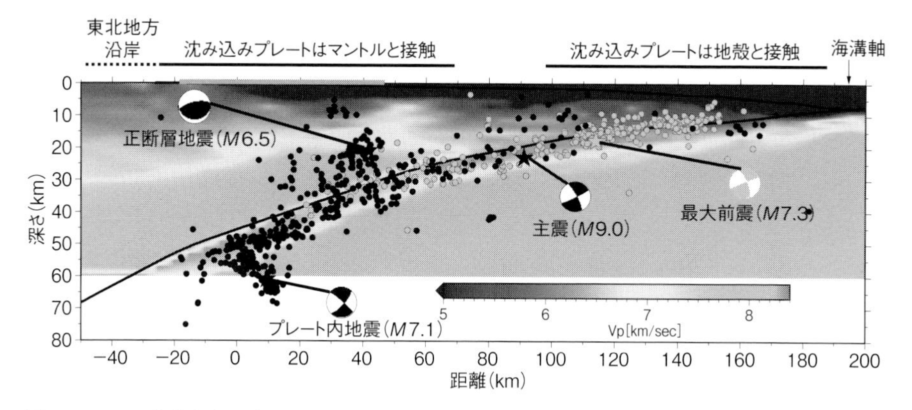

図 5.13 2011 年東北沖地震の本震前後の地震活動分布（Suzuki *et al.*, 2012 より）
地震前の活動（灰色の丸）は 2011 年 1 月から 3 月までのもので，プレート境界（実線）付近に分布する．本震後同年 5 月 24 日までの活動（黒丸）はプレート境界を外れる地震が多くなった．海溝軸沿いでは本震最大のすべりが生じたが，余震分布は見られない．

本震にいたるまでは，プレート境界の逆断層型の地震が卓越していたのが，本震後には，余震の発生範囲は境界の両側に広がり，発震メカニズムも深さ 50 km まではほぼ正断層型（東西に引張）に変化した．ふつう，余震活動は主震断層の本震時にすべり残った部分がすべるので，主震断層の走向，大きさがわかるとされているが，この地震に関しては，すべりきった断層からの応力再配分が周りに移る様子がめだったようだ．

無地震帯と言われてきた海溝軸沿いのプレート境界域については，どのような場合でも地震としてすべることのない場所ではなく，$M9$ クラスの巨大地震のときに境界の深い側の動きに連動して大きくすべる場所に見える．

海底地殻変動観測による知見 (findings from seafloor deformation observations)

津波は海底の上下変動によって励起されるので，直接それを計測できれば，地震のメカニズムと合わせた説明が可能になる．いわば地震波の超長周期側の振る舞いである．海底の水平方向の動きは，Spiess ら (1998) が開発した GPS-音響測位法があり，日本では業務（海上保安庁）と研究両面から開発改良実施されてきた．海中では，音波しか通信の手段がないため，cm 精度の位置計測は不可能であると思われてきた．

しかし，音波速度構造が垂直一次元的であれば，海底に三角形に配置した3台の高精度トランスポンダー（3.3節）から等しい往復時間を示す船の位置（GPSで精密に計測できる）は，音波速度構造が時間変化したとしても，海底の三角形の重心の位置の直上の位置になるはずである．それが時間変化すれば，それは海底が移動したからである．この原理に基づけば，実際に船を等距離位置に操船しなくても時間差から重心の位置を算出できる．これを用いて，2011年東北沖地震前後の水平変位が数十mに及ぶことが計測された (Sato *et al.*, 2011; Kido *et al.*, 2011)．このにわかには信じがたい海底の水平移動の大きさは，複数の観測点で実測された．これの連続的な変化が観測できていればとは誰でも思うだろう．それには，常時，海底トランスポンダーと海面から音響交信し，海面の船なりブイのGPS位置を追尾しつつ，陸にデータを伝送できれば，リアルタイムに可能になる．

一方，上下変動については，圧力計による海底連続観測記録があった．海底に置かれた圧力計は，津波による海面変動を感知する津波計として，気象庁などのケーブル式地震観測システムに組み込まれ，数十年にわたり利用されてきた．近年の観測では，この圧力計の精度が上がり，この地震前後の上下動の変化が時々刻々とらえられた（図5.14）．海底圧力計は海面の変化（海流，潮流など）も気圧の変化も記録するので，これらを除去した上で，地震断層のメカニズム（とくに断層の傾斜は上下動の空間分布を強く支配する）の決定に威力を発揮する (Inazu *et al.*, 2012)．これまで日本の海溝沿いのプレート境界地震については，断層の位置と傾きを仮定した上でその面上のすべりを推定していた．それを観測から独立に決めるためには，断層の走向に直交した直上の地殻上下変動データが必要である．それが，陸側の沈降と異なり，海側で上昇となることが観測され，この地震のメカニズムを実証する決定的データを提供した（図5.14）．

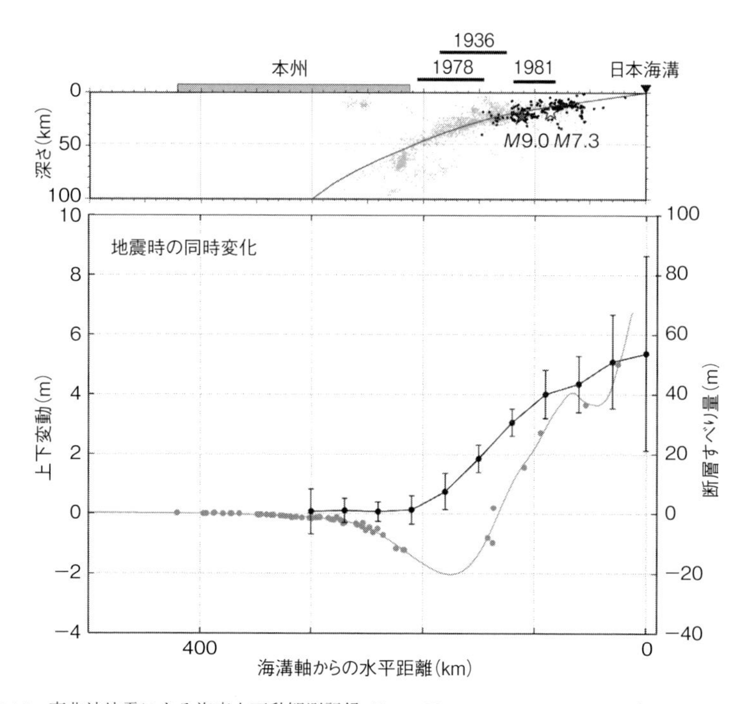

図 5.14　東北沖地震による海底上下動観測記録 (from Hino, 2015; pers. comm)
上：東北地方沖の地震活動断面図．灰色は 2002–2009 年の活動，黒色は 2011 年 3 月 9 日から 11 日までの活動．$M7.3$ が 9 日の前震．$M9$ が主震．
下：主震時の上下動観測値（灰点）と断層すべり量の推定（エラーバー付の点）．海底観測がないと，海溝軸から水平距離 200 km のあいだでどのように沈降が上昇に転じるのかがわからなかった．

5.3　海洋底の変化 (Seafloor changes)

海洋プレートは海嶺で誕生，移動して，海溝でマントルに沈み込むサイクルを繰り返しているだけではない．別の作用が働いている証拠が海洋底に見られる．それがこの節で見る海洋性島弧，縁海や海台の存在だ．いずれもマントルからの上昇流が鍵になっていると考えられており，典型的海洋底拡大プロセスの一環とは言えないところを見る．プレートテクトニクスでは，大陸プレートと海洋プレートと振る舞いが異なることを想定するが，間をつなぐ鍵がこれらの存在である．

5.3.1 海洋性島弧 (Oceanic island arc)

島弧とは，プレートが沈み込んで起こる火成活動によって生成し，成長した島になることもある地形の高まりの並びで，北西太平洋では日本列島，千島列島，アリューシャン列島などが挙げられる．いずれもプレートの沈み込みの陸側に位置していることに共通点がある．伊豆・小笠原諸島，南西諸島，フィリピン諸島もそうであり，大西洋に眼を転ずれば，カリブ海との間には西インド諸島が並ぶ．

日本列島は 2500 万年前頃から日本海が生成拡大したことにより大陸である東アジアから切り離され，プレート沈み込みによる火成活動の影響を受けた島弧である．それに対して，伊豆・小笠原島弧はもともと海洋地殻であったのが，太平洋プレートがフィリピン海プレートに沈み込み成長した．これが，海洋性島弧と呼ばれるゆえんである．

海台と同様に，海洋性島弧（列島）が周りの海底より比高が高く，しかも海上に頭を出したりしているからには，アイソスタシーの原理からふつうの海洋地殻より厚いことがわかる．しかし，その構造はどうなっているのだろうか？

伊豆・小笠原諸島からマリアナ諸島と連なる長大な島弧系は現在も火山活動を伴い，概観すると (図 1.6)，23°N あたりから南側に向かって大きく島弧系が屈曲し，マリアナ側に移り 10°N あたりで途切れて，ヤップ，パラオ海溝につながる．一方，フィリピン海の中央を縦断し，現在は火山活動のない九州パラオ海嶺は，伊豆・小笠原島弧系，マリアナ島弧系から分裂して，あいだに四国海盆とパレスベラ (Parece Vela) 海盆が生成されたことが海底年代からわかる．

これらの海盆のさらに東側を見れば，島弧系も 1 本ではなく，マリアナトラフが西マリアナ弧とマリアナ弧を分けていることに気がつく．伊豆・小笠原も七島硫黄島海嶺と西七島海嶺に分かれているが，あいだに明瞭なトラフはない．

年代的にはマリアナトラフの拡大が最近 5 Myr ほどのことで，岩石年代，磁気異常の縞模様によれば，四国海盆，パレスベラ海盆はおよそ 26–15 Ma

に拡大したと推定されている．それぞれの弧の形成に消長があり，九州パラオ海嶺は 26 Ma より古い．また現在の伊豆・小笠原島弧系の海底調査から，火山フロントと西七島海嶺の間におびただしい小火山群やリフト地形が認められ，拡大に移行する前段階にあることが示唆される．以上のことは，島弧の形成と海盆の拡大が繰り返されたフィリピン海の歴史も見ていることを示している．地下の火成活動の消長，プレートの沈み込み段階と海洋島弧系の進化の対応づけは，マントルダイナミクスを解き明かすことにほかならない．

この島弧系の地殻構造について，1992 年に行われた観測実験を紹介する（図 5.15）．この観測実験には，日本の大学研究陣が共同して 3 隻の船を動員し，地震学調査には，46 台の OBS，24 チャネル MCS，火薬，エアガンを投入した．この調査から得られた構造モデル（図 5.15）から一見して東西非対称の構造が浮かび上がる．地殻の厚さはもっとも厚いところでおよそ 20 km である．そのもっとも厚い部分の 7–11 km の深さ範囲の地震波速度は 6.0 km/s 程度と推定されたが，その構造は四国海盆側にも海溝側にも延長されず消失する．6 km/s 層は大陸地殻では標準的だが，海洋地殻では第 2 層の速度勾配の大きな変化の通過点でしかない．そしてその下の下部地殻は 7.1–7.3 km/s の高速を示し，全体の 1/3 の体積を占めた．このほか，島弧の地殻が沈み込みプレートに接近するあたりでは地震波速度が遅くモホ面は判別できない．さらに，海溝軸のすぐ島弧側に発見されている蛇紋岩海山（図中距離 380 km 辺り）の下に低速度層があること，四国海盆側海洋地殻が平均より厚いことなどが判明した (Suyehiro *et al.*, 1996; Takahashi *et al.*, 1998).

この観測では，およそ海洋地殻には見つからない大陸地殻の花崗岩質層に標準的な 6 km/s（図 5.15 の 6.1–6.3 km/s）層が，大陸の影響のないところで変成したはずの海洋性島弧で見つかるという意外な結果となった．これは，大陸地殻の上部地殻を構成する火成岩が海洋性島弧の一部として生成して，その低い密度からマントルに沈み込めず大陸の一部に取り込まれる前の姿とも考えられる．その普遍性が言えれば，地球の大陸成長の歴史における海洋性島弧の役割が推定できる．断面図を外挿して，この 6 km/s 層の東西断面積分が南北方向に連なると見ると，島弧に沿って 1 km 毎におよそ 500 km^3 になり，これが数十 Myr オーダーの期間に成長したと考えると，1 Myr にお

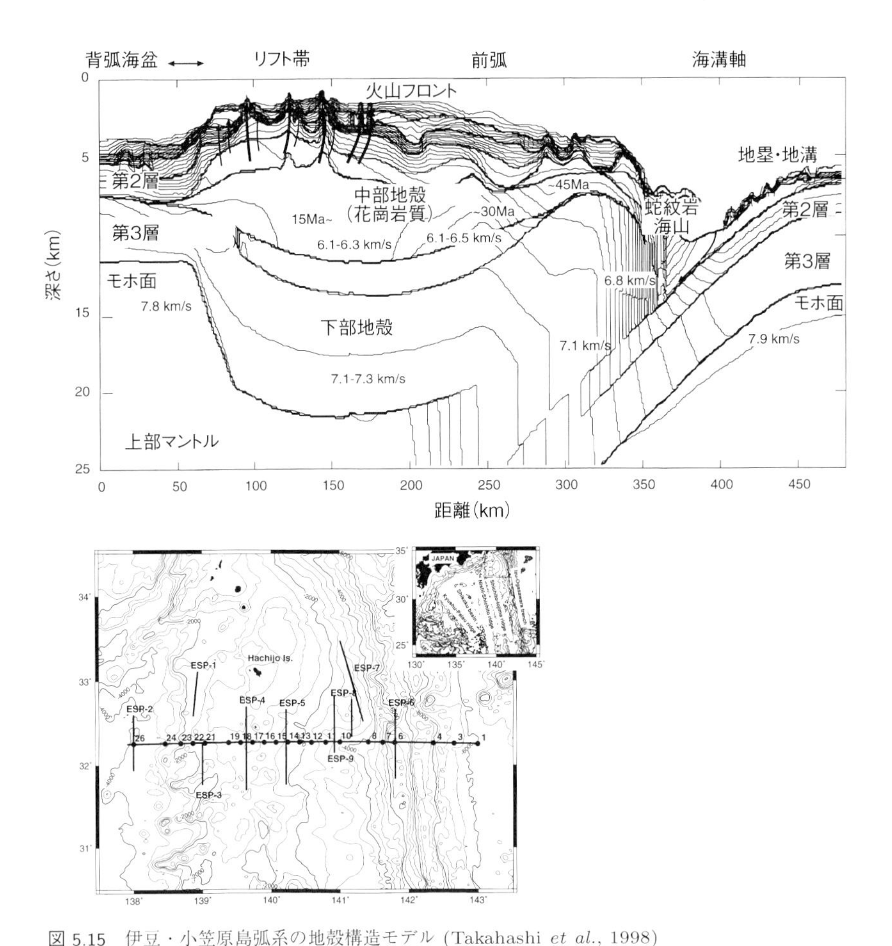

図 5.15　伊豆・小笠原島弧系の地殻構造モデル (Takahashi *et al.*, 1998)
上：北部伊豆・小笠原島弧を横断する地殻構造.
下：測線図. 大円測線に沿う反射屈折法測線上に 26 台の OBS（黒丸）を設置. 南北に測線を置き 2 船法の ESP データと OBS データを得た.

よそ数十 km^3 の生成量になると概算できる．この推定をさらに全地球の島弧距離分に外挿すると，大陸の成長速度として岩石学的証拠から推定されている $1.8\,km^3/yr$ と同じオーダーになるようにも見える (Taira *et al.*, 1998).

大陸の花崗岩と同じ仲間の岩石がほんとうにここで生成しているかどうかは，地震波速度構造のみではもっともらしい推定にすぎない．確証を得るには，深部掘削が待たれるが，状況証拠は複数ある．たとえば，伊豆・小笠原

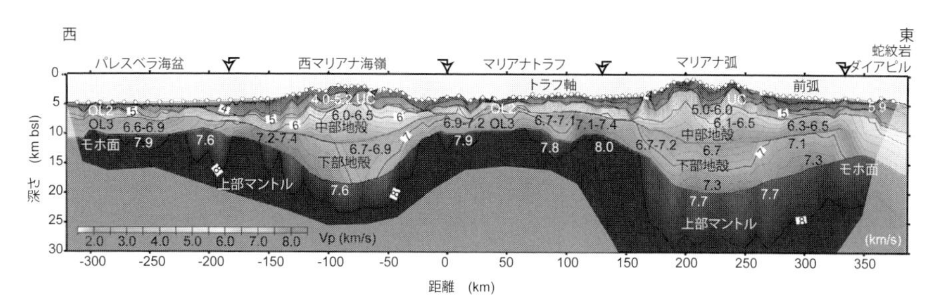

図 5.16　マリアナ島弧系の地殻構造モデル (Takahashi *et al.*, 2007)
パレスベラ海盆から西マリアナ海嶺，マリアナトラフ，マリアナ弧から前弧側の蛇紋岩海山体までの地殻構造横断断面．測線は図 3.11 に黒点で示す．UC は上部地殻，OL2, 3 は海洋地殻の第 2，3 層をそれぞれ示す．二次元 P 波速度分布は等値線 (km/s) と間の濃淡の変化で表している．

島弧の北限にあたる伊豆半島はフィリピン海プレート側であるが，その陸側との衝突の現場である丹沢では，大陸地殻の構成岩石であるトーナライトが採取されている．同じ岩石は，九州パラオ海嶺の海底での岩石採取でも発見されている．一方，実験室で測定された海洋地殻岩石では 6 km/s 層を形成するような地震波速度は測定されていない．

これ以降，海洋性島弧での地震波速度構造実験は多数展開され，大陸地殻的構造の存否がほかの海域でも議論されるようになった．図 5.16 に示すようにマリアナ島弧系でも確認され，活動を終えている西マリアナ海嶺下でも大陸地殻の生成が起きたと見られる (Takahashi *et al.*, 2007)．島弧系の軸方向の厚さの変化も火山の発達とその岩石学と合わせて論じられるようになってきた (Kodaira *et al.*, 2007)．

より深部の不均質構造も，たいへん興味深く，今後の研究に目が離せない．2001–04 年にかけて日米で約 60 台の OBS を動員して共同実験を行ったマリアナ弧での成果は，速度と減衰構造，S 波の異方性から海底の地質構造とマントルウェッジの関係を 200–300 km の深さまで描き出した（Pozgay *et al.*, 2007, 2009; Barklage *et al.*, 2015；図 5.17）.

島弧の火山活動と背弧海盆の拡大活動の元と見られる地震波の高減衰域が互いに水平 100 km ほどしか離れていないのが，およそ 75 km ほどの深さではつながることが示された (Pozgay *et al.*, 2009)．さらに，100–125 km の深

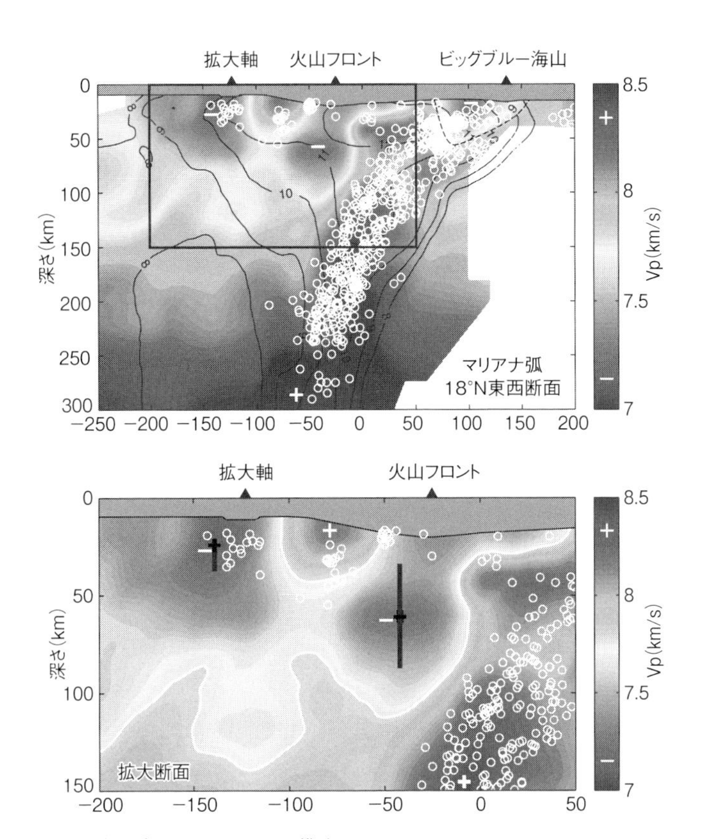

図 5.17 マリアナ島弧系下の上部マントル構造
日米共同で行われた実験で，測線は図 3.11 に示した．
上：東西断面．四角部分は下の拡大図に示す．四角形の外側では，ビッグブルー海山下の黒い破線領域内が標準より低速度である（－記号のある位置が最大値）．背景の黒いコンターは大きな数字ほど解像度が高い．震源分布は白丸．約 7.8 km/s より低速度の領域は白丸で見える沈み込むプレートの上側の深さ 150 km 以浅である．
下：上図の四角部分の拡大図．右の速度バーに白くマークした速度分布の中間的な境界は白線で示した．＋が高速度側，－が底速度側である．火山フロントと拡大軸とは地下からの火成活動によるが，両者の間に高速度域がおよそ 50 km の深さまであり，両者の源がつながるとしても深さ 70 km 程度より深くとなる．火山フロントと拡大軸のそれぞれで速度の標準からのズレが最大になるのが短い黒の横線であり，地球化学的に推定されたマグマ形成の最終平衡深度が縦棒の範囲にあることから，低速度はマグマ形成の深さを示すと考えられた（Barklage *et al.*, 2015 による）．

さで沈み込むプレートの上側にあたる大きな減衰は，温度による効果だけではなく，プレートからの流体の排出の影響もあると示唆された．また，S波の異方性からマントルウェッジがプレートの沈み込む方向に巻き込まれるような流れを見せるのは250 km より深いところで，浅い部分では島弧に沿う向きの流れがあるという結果であった (Pozgay *et al.*, 2007)．島弧系の軸に直交する二次元的なテクトニクスに加えて，島弧軸方向の変化も働いているようである．図5.17は，Barklage *et al.* (2015) による地震波速度の二次元不均質構造で，上記の減衰構造と対応する．このような詳細の描像は対象とする構造の直上で観測し，かつ深部からの地震波線を与える自然地震が近傍にあることが要件となる．

5.3.2　縁海 (Marginal sea)

西太平洋では，縁海はプレートの沈み込みとセットになっているように見える（1.4節，図1.6）．縁海の形成が海洋底拡大過程と似ていれば，海底に海嶺と地磁気異常の縞模様が観測されるだろう．フィリピン海，南シナ海では確かにそれが観測されているが，日本海はそうではない．このような地域性は何によるのか，日本海の地殻，上部マントル構造を調べて推測が進められてきた．縁海は海洋地殻をもつ海洋プレートと呼べるのだろうか．

60年代から海域での2船法観測に活躍していた村内らは，米国のラモント地質学研究所と共同で，日本海の地殻構造モデルを求めた (Ludwig *et al.*, 1975)．その結果，大和海盆は通常の海洋地殻より厚い厚みをもっているらしいこと，日本海盆は，堆積層が分厚いが地殻は海洋性と言えることがわかった．間にある大和堆の地殻は厚く，花崗岩が採取されていることもあり，大陸地殻と推定された．また，大和海盆での異方性の存在も推定され，地殻内の速度方位依存性は，現在の東西圧縮場を反映し (Hirata *et al.*, 1992)，Pn速度の方位依存性は過去の拡大方向の証拠 (Chung *et al.*, 1990) と見られた．

日本海では現在拡大は止まっており，じっさい，ODP（国際深海掘削計画）の掘削により，日本海東縁部は約2 Ma から東西圧縮応力場に転じていることが示された (Tamaki *et al.*, 1992)．

その後のOBSを用いた調査から，10 km 以上の厚みをもつ大和海盆の地殻については，拡大過程まで進んで，海洋地殻がいったん生じたが，その後，さらにマグマの上昇があって下部地殻に付加して厚みを増したというモデルと，大陸地殻が引き伸ばされただけというモデルとに見方が分かれた．後者であれば，前節で見た大西洋拡大初期の地殻構造との類似点が注目される（図 5.6 参照）．

最近の Sato ら (2014) の大和海盆調査の結果では，大陸の上部地殻 (6–6.5 km/s) が欠落していて，厚さは厚いが，速度は海洋地殻のそれであることと，7.0 km/s を超える速度層が検出されている（図 5.18）．これは，マントルからの異常な上昇流による底付け付加作用があったことが示唆されるが，首尾一貫させるにはマントルの構造の異常を検証しなければならないだろう．

南シナ海でも同様の大陸縁辺部の構造が見られるので，大局的には，リフティングから海洋底拡大の過程が縁海を形成しているようである．大和海盆と日本海盆のあいだに大陸的構造をもつと見られる大和堆があることは，複数の上昇流の脈があったことを示唆するが，その時系列とプレート沈み込みとの関係については今後の研究が待たれる．

そもそも沈み込み帯の背後に縁海をもつかもたないかの違いは，深く沈み込んだプレートの上側の上部マントル構造の違いに鍵がありそうである．

5.3.3 ホットスポットと海台 (Hotspots and oceanic plateaus)

ホットスポット活動は，あたかもプレート移動に対して不動の様子を示すことから，プレート運動の推定にも使われる．たとえばハワイ諸島の列は不動のマントル上昇流の上を太平洋プレートが移動していったため形成された．ホットスポットが，地球内部ダイナミクスと進化の解明にどのくらいの重要度をもつのかを知るには，深さ方向の規模，始まる深さなどの定量的把握が必要である．予想される観測対象は周りより低速度で三次元的な温度異常構造であり，しかも測器のない深さ方向に伸びているため，精度をもって検出することは困難である．陸上でも火山の三次元構造調査が難しいことに似ている．

現在，ハワイ天皇海山列の最南端のハワイ島の南東にハワイホットスポットがある．OBS 観測実験 (2005–2007) によるとこの直下では P 波と S 波の低速

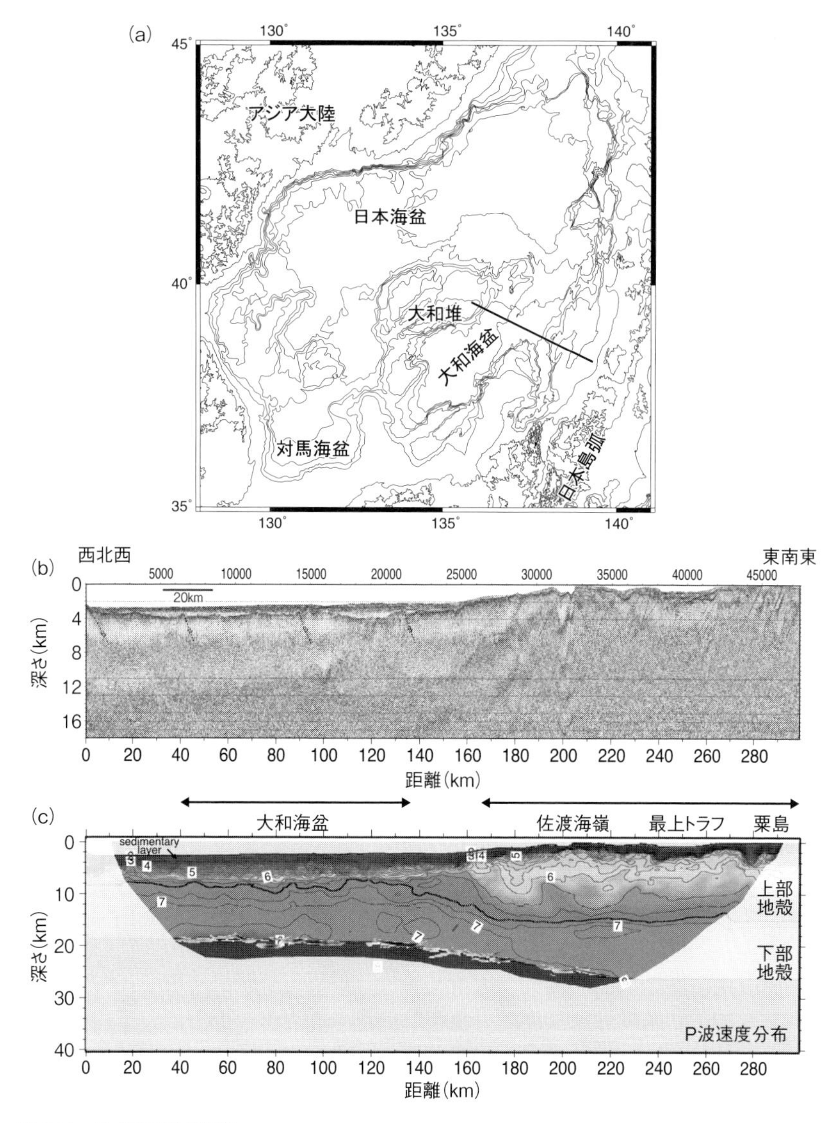

図 5.18　日本海の地殻構造

(a) 日本海周辺地図．黒線は Sato *et al.* (2014) による大和海盆から粟島にかけての測線．
(b) 測線に沿う反射法断面図．この不均質を使って (c) の地殻構造全体像が得られる．
(c) OBS による屈折法解析も合わせた二次元断面図．数字は P 波速度の等値線で，間の変化は濃淡で示す．下部地殻では P 波速度が 7 km/s を超えている ((b) (c) は Sato *et al.*, 2014 による)．

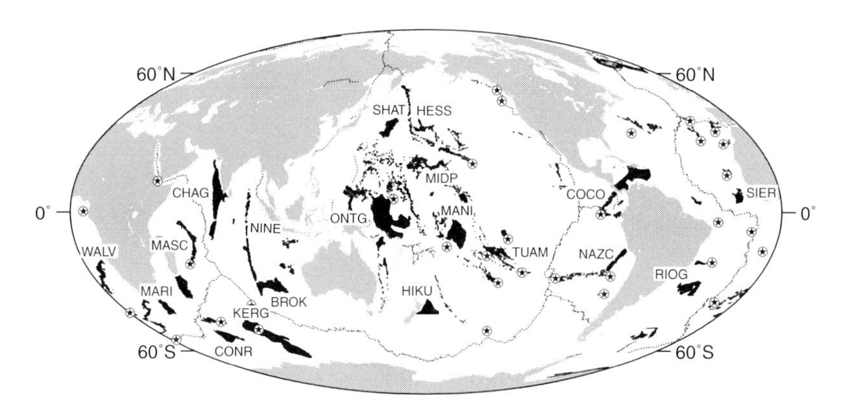

図 5.19　海台，海山列と現在活動している主なホットスポットの分布図（中西・沖野，2016）ONTG がオントンジャワ海台，SHAT がシャツキー海膨．

度異常が深さ 1000 km 以深の下部マントルに及び，上部マントル 200 km 以浅では低速度域がプレートの影響で広がっているように見える (Wolfe *et al.*, 2009, 2011)．この結果は，マントルからのホットスポットをつくる上昇流（プルーム plume）の起源が下部マントルに続きそうなこと，低速度域が広がるのは，プルームがプレートに当たって水平方向に曲がる様子を見ていると解釈された．

海台は，プレートテクトニクスの枠組みからはずれた存在である (図 5.19)．Coffin and Eldholm (1994) は，インドのデカン高原や米国のコロンビア川台地に代表される大陸の洪水玄武岩体と呼ばれる大量の玄武岩体が，海底にも複数見られることを報告した（図 5.19）．彼らは，これを巨大火成岩岩石区 (LIP; Large Igneous Province) と名づけ，百万年単位の地質学的には集中した時間の火成活動が生じて（マントルプルーム），ホットスポットより規模の大きい地形の高まりが形成されたとした．太平洋では，シャツキー海膨 (Shatsky Rise)，オントンジャワ海台 (Ontong Java Plateau) が見つかる．オントンジャワ海台の水深が 4000 m より浅い部分の面積は，およそ 190 万 km^2 にもなる（日本の面積は 38 万 km^2）．

ここでは，オントンジャワ海台の構造調査を見る．海台の水深は 2–4 km 以浅と浅いのでアイソスタシーから堆積層を含めた地殻が厚いことが想像される．この海台の南端は北ソロモン海溝にさしかかっている（図 5.20）．さら

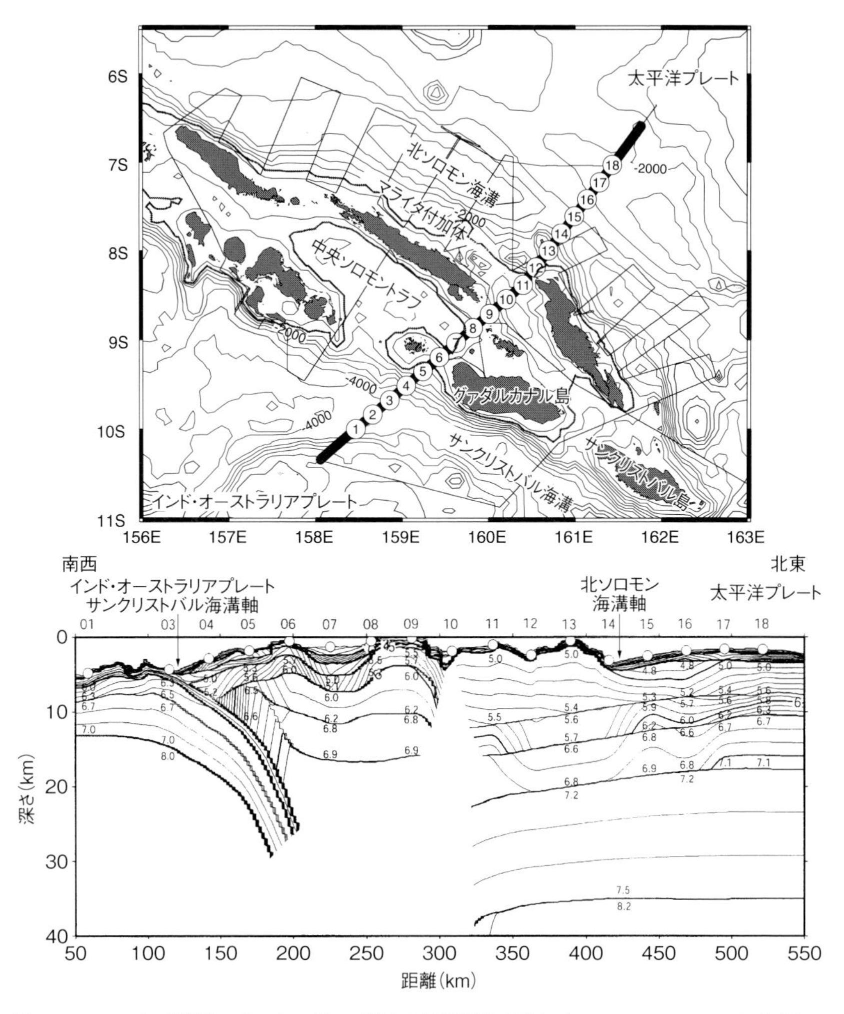

図 5.20　ソロモン島弧系－オントンジャワ海台の地殻構造モデル（Miura *et al.*, 2004 による）
上：丸 (OBS) を結ぶ直線が人工地震の測線．
下：P 波速度構造モデル．太線は不連続面，細線はコンター．海台は 33 km の厚さをもち，下部地殻は沈み込んでいる．この図は縦横比が 5 倍あることに注意．

にソロモン諸島の南側にはサンクリストバル海溝が存在し，南側からはインド・オーストラリアプレートが沈み込んでいる (Miura *et al.*, 2004)．実験は，エアガンアレー総容量約 140 L による 50 m 間隔のショットを，約 30 km 未満の間隔で配置された海底地震計 17 台（総延長 550 km）と 130 チャンネルのハイドロホンストリーマーで受信した.

図 5.20 に海台上の OBS データによるモデルと解釈を示す. 図から見えるのは, 北東側のオントンジャワ海台を乗せた太平洋プレートが北ソロモン海溝軸から南西側に傾いてソロモン島弧の下へ沈み込んでいる様子と, 南西側のインド・オーストラリアプレートがサンクリストバル海溝軸から北東へ沈み込んでいる様子である. 下の図は縦に大きい縦横比であることを考慮して見る必要がある. 海台の地殻は, 通常の海洋地殻とは大きく異なる. 全体は約 33 km の厚さで, 堆積物を除いても 30 km あり, 大陸地殻並みであるが, 速度は特異的で, とくに 7.2–7.5 km/s の下部地殻が 15 km の厚みを占めるのは大陸地殻の平均像と大きく異なる. 地質学調査の物的証拠から, 海台浅部は島弧側に衝突して付加していることが判明しており, 浅部 5 km/s 層辺りまでの陸上との地殻構造の連続性もそれを示す. 一方, 海台下部の大部分は沈み込んでいると推定された.

海台の大部分が沈み込んで深発地震面を形成していれば, 沈み込みを示すさらなる証拠となる. 別の OBS 実験で南側からのインド・オーストラリアプレートの沈み込みは 100 km の深さに達しているとわかった (Shinohara *et al.*, 2003). しかし, 世界地震カタログ[5]に載るさらに深い地震が, 北側からの海台を乗せた太平洋プレートの沈み込みの延長にあるものかを判定するには震源決定精度が足りない.

また, 南太平洋にはスーパースウェル (South Pacific superswell) と呼ばれる, いくつものホットスポットによる火山列が集まり海底の深さが高まる領域が広がる (南緯 10–30 度, 西経 130–150 度付近). この領域の深部にマントル上昇流がある証拠は, 島々の観測に加えて BBOBS を設置することにより, 調べられた (Isse *et al.*, 2006b; Suetsugu *et al.*, 2009). 上部マントル 200 km 深さほどまでの平均 S 波速度構造は, 標準モデル (PREM) より速度が小さい (深さ 140 km では 5%ほど) と推定された. この低速度領域は, 深さ 100 km を越えるとスーパースウェルのホットスポット下に顕著に見える. さらに深部の深さ 1000 km からマントル下部にいたるまでは, 上部マントルの不均質

[5] 国際地震センター (International Seismology Centre) では世界中の地震観測データを集めて震源データをカタログ化している.

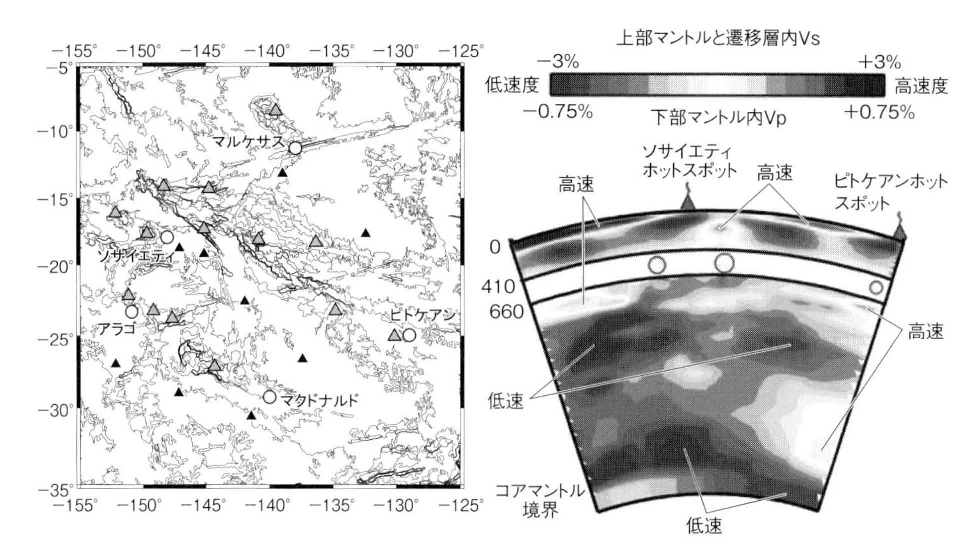

図 5.21　スーパースウェル海域のマントル構造モデル (Suetsugu *et al.*, 2009)
左：ホットスポットが複数認識されるスーパースウェル海域に配置した広帯域地震計の配置図（▲）．島にも設置された（△）．グローバル観測網の定常観測点（島）は丸印．
右：ピトケアンホットスポットとソサイエティホットスポットを横断する断面図．高速度と示した矢印部分以外はすべて低速度域である．深さ 0–410 km の上部マントル範囲は S 波速度を，660 km より深い下部マントルでは P 波速度を示す．マントル深部にまで標準より低速度で高温度が推定される領域が広く存在する．しかし，上部マントルではホットスポットの間には高速層があり，その直下の低速度領域は広域には連続していないように見える．上部マントルから下部マントルに遷移する層中の円 3 つは，この遷移層の厚さが約 30 km ホットスポットの下で標準構造より厚いことを示す．

に比して規模の大きい 1000 km 程度の幅の低速度域が推定され，スーパープルームと呼ばれる巨大なマントルプルームの表れと解釈された（図 5.21）．

5.4　第 5 章のまとめ (Summary of this chapter)

本章では，プレートテクトニクス，マントル対流を海洋地震学が照らし出す様子を例示した．また，そのダイナミズムが，地震を起こす原因に深く関連していることを見た．地球の浅い部分から深部マントルまでの不均質構造に現れるダイナミクスを描き出しながら，その知見が，大地震発生のテクトニクスの理解にもつながる．

海洋地殻の生成現場の過程については，最終的には，関与する物質とその組成の変化が記述できることが重要だ．すなわち，高精度の地震波速度構造は，岩石学の知見と推論から示される岩石の生成圧力とマントルからの物質供給過程を特定するために重要な情報を与える (Klein and Langmuir, 1987).

地球の歴史では，最初は海だけであったのが大陸地殻が形成された．その後，プレートの一部としてマントルへのリサイクルを免れ，逆に大陸は，その体積の増加には，海洋中で形成された海洋性島弧地殻の大陸への付加が重要な貢献になっている可能性を見た．

内陸において地震の発生を大きく規制しているのは岩石の脆性破壊を起こす範囲となる温度場であることから，プレート境界においての規制条件も同様と考えられる (Hyndman *et al.*, 1995)．その上で，プレート境界地震の発生様式には地域性と多様性のあることが示された．その因果関係を示すヒントは詳細な三次元地震波速度構造と，海底での地震から地殻変動を広帯域に捉える観測とによって与えられると期待がかかる．そして，プレート境界の大地震すべりを起こすに至る応力と構造の変化が観測から推定できるようになれば包括的理解に結びつくと思われる．

少数の OBS を数日展開していた時代からまだ半世紀にもならない現在，OBS が 100 台以上長期展開されることがふつうになってきた．これによって私たちが手にできる知見の幅は大きく飛躍した．わからないことがあるのは，観測実験の工夫がさらに必要ということでもある．海洋地震学が進歩を続けるその先にはプレートテクトニクスを超える固体地球全体のダイナミズムを説明する新しい地球理論が待っている．

付録

Appendix

付録 A　海洋地震観測の発展概観 (Advance of marine seismological observations)

海洋地震学に不可欠なツールに成長した海底地震計 (OBS; Ocean Bottom Seismograph) の発展を，ツールとしての性能向上 (A.1)，OBS の活用を促進した研究プロジェクト (A.2)，高品位広帯域な定常観測点建設への実験 (A.3) の順に概観する．いずれは，陸上の定常地震観測網に匹敵させるのがビジョンである．それには，リアルタイムグローバル観測網を海底に敷衍する必要があり，3.7 節に示した．

A.1　OBS の開発 (Development of OBS)

海底地震計 (OBS) は，これまでにいろいろな型が開発された．世界最初はおそらく米国コロンビア大学ラモント地質学研究所（現在はラモントドアティ地球研究所 Lamont-Doherty Earth Observatory）に在籍し海洋地球物理学に多大の貢献のあったモーリス・ユーイング (Maurice Ewing) らの行った実験と目される (Ewing and Vine, 1938; Ewing and Ewing, 1961)．野心的な設計で，水深 3000 m の深度に地震計 4 台，火薬 4 発を電線でつなぎ耐圧容器（大砲の筒を再利用！）内のオッシログラフに光学記録した．彼らはこの後，船との接続ワイヤを通じての振動をなくすため，自己落下自己浮上方式に切り替えた．この実験の成果は，堆積層が数百 m の厚さをもつと知ったことである．

第二次大戦で実験は中断したが戦後海底実験が再開され，常時微動 (microseisms) の励起と伝播が調べられた．1959–1961 年の実験では，テレメータ方式を採用し，海底から超音波でアナログ信号を FM 変調して（つまりもとの振幅情報が失われないようにして）観測船に信号を送り，磁気テープへの記録に成功した．地震学的な興味は，地震活動，地震波速度構造，そしてノイズの起源に向かったが，もう一つ重要な使命として核実験探知も加わった (Ewing and Ewing, 1961)．

その後 1970 年代までの発展の歴史は，Whitmarsh and Lilwall (1983) にまとめられている（末広，1991）．このなかで OBS はデータの取得法に注目して 4 つの型に分類されている．すなわち，観測記録は，(1) 自己浮上もしくはテザー (tether)

綱で海底から回収する，(2) 音響通信で海底から洋上の観測船・ブイへデータを送信する，(3) ケーブルで観測船・ブイなどに送信する，(4) 海底ケーブルで陸上まで通信する，の 4 型である．

現在，もっとも使用頻度の高いのは，自己浮上型による OBS である．歴史的には，観測点数を増やすこと，記録時間とダイナミックレンジを伸ばすこと，そしてもちろん回収を確実にすることに努力が注がれてきた．記録時間が限られていたときには，連続観測をするのか，プログラム方式によってある時間窓を選んでデータを得るのか，流派が分かれた．日本の研究者は，海底の自然地震への関心も高く，そもそも海底で何が起きているのかわからないときに不連続な観測をするのは重要な発見を見落とす心配があるとの立場で連続観測の道を歩んできた．一方，地殻構造調査と割り切ってそれに徹するプログラム方式，デジタル化を急いだのは欧米の研究者に多かった．

1970 年代はカセットテープの時代であり，日本の大学の研究者は，90 分テープを片道 4 チャンネル用いて記録する方式を採った．テープをゆっくり回して，通常のテープ再生速度の 4.76 cm/s のおよそ 300 倍遅い速度とすれば，地震の周波数帯が記録範囲に入り，約 2.5 週間記録できることになる．アナログテープのダイナミックレンジは，テープスピードに関係する（磁気記録面積を考えればよい）．カセットテープでは 1 チャンネル 40 dB 程度であったため，増幅度（ゲイン）を変えてたとえば上下動を 2，3 段階に分けて録音した．チャンネル数の振り分けは，欲しい信号の大きさ，背景雑音 (background noise) を想定してセットする．デジタル記録の方は，とても記憶媒体の容量が追いついていない時代が 90 年代に入るまで続いた．1989 年に日本海の孔内地震計の海底記録に採用したデジタルカートリッジテープ方式でもわずか 640 MB（メガバイト）であった．

現在のハードディスク記録が主流になるまでには，テープへのデジタル記録が行われたが，ついにハードディスクの容量が GB（ギガバイト）をあっさり超えるようになって，あとは，ハードディスクが低温やショックに強ければよいということになった．OBS のためだけに記録技術を開発するのは予算上の制約もあり，賢く民生品を応用してきたとも言える．とはいえ，とくにアナログの時代は，システムとして動かすために相当の部分を自作してきた歴史がある．

日本の海洋での OBS の開発の歴史は，1950 年代の終わりから，東大地震研究所の岸上冬彦のグループに始まる (Kishinouye *et al.*, 1963; Kishinouye, 1966)．将来の津波警報への貢献が意識されており，上述した連続観測を重視するという被災国の特徴がある．その後，60–70 年代は，同じ東京大学の中で地震研究所の南雲昭三郎研究室と理学部の浅田敏研究室とが，それぞれ OBS 開発を進めた．大学で

OBS の開発に大きな貢献をなした人々を現役も含めて活躍年のおよその順序で言うと，南雲昭三郎，浅田敏，島村英紀，笠原順三，金澤敏彦，篠原雅尚，塩原肇，荒木英一郎らである．ツールが新分野を切開くという信念をもって観測の進歩，学問の発展に寄与してきたと言える．

A.2　海洋地震学の促進 (Advancing marine seismology)

70 年代以来の日本の海洋地震観測の実力を育てた大きなプログラムとして，一つは国策的である地震予知計画と，もう一つは国際学術計画の流れ (IGY, UMP, GDP, DELP) が挙げられる．IGY (International Geophysical Year) は，1957–58 年の国際地球観測年を指し，人工衛星スプートニクが打ちあがり，中央海嶺が発見され，日本では南極観測が始まった．UMP（Upper Mantle Project 国際地球内部開発計画）は，1964–1970 年，GDP（Geodynamics Project 国際地球内部ダイナミクス計画）は，1972–1979 年，そして DELP (Dynamics and Evolution of Lithosphere Project 国際リソスフェア探査開発計画) は，国際計画の ILP (International Lithosphere Program, 1981–1990) の一環として実施された．これらの国際研究と国内計画との連携がプレートテクトニクスの検証も促進した．

UMP 時代には，日米共同の 2 船法を用いた海洋地殻構造調査が村内必典（さだのり）らによって精力的に西太平洋域で展開された．大局的な海洋地殻の構造は，このとき明らかになった．私が海洋調査を始めた最初（1980 年）に村内先生に教えと励ましをいただいたが，どこを調査するにもすでに村内らの結果があり，それを凌駕する新しい知見をもたらす工夫が必要だった．GDP 時代は，OBS に関しては，浅田，南雲グループ同士の先陣争いの激戦が続いた時代であり，長距離爆破地震観測実験が進んだ．DELP 時代は，海域調査のリーダーは木下肇（はじむ）であった．OBS 観測に参加する研究機関も増えてきた．各章で見たように，その後数十年を経過して，100 台規模から数百台規模の OBS を展開する時代に入った．線から面状の密な展開に進んでいる．

A.3　広帯域観測への科学掘削孔利用 (Utilising boreholes for broadband observations)

やわらかい堆積物と海洋が接する海底は地震の長周期観測に向いているとは言い難い（第 3 章）．海底での広帯域地震観測については，海水全体を通しての変動（第 2 章）の影響を小さくするには，スティフネス (stiffness) すなわち応力と歪を結ぶ弾性定数の大きい環境に設置する必要がある．しかし，それには海底からさらに下の深さへの地震計の設置を要するので，コストが高い．いったいそれに見合うデータが得られるのか，80 年代から深さの検討など議論が続いた．一方で，海底下の観測実験の機会もあった．

海底から科学掘削をして地球の歴史，ダイナミクスを探る計画は，米国が DSDP (Deep Sea Drilling Project) として 1968 年に開始し，現在の IODP (International Ocean Discovery Program, 2013–2023) にいたるまで続いている．研究者は掘削船による試料採取，孔内計測に関わる研究テーマをボトムアップで国際提案できる．となれば，地震学コミュニティが掘削される孔のなかに地震計を入れようと提案するのは，沿岸を離れた公海での長期連続地震データが欠落している海のことを思えばとうぜんの欲求である．

ハワイ大学のグループ（Fred Duennebier ら）とスクリプス海洋研究所のグループらが先鞭をつけた．彼らは，DSDP の時代に，1979 年にカリフォルニア湾（482C 孔[1]），中米海溝（494A 孔），1981 年にバルバドス海嶺（543A 孔），大西洋中央海嶺（395A 孔），1982 年に北西太平洋（581C 孔），1983 年に南西太平洋（595B 孔）で孔内地震観測実験を短期的に行った．いずれの場合も，広帯域ではなく数秒程度周期より高周波数での観測であった（航海毎の成果報告書を参照）．

陸域のグローバルデジタル地震観測網の構築が加速的に進んでいた頃，1989 年に私たちのグループが日本海の 794D 孔ではじめてのデジタル広帯域孔内観測に成功した（末広，2000; Suyehiro *et al.*, 1992; Kanazawa *et al.*, 1992; Suyehiro *et al.*, 1995）．その後，フランスのグループが，1992 年に潜水艇を用いて，DSDP の大西洋中央海嶺 (23°N, 43.5°W) 396B 孔内の設置に成功した (Montagner *et al.*, 1994)．米国も手をこまねいていたわけではなく，ハワイのオアフ島沖の 843B 孔内，海底，海底埋設での観測，そしてハワイ諸島内で観測特性の比較試験を行った (Collins *et al.*, 2001)．1990–2000 年代の海半球計画により，孔内観測はさらに進化した（3.3 節，成果は第 5 章）．南海トラフでは海底ケーブルに接続したリアルタイム観測も始まった．

付録 B　P 波と S 波 (P and S waves)

B.1　正弦波とベクトル表記 (Sinusoidal waves and vector notation)

波動の性質を見るのに線形性を仮定して微分方程式である波動方程式の解を求め

---

[1] 孔を示すコードで，ウェブ (sedis.iodp.org) で検索すると，掘削点の位置，掘削航海から文献情報まで得られる．

ることが多い．これは重ね合わせがきく線形性が保証されれば複雑な波形に拡張できるからである．求めるべき解（実現される波動）は，境界条件，初期条件を満足するものである．また微分によって形を変えない指数関数 ($A\exp(i\omega t)$) を仮定して波動方程式に代入することが頻出するが，元の微分方程式を複素数領域まで拡張して複素関数を解としても，線形性により実部が実数領域の解となる．このとき A も複素数とすれば位相のずれも表現される．以下によく知られている指数関数と三角関数の関係（オイラーの公式）と二つの三角関数の重ね合わせの式を示す．

$$e^{i\theta} = \cos\theta + i\sin\theta \tag{B.1}$$

$$A\cos\theta + B\sin\theta = \sqrt{A^2 + B^2}\cos\left(\theta + \arctan\left(-\frac{B}{A}\right)\right) \tag{B.2}$$

ベクトル記法

三次元場の性質（ベクトル）が，ある場所でどのように変化しているのかを示すのに，傾き (gradient)，発散 (divergence)，回転 (rotation) という見方で表現することが多い．ベクトル解析で学ぶその表記法と簡単な意味を示す．

関数 $\phi = \phi(x_1, x_2, x_3)$ の傾きは，

$$\nabla\phi \equiv \mathrm{grad}\phi \tag{B.3}$$

と表現される．左辺の演算子はナブラ（デル）演算子で，直角座標系では，

$$\nabla\phi(x_1, x_2, x_3) = \left(\frac{\partial\phi}{\partial x_1}, \frac{\partial\phi}{\partial x_2}, \frac{\partial\phi}{\partial x_3}\right) \tag{B.4}$$

のベクトルである．

ベクトル関数 $\mathbf{F} = (F_1, F_2, F_3)$ の発散は，

$$\nabla\cdot\mathbf{F} \equiv \mathrm{div}\mathbf{F} \tag{B.5}$$

であり，直角座標系では，

$$\nabla\cdot(F_1, F_2, F_3) = \frac{\partial F_1}{\partial x_1} + \frac{\partial F_2}{\partial x_2} + \frac{\partial F_3}{\partial x_3} \tag{B.6}$$

発散について重要な関係は「連続の式」$\mathrm{div}\mathbf{F} = 0$ である．ある空間の微小体積部分に F の表す量が単位時間に流入すれば，流出する量も同じになるという式である．もし，この変化分がゼロでないときは，微小体積部分の密度が変化したことになる．

変位のベクトル関数 $\mathbf{u} = (u_1, u_2, u_3)$ の回転は，

$$\nabla\times\mathbf{u} \equiv rot\mathbf{u} \tag{B.7}$$

と表現され，直交座標系では，

$$\nabla \times \mathbf{u} = \left\{ \left(\frac{\partial u_3}{\partial x_2} - \frac{\partial u_2}{\partial x_3} \right), \left(\frac{\partial u_1}{\partial x_3} - \frac{\partial u_3}{\partial x_1} \right), \left(\frac{\partial u_2}{\partial x_1} - \frac{\partial u_1}{\partial x_2} \right) \right\} \tag{B.8}$$

たとえば弾性体の変形は純粋な回転 ω と歪とに分けられるが，B.8 式は 2ω を表す．

ラプラスの方程式 $\nabla^2 \phi = 0$ に現れるラプラシアン (Laplacian) は，$\nabla^2 \equiv \Delta \equiv \nabla \cdot \nabla$ である．直角座標系では，$(\frac{\partial \phi}{\partial x})^2 + (\frac{\partial \phi}{\partial y})^2 + (\frac{\partial \phi}{\partial z})^2$ である．波動場 ψ の従う波動方程式は，

$$\nabla^2 \psi = \frac{1}{c^2} \frac{\partial^2 \psi}{\partial t^2} \tag{B.9}$$

と表現される（2.1.2, 2.1.26, 2.1.27, 2.1.29 式）．

B.2　P 波と SV，SH 波 (P, SV and SH waves)

ヘルムホルツの定理 (Helmholtz's theorem) により変位ベクトル $\mathbf{u}$ は，$\nabla \times \Phi = 0$（非回転：せん断なし）を満たすスカラーポテンシャル Φ と，$\nabla \cdot \Psi = 0$（非発散：体積変化なし）を満たすベクトルポテンシャル Ψ によって

$$\mathbf{u} = \nabla \Phi + \nabla \times \Psi \tag{B.10}$$

と表現できる．これを波動方程式 (B.9) に代入すると，P 波 (Φ) と S 波 (Ψ) 成分ごとの方程式に分離される（第 2 章の 2.1.26–27 式）．P 波の直交座標系での解は，$\Phi(\mathbf{x}, t) = A \exp[\pm i(\omega t \pm k_1 x_1 \pm k_2 x_2 \pm k_3 x_3)]$ と任意の平面波の集まりになる．特定の平面波を仮定すれば，波面に直交する波数ベクトル $\mathbf{k}_\alpha = \frac{\omega}{\alpha}(k_1, k_2, k_3)$ 方向に，

$$k_1^2 + k_2^2 + k_3^2 = \frac{\omega^2}{\alpha^2} \tag{B.11}$$

を保ち，B.12 式のように書ける．α は P 波速度である．

$$\Phi(\mathbf{x}, t) = A \exp[i(\omega t - \mathbf{k}_\alpha \cdot \mathbf{x})] \tag{B.12}$$

同様に S 波についてはベクトル関数によって，

$$\Psi(\mathbf{x}, t) = \mathbf{B} \exp[i(\omega t - \mathbf{k}_\beta \cdot \mathbf{x})] \tag{B.13}$$

と書ける．波数ベクトルは，$\mathbf{k}_\beta = \frac{\omega}{\beta}(k_1, k_2, k_3)$ で，β が S 波速度である．P 波による地動変位を求めるには，ナブラの意味を思い出して，Φ の傾きを計算すればよい．波数ベクトルが x_1–x_3 平面内にあれば，

$$
\begin{aligned}
u_1 &= -ik_1 A \exp[i(\omega t - k_1 x_1 - k_3 x_3)] \\
u_2 &= 0 \\
u_3 &= -ik_3 A \exp[i(\omega t - k_1 x_1 - k_3 x_3)]
\end{aligned}
\tag{B.14}
$$

S 波による地動変位については，回転を計算する．波数ベクトルが x_1–x_3 平面内にあるとすれば，

$$
\begin{aligned}
u_1 &= ik_3 B_{SV} \exp[i(\omega t - k_1 x_1 - k_3 x_3)] \\
u_2 &= B_{SH} \exp[i(\omega t - k_1 x_1 - k_3 x_3)] \\
u_3 &= ik_1 B_{SV} \exp[i(\omega t - k_1 x_1 - k_3 x_3)]
\end{aligned}
\tag{B.15}
$$

と求められる．ここで u_2 は，波数ベクトルに直交し x_2 軸に平行な SH 波であり，u_1 と u_3 を x_1–x_3 平面内で合成すると，波数ベクトル方向を向く SV 波となる．

付録 C　その他 (Miscelleneous)

C.1　近似と誤差 (Approximation and error)

よく知られるように，あらゆる理論は実際の地球の振る舞いの近似であり，あらゆる観測は誤差を含むので，さまざまな局面で観測と理論の関係について考察が必要となる．ここではもっとも簡単な例を示す（第 2 章のまとめ参照）．

近似 (approximation)

近似を使う際によく使われるのは関数のテイラー展開 (Taylor expansion) である．これを用いて $f(x) = \frac{1}{1-x}$ を $|x| \ll 1$ として近似をすると，

$$
f(x) = \frac{1}{1-x} = f(a) + f'(a)(x-a) + \frac{f''(0)}{2!}(x-a)^2 \tag{C.1}
$$

$$
a = 0 \text{ のとき } \frac{1}{1-x} = 1 + x + x^2 + \cdots \tag{C.2}
$$

となる．同様に，$|x| \ll 1$ の場合，

$$
\sin x = x - \frac{x^3}{3!} + \frac{x^5}{5!} - \cdots \approx x \tag{C.3}
$$

$$
\cos x = 1 - \frac{x^2}{2!} + \frac{x^4}{4!} - \cdots \approx 1 \tag{C.4}
$$

$$(1+x)^{1/2} = 1 + \frac{1}{2}x - \frac{1}{8}x^2 + \frac{1}{16}x^3 - \cdots \approx 1 + \frac{1}{2}x \tag{C.5}$$

$$(1+x)^{-1/2} = 1 - \frac{1}{2}x + \frac{3}{8}x^2 - \frac{5}{16}x^3 + \cdots \approx 1 - \frac{1}{2}x \tag{C.6}$$

$$\frac{1}{1+x} = 1 - x + x^2 - x^3 + \cdots \tag{C.7}$$

などと近似できる（たとえば4.2.28式）．ここの例は，高次の項を用いなければ，曲線を直線で近似することになる．この延長で，4.4節でふれた非線形の問題を線形化することも近似である．

誤差 (errors)

観測の誤差が結果にどう影響するかの簡単な見当は，以下の関係が参考になる．観測値 f がパラメター $a, b, c, ..$ によるならば，観測値の変化分 df は，各々のパラメターの変化分への依存のしかたにより，

$$df(a, b, c, \cdots) = \frac{\partial f}{\partial a}da + \frac{\partial f}{\partial b}db + \cdots \tag{C.8}$$

かんたんな例として，音波の往復走時 T を測って海水層の厚さ h を決めるには，$h = v\frac{T}{2}$ であるので，速度 v の誤差の h への影響は，$dh = \frac{T}{2}dv + \frac{v}{2}dT$ と表される．さらに，h, v, T の関係はモデルであって，ここにモデル自体による誤差も入る．

• 震源の誤差楕円について

震源座標の誤差は三次元に広がる．これを平面に投影して図示すると楕円になるので，誤差楕円と呼ばれる．信頼区間を68.3%（正規分布の場合に1標準偏差内に収まる割合）と設定するとそれに応じて，カイ二乗 χ^2 分布表から自由度に応じた値 $\Delta\chi^2$ がわかる（2.4.3式）．そのとき，

$$\Delta\chi^2 = \begin{pmatrix} dx & dy & dz \end{pmatrix} \begin{pmatrix} c_{11} & c_{12} & c_{13} \\ c_{21} & c_{22} & c_{23} \\ c_{31} & c_{32} & c_{33} \end{pmatrix}^{-1} \begin{pmatrix} dx \\ dy \\ dz \end{pmatrix} \tag{C.9}$$

と表すことができる．c_{ij} は，共分散行列である．共分散行列の対角成分は，その観測パラメター $\boldsymbol{a}$ の i 成分 a_i の分散であり $(c_{ii} = \sigma^2(a_i))$，異なる成分間のそれぞれの誤差の相関を見たのが c_{ij} で，正であれば正の相関を示す．たとえば，二次元の場合のC.8式は二次形式となって

$$\Delta\chi^2 = \frac{c_{22}dx^2 - 2c_{12}dxdy + c_{11}dy^2}{-c_{12}^2 + c_{11}c_{22}} \tag{C.10}$$

と表される．この形は，共分散行列の逆行列に対する固有ベクトルの張る XY 平面上で XY 軸向きに長軸短軸をもつ楕円を成す（$c_{12}=0$ ならば座標変換不要）．すなわち固有値 λ_1, λ_2，固有ベクトル $(u_{11}, u_{12}), (v_{11}, v_{12})$ に対して，楕円の式と座標軸の回転角 (θ) は，

$$\Delta\chi^2 = \lambda_1 dx^2 + \lambda_2 dy^2, \quad \theta = \arctan \frac{u_{12}}{u_{11}} \tag{C.11}$$

となる．長軸の向きは，固有値の小さい方の固有ベクトルの向きである．

● フィルター

フィルターは，ある入力信号の不要な部分をカットする操作とも言える．地動入力と地震計出力の応答特性はフィルターを表しているとも見なせる．ある時系列信号を周波数空間に変換して望みの周波数部分だけ逆変換すれば，他の周波数部分は遮断したことになる．用いられるものには，ハイカット（低域通過），ローカット（高域通過），バンドパス（帯域通過），ノッチフィルター（特定周波数遮断）などがある．フィルターの理論の詳しい内容は専門書が必要である（たとえば Buttkus, 2000）．

フィルターのユーザーとしては，フィルターの特性を把握して，原波形がどのように変化するか理想と現実との違いに留意すべきである．たとえば，フィルターを通過させた波形で P 波の到着時刻を読み取ったとき，それは正確な到着時刻と言えるかということがある．一般に，遮断したい周波数で急激に振幅を落とすと，通したい側にも振幅の変動が生じる．変動を減らすと，急な遮断がむつかしくなる．一般にフィルターは原波形の振幅に加えて位相も変える．

かんたんな例として時刻順のデータの並びに移動平均をすれば波形がならされ，差分をとれば高い周波数 (f) が強調される．1 秒に 100 サンプルのデジタルデータであれば，意味ある周波数は 0–50 Hz である．このとき 2 点の移動平均をすることは，周波数領域では 0–50 Hz で $\cos(\pi f/50)$ の振幅特性をもつ係数をかけることになる．このとき周波数によって位相のずれ方は直線的で 0 Hz ではずれがないが，50 Hz では $-\pi/2$ ずれる．2 点の差分をとると 0–50 Hz で $2\sin(\pi f/50)$ をかけることになり，位相はやはり直線的だが 0 Hz で $\pi/2$ ずれる．

よく知られるバタワース (Butterworth) フィルターは，通過周波数帯域 (passband) で平坦な振幅特性をもつことが特徴である．通過帯域と阻止帯域 (stopband) を指定して具体的にフィルターのパラメターが決まる．通過帯域から減衰させる目印は，遮断周波数 (cutoff frequency) と呼ばれ，定量的に平坦部の -3 dB (71%) あるいは -6 dB (50%) というように指定し，また阻止帯域に向かってどのように

減衰させるかを指定する．

C.2　いくつかの数字と単位 (Some figures and units)

知っておくと概算のめやすに便利な数字，単位の次元，SI 単位と常用単位との関係などをいくつかあげておく．

海洋面積　地表面積の 71%

海洋の平均の深さ　3800 m

海洋の最深点　マリアナ海溝チャレンジャー海淵　10920 ± 10 m

地球の平均半径　6371 km（1 ラジアン $\approx 57.29578°$）（赤道方向は +7 km，極方向は −14 km）

緯度 40 度の東西方向の 1 度 = 85 km（緯度方向は 111 km= 60 海里 × 1852 m）

1 海里=1 nm = 1852 m

1 ノット (knot, kt) = 1 nm/hr であるから $X\mathrm{kt} \approx \frac{X}{2}$ m/s

1 年 $\approx 3.15 \times 10^7$ s

46 億年 = 4.6 byr $\approx 1.45 \times 10^{17}$ s

歪は無次元なので，応力と弾性定数は同じ次元（力/面積）である．応力が力と次元が異なるのは，応力が重力のような体積力と異なり面積力だからである．

圧力については，$\mathrm{Pa} = \mathrm{N/m^2}$ が SI 単位．常用単位と比較すると，$1\,\mathrm{kgf/cm^2} \approx 10^5\,\mathrm{Pa}$．1 bar=0.1 MPa．水深 1000 m 毎にほぼ 10 MPa に相当する ($\rho = 1000\,\mathrm{kg/m^3}$)．地殻，最上部マントル中は $\rho \sim 3300\,\mathrm{kg/m^3}$ と見なすと，深さ 10 km では 330 MPa の静岩圧 (lithostatic pressure) となる．地震の応力降下は 1–10 MPa，気圧の変化は数十 hPa (0.001 MPa) オーダーである．

力とエネルギーの単位の cgs 系との関係は，$\mathrm{N} = 10^5\,\mathrm{dyne}$，$\mathrm{J} = \mathrm{N \cdot m} = 10^7\,\mathrm{erg}$，$\mathrm{erg} = \mathrm{dyne \cdot cm} = 10^{-7}\,\mathrm{J}$ である．

振幅，パワー（振幅の二乗に比例）は対数で表現することが多く，デシベル，オクターブという言い方が出てくる．

$$\mathrm{dB} = 20 \log_{10} \left(\frac{\text{振幅}}{\text{基準振幅}} \right) = 10 \log_{10} \left(\frac{\text{パワー}}{\text{基準パワー}} \right)$$

1/e になるのは，−8.7 dB．振幅が 100 倍になれば 40 dB アップ．パワーで言うと dB は，同じ 40 dB が上式により 1 万倍．パワーが 100 倍になったら 20 dB で振幅は 10 倍．1 オクターブは基準とその倍の幅 (2^1)．1/3 オクターブは基準と $2^{1/3}$ 倍の幅．

C.3　震央距離と方位角 (Epicentral distance and azimuth)

震央距離と方位の球面三角法による計算：地震計 (S) と震央 (E)（人工震源も同様）の緯度（要求精度により地心緯度）と経度をそれぞれ (ϕ_s, λ_s)，(ϕ_E, λ_E) としたとき，2 点間の距離 Δ と地震計から震央を見た方位 (azimuth) θ は，

$$\cos\Delta = \sin\phi_E \sin\phi_S + \cos(\lambda_E - \lambda_S)\cos\phi_E \cos\phi_S$$

$$\sin\theta = \frac{\sin(\lambda_E - \lambda_S)\cos\phi_E}{\sin\Delta}$$

と表せる．Δ は角度であるから，長さの単位にするには，地球半径が必要になる．地震計 S から E を見た方位角 (azimuth) θ は，N（北極点），S，E でつくる球面三角を考えたときの $\angle$NSE にあたる．なお，$\angle$NES を逆方位角 (back-azimuth) と呼ぶ．

参考文献

References

Abe, K., Physical size of tsunamigenic earthquakes of the Northwestern Pacific, Phys. Earth Planet. Inter., 27, 194-205, 1981.

Abercrombie, R.E., and Ekström, G., Earthquake slip on oceanic transform faults, Nature, 410, 74-77, 2001.

Aki, K., and Kaminuma, K., Love waves from the Aleutian shock of March 9, 1957, Bull. Earthq. Res. Inst., 41, 243-259, 1963.

Aki, K., and Richards, P.G., Quantitative Seismology, Second Ed., Univ. Science Books, California, pp.700, 2002.

Ammon, C.J., Lay, T., Kanamori, H., *et al.*, A rupture model of the 2011 off the Pacific coast of Tohoku Earthquake, Earth Planets Space, 63, 693-696, doi:10.5047/eps.2011.05.015, 2011.

Aoki, Y., Tamano, T., and Kato, S., Detailed structure of the Nankai Trough from migrated seismic sections, Am. Assoc. Petrol. Geol. Mem., 34, 309-322, 1983.

Araki, E., Shinohara, M., Sacks, S., *et al.*, Improvement of seismic observation in the ocean by use of seafloor boreholes, Bull. Seismol. Soc. Am., 94, 678-690, 2004.

Araki, E., Shinohara, M., Obana, K., *et al.*, Aftershock distribution of the 26 December 2004 Sumatra-Andaman earthquake from ocean bottom seismographic observation, Earth Planets Space, 58, 113-119, 2006.

Asada, T., Shimamura, H., Asano, S., *et al.*, Explosion seismological experiments on long-range profiles in the northwestern Pacific and the Marianas Sea, In: Hilde, T.W.C. and Uyeda, S., eds., Geodynamics of the Western Pacific-Indonesian Region, AGU Geodynamics Series, 11, 105-120, 1983.

Asano, Y., Saito, Y., Ito, Y., *et al.*, Spatial distribution and focal mechanisms of aftershocks of the 2011 off the Pacific coast of Tohoku Earthquake, Earth Planets Space, 63, 669-673, doi:10.5047/eps.2011.06.016, 2011.

Backus, M.M., Water reverberations—their nature and elimination, Geophys., 24, 233-261, 1959.

Backus, G., Possible forms of seismic anisotropy in the uppermost mantle under oceans, J. Geophys. Res., 70, 3429-3439, 1965.

Backus, G., and Mulcahy, M., Moment tensors and other phenomenological descriptions of seismic sources, I. Continuous displacements, Geophys. J. Roy. Astr. Soc., 46, 341-361, 1976.

Badger, A.S., Special report on digital seismic recorder specification standards by SEG Subcommittee on digital seismic recorder specifications: Geophys., 53, 415-416, 1988.

Barklage, M., Wiens, D.A., Conder, J.A., *et al.*, P and S velocity tomography of the Mariana subduction system from a combined land-sea seismic deployment, Geochem. Geophys. Geosyst., 16, 681-704, doi:10.1002/2014GC005627, 2015.

Barry, K.M., Cavers, D.A., and Kneale, C.W., Report on recommended standards for digital tape formats, Geophys., 40, 344-352, 1975.

Bromirski, P.D., Duennebier, F.K., and Stephen, R.A., Mid-ocean microseisms, Geochem. Geophys. Geosyst., 6, doi:10.1029/2004GC000768, 2005.

Bullen, K.E., The Earth's Density, Halsted Press, pp.420, 1975.

Butler, R., Chave, A.D., Duennebier, F.K., *et al.*, Hawaii-2 observatory pioneers opportunities for remote instrumentation in ocean studies, Eos, Trans., AGU, 81, 157, 2000.

Butler, R., and Lomnitz, C., Coupled seismoacoustic modes on the seafloor, Geophys. Res. Lett., 29, doi:10.1029/2002GL014722, 2002.

Buttkus, B., Spectral Analysis and Filter Theory in Applied Geophysics, Springer, pp.667, 2000.

Byrne, D.E., Davis, D.M., and Sykes, L.R., Loci and maximum size of thrust earthquakes and the mechanics of the shallow region of subduction zones, Tectonics, 7, 833-857, 1988.

Červený, V., Molotkov, I., and Pšenčik, I., Ray Method in Seismology, Univ. of Karlova, Prague, pp.214, 1977.

Chun, J.H., and Jacewitz, C.A., Fundamentals of frequency domain migration, Geophys., 46, 717-733, 1981.

Chung, T.W., Hirata, N., and Sato, R., Two-dimensional P- and S-wave velocity structure of the Yamato Basin, the southeastern Japan Sea, from refraction data collected by an ocean bottom seismograph array, J. Phys. Earth, 38, 99-147, 1990.

Claerbout, J., Imaging the Earth's Interior, Blackwell Science Inc., pp.412, 1985.

Clayton, R.W., and McMechan, G.A., Inversion of refraction data by wave field continuation, Geophys., 46, 860-868, 1981.

Coffin, M.F., and Eldholm, O., Large igneous provinces: crustal structure, dimensions, and external consequences, Rev. Geophys., 32, 1-36, 1994.

Collins, J.A., Vernon, F.L., Orcutt, J.A., *et al.*, Broadband seismology in the oceans: lessons from the Ocean Seismic Network pilot experiment, Geophys. Res. Lett., 28, 49-52, 2001.

Cox, C., Deaton, T., and Webb, S., A deep-sea differential pressure gauge, J. Atmospheric and Oceanic Technology, 1, 237-246, 1984.

Crampin, S., and Kirkwood, S.C., Velocity variations in systems of anisotropic symmetry, J. Geophys., 49, 35-42, 1981.

Crawford, W.C., Webb, S.C., and Hildebrand, J.A., Seafloor compliance observed by long-period pressure and displacement measurements, J. Geophys. Res., 96, 16151-16160, 1991.

DeShon, H.R., Schwartz, S., Bilek, S.L., *et al.*, Seismogenic zone structure of the southern Middle America Trench, Costa Rica, J. Geophys. Res., 108, doi:10.1029/2002JB002294, 2003.

Detrick, R.S., Buhl, P., Vera, E., *et al.*, Multi-channel seismic imaging of a crustal magma chamber along the East Pacific Rise, Nature, 326, 35-41, 1987.

Dieterich, J., Modeling of rock friction 1. Experimental results and constitutive relations, J. Geophys. Res., 84, 2161-2168, 1979.

Duennebier, F.K., Lienert, B., Cessaro, R., *et al.*, Controlled-source seismic experiment at Hole 581-C, Init. Repts. DSDP, 88, Washington (U.S. Govt. Printing Office), 105-125, 1987.

Duennebier, F., and Sutton, G., Fidelity of ocean bottom seismic observations, Mar. Geophys. Res., 17, 535-555, 1995.

Duennebier, F., and Sutton, G., Why bury ocean bottom seismometers?, Geochem. Geophys. Geosyst., 8, doi:10.1029/2006GC001428, 2007.

Dunn, R.A., Toomey, D.R., Detrick, R.S., *et al.*, Continuous mantle melt supply beneath an overlapping spreading center on the East Pacific Rise, Science, 291, 1955-1958, 2001.

Dziewonski, A.M., and Anderson D.L., Preliminary reference Earth model, Phys. Earth Planet. Inter., 25, 297-356, 1981.

Ewing, J., and Ewing, M., A telemetering ocean-bottom seismograph, J. Geophys. Res., 66, 3863-3878, 1961.

Ewing, M., and Vine, A.C., Deep-sea measurements without wires or cables, Eos, Trans., AGU, 19, 248-151, 1938.

Ewing, W.M., and Worzel, J.L., Long-range sound transmission, in Propagation of Sound in the Ocean, Geol. Soc. Am. Mem., 27, 1-35, 1948.

Fulton, P.M., Brodsky, E.E., Kano, Y., *et al.*, Low coseismic friction on the Tohoku-oki fault determined from temperature measurements, Science, 342, doi:10.1126/science.1243641, 2012.

Gazdag, J., Wave-equation migration by phase shift, Geophys., 43, 1342-1351, 1978.

Goldfinger, C., Nelsom, C.H., Johnson, J.E., *et al.*, Deep-water turbidites as Holocene earthquake proxies: the Cascadia subduction zone and northern San Andreas fault systems, Annals of Geophysics, 46, 1169-1194, 2003.

Gutenberg, B., and Richter, C.F., Magnitude and energy of earthquakes, Science, 83, 183-185, 1936.

Gutenberg, B., Seismology, In: Geology, 1888-1938, Geol. Soc. Am., 439-470, 1941.

Gutenberg, B., and Richter, C.F., Frequency of earthquakes in California, Bull. Seismol. Soc. Am., 34, 185-188, 1944.

Gutenberg, B., On the layer of relatively low wave velocity at a depth of about 80 km. Bull. Seismol. Soc. Am., 38, 121-148, 1948.

Hamada, N., T waves recorded by ocean bottom seismographs off the south coast of Tokai area, central Honshu, Japan, J. Phys. Earth, 33, 391-410, 1985.

Hasegawa, A., Horiuchi, S., and Umino, N., Seismic structure of the northeastern Japan convergent margin: a synthesis, J. Geophys. Res., 99, 22295-22311, 1994.

Helffrich, G.R., and Wood, B.J., The earth's mantle, Nature, 412, 501-507, 2001.

Hess, H.H., Seismic anisotropy of the uppermost mantle under oceans, Nature, 203, 629-631, 1964.

Hickman, S., Zoback, M., and Ellsworth, W., Introduction to special section: Preparing for the San Andreas Fault observatory at depth, Geophys. Res. Lett., 31, L12S01, doi:10.1029/2004GL020688, 2004.

Hino, R., Ito, S., Shiobara, H., *et al.*, Aftershock distribution of the 1994 Sanriku-oki earthquake (Mw 7.7) revealed by ocean bottom seismographic observation, J. Geophys. Res., 105, 21697-21710, 2000.

Hino, R., An overview of the Mw 9, 11 March 2011, Tohoku earthquake, Summary of the Bulletin of the International Seismological Centre, 48, 1-6, 100-132, 2015.

Hirano, N., Takahashi, E., Yamamoto, J., *et al.*, Volcanism in response to plate flexure, Science, 313, doi:10.1126/science.1128235, 2006.

Hirata, N., Kanazawa, T., Suyehiro, K., *et al.*, A seismicity gap beneath the inner wall of the Japan Trench as derived by ocean bottom seismograph measurement, Tectonophys., 112, 193-209, 1985.

Hirata, N., Nambu, H., Shinohara, M., *et al.*, Seismic evidence of anisotropy in the Yamato Basin crust, Proc. ODP Sci. Results, 127/128, Pt.2, 1107-1121, 1992.

広井脩, 第 3 章災害とマス・メディア, 東大新聞研究所編, 災害と人間行動, 東京大学出版会, pp.285, 1982.

Holbrook, W.S., Larsen, H.C., Korenaga, J., *et al.*, Mantle thermal structure and active upwelling during continental breakup in the North Atlantic, Earth Planet. Sci. Lett., 190, 251-266, 2001.

Honda, H., Earthquake mechanism and seismic waves, J. Phys. Earth, 10, 1-97, 1962.

Huang, P.Y., and Solomon, S.C., Centroid depths of mid-ocean ridge earthquakes: dependence on spreading rates, J. Geophys. Res., 93, 13445-13477, 1988.

Hubral, P., Schleicher, J., Tygel, M., *et al.*, Determination of Fresnel zones from traveltime measurements, Geophys., 58, 703-712, 1993.

Hyndman, R.D., Wang, K., and Yamano, M., Thermal constraints on the seismogenic portion of the southwestern Japan subduction thrust, J. Geophys. Res., 100, 15373-15392, 1995.

Iinuma, T., Hino, R., Kido, M., *et al.*, Coseismic slip distribution of the 2011 off the Pacific Coast of Tohoku Earthquake (M9.0) refined by means of seafloor geodetic data, J. Geophys. Res., 117, doi:10.1029/2012JB009186, 2012.

今井功, 流体力学, 岩波書店, pp.254, 1993.

IODP, Earth, Oceans and Life, Integrated Ocean Drilling Program, Initital Science Plan, 2003-2013, pp.110, 2001.

Inazu, D., and Hino, R., Temperature correction and usefulness of ocean bottom pressure data from cabled seafloor observatories around Japan for analyses of tsunamis, ocean tides, and low-frequency geophysical phenomena, Earth Planets Space, 63, 1133-1149, 2011.

Inazu, D., Hino, R., and Fujimoto, H., A global barotropic ocean model driven by synoptic atmospheric disturbances for detecting seafloor vertical displacements from in situ ocean bottom pressure measurements, Mar. Geophys. Res., 33, 127-148, 2012.

Ishimoto, M., and Iida, K., Observation of earthquake registered with the microseismograph constructed recently (I), Bull. Earthq. Res. Inst., 17, 443-478, 1939.

Isse, T., Yoshizawa, K., Shiobara, H., *et al.*, Three-dimensional shear wave structure beneath the Philippine Sea from land and ocean bottom broadband seismograms, J. Geophys. Res., 111, doi:10.1029/2005JB003750, 2006a.

Isse, T., Suetsugu, D., Shiobara, H., *et al.*, Shear wave speed structure beneath the South Pacific superswell using broadband data from ocean floor and islands, Geophys. Res. Lett., doi:10.1029/2006GL026872, 2006b.

Isse, T., Shiobara, H., Tamura, Y., *et al.*, Seismic structure of the upper mantle beneath the Philippine Sea from seafloor and land observation: Implications for mantle convection and magma genesis in the Izu-Bonin-Mariana subduction zone, Earth Planet. Sci. Lett., 278, 107-119, 2009.

Isse, T., Shiobara, H., Montagner, J.-P., *et al.*, Anisotropic structures of the uppermantle beneath the northern Philippine Sea region from Rayleigh and Love wave tomography,

Phys. Earth Planet. Inter., 183, 33-43, 2010.
Ito, Y., and Obara, K., Dynamic deformation of the accretionary prism excites low frequency earthquakes, Geophys. Res. Lett., 33, doi:10.1029/2005GL025270, 2006.
Jeffreys, H., and Bullen, K.E., Seismological tables, British Association Seismological Committee, London, 1940.
Johnson, J.M., Tanioka, Y., Ruff, L.J., *et al.*, The 1957 great Aleutian earthquake, Pure Applied Geophys., 142, 3-28, 1994.
Johnston, R.C., Reed, D.H., and Desler, J.F., Special report on marine seismic energy source standards, Geophys., 53, 566-575, 1988. (Errata in 53, 1011)
Kanamori, H., and Press, F., How thick is the lithosphere?, Nature, 226, 330-331, 1970.
Kanamori, H., Mechanism of tsunami earthquakes, Phys. Earth Planet. Inter., 6, 346-359, 1972.
Kanamori, H., The energy release in great earthquakes, J. Geophys. Res., 82, 2981-2987, 1977.
Kanamori, H., and Anderson, D., Importance of physical dispersion in surface wave and free oscillation problems: Review, Rev. Geophys. Space Phys., 15, 105-112, 1977.
Kanamori, H., The nature of seismicity patterns before large earthquakes, In: Earthquake Prediction—An International Review, AGU Monograph, Washington D.C., 1-19, 1981.
Kanamori, H., Importance of historical seismograms for geophysical research, In: Lee, W.H.K., Meyers, H., and Shimazaki, K., eds., Historical Seismograms and Earthquakes of the World, Academic Press, San Diego, 16-33, 1988.
Kanamori, H., and Heaton, T.H., Microscopic and macroscopic physics of earthquakes, AGU Monograph Series 120, 147-163, 2000.
Kanamori, H., and Brodsky, E.E., The physics of earthquakes, Reports on Progress in Physics, 67, 1429-1496, IOP Publishing, 2004.
Kanamori, H., Lessons from the 2004 Sumatra-Andaman earthquake, Phil. Trans. Roy. Soc. London A., 364, 1927-1945, 2006.
Kanazawa, T., Suyehiro, K., Hirata, N., *et al.*, Performance of the ocean broad band downhole seismometer at site 794, Proc. ODP, Sci. Results, 127/128, Pt.2, 1157-1171, 1992.
Kanazawa, T., Sager, W., Escutia, C., *et al.*, Proc. ODP, Init. Repts., 191, 2001.
金澤敏彦, 篠原雅尚, 塩原肇, ほか, 海半球ネットワークによる広帯域地震観測網, 月刊地球, 23, 18-26, 2001.
金澤敏彦, 篠原雅尚, 塩原肇, 海底地震観測の最近の進展, 地震, 61, S55-S68, 2009.
Karato, S., Deformation of Earth Materials, Cambridge Univ. Press, pp.463, 2008.
笠原順三, 南雲昭三郎, 是沢定之, ほか, 底層流による海底地震計周囲の渦の発生の実験的観察, 地震研究所彙報, 55, 169-182, 1980.
Kasahara, J., Utada, H., Sato, T., *et al.*, Submarine cable OBS using a retired submarine communication cable: GeO-TOC project, Phys. Earth Planet. Inter., 108, 113-127, 1998.
Kasahara, J., Shirasaki, Y., and Momma, H., Multidisciplinary geophysical measurements on the ocean floor using decommissioned submarine cables: VENUS Project, IEEE J. Oceanic Eng., 25, 111-120, 2000.
Kawakatsu, H., Kumar, P., Takei, Y., *et al.*, Seismic evidence for sharp lithosphere-asthenosphere boundaries of oceanic plates, Science, 324, doi:10.1126/science.1169499, 2009.

Kennett, B.L.N., and Engdahl, E.R., Traveltimes for global earthquake location and phase identification, Geophys. J. Int., 105, 429-465, 1991.

Kennett, B.L.N., Engdahl, E.R., and Buland R., Constraints on seismic velocities in the Earth from travel times, Geophys. J. Int., 122, 108-124, 1995.

Kibblewhite, A.C., and Wu, C.Y., The theoretical description of wave-wave interactions as a noise source in the ocean, J. Acoustical Soc. Am., 89, 2241-2252, 1991.

Kido, M., Osada, Y., Fujimoto, H., *et al.*, Trench-normal variation in observed seafloor displacements associated with the 2011 Tohoku-Oki earthquake, Geophys. Res. Lett., 38, doi:10.1029/2011GL050057, 2011.

木村学, 木下正高編, 付加体と巨大地震発生帯, 東京大学出版会, pp.292, 2009.

Kishinouye, F., Yamazaki, Y., Kobayashi, H., *et al.*, A submarine seismograph; the first paper, Bull. Earthq. Res. Inst., 41, 819-824, 1963.

Kishinouye, F., The submarine seismograph, the second paper, Bull. Earthq. Res. Inst., 44, 1443-1447, 1966.

Klein, E.M., and Langmuir, C.H., Global correlations of ocean ridge basalt chemistry with axial depth and crustal thickness, J. Geophys. Res., 92, 8089-8115, 1987.

Kodaira, S., Goldschmidt-Rokita, A., Hartman, J.M., *et al.*, Crustal structure of the Lofoten continental margin, off northern Norway, from ocean-bottom seismographic studies, Geophys. J. Int., 121, 907-924, 1995.

Kodaira, S., Iidaka, T., Kato, A., *et al.*, High pore fluid pressure may cause silent slip in the Nankai Trough, Science, 304, 1295-1298, 2004.

Kodaira, S., Sato, T., Takahashi, N., *et al.*, New seismological constraints on growth of continental crust in the Izu-Bonin intra-oceanic arc, Geology, 35, 1031-1034, 2007.

Kohlstedt, D.L., Evans, B., and Mackwell, S.J., Strength of the lithosphere: constraints imposed by laboratory experiments, J. Geophys. Res., 100, 17587-17602, 1995.

Korenaga, J., Holbrook, W.S., Kent, G.M., *et al.*, Crustal structure of the southeast Greenland margin from joint refraction and reflection seismic tomography, J. Geophys. Res., 105, 21591-21614, 2000.

Lammlein, D.R., Latham, G.V., Dorman, J., *et al.*, Lunar seismicity, structure and tectonics, Rev. Geophys. Space Phys., 12, 1-21, 1974.

Lay, T., and Kanamori, H., Insights from the great 2011 Japan earthquake, Phys. Today, 64, doi:10.1063/PT.3.1361, 2011.

Leeds, A.R., Knopoff, L., and Kausel, E.G., Variations of Rayleigh wave phase velocities across the Pacific Ocean, Science, 186, 141-143, 1974.

Longuet-Higgins, M.S., A theory for the generation of microseisms, Phil. Trans. Roy. Soc. London A, 243, 1-35, 1950.

Ludwig, W.J., Murauchi, S., and Houtz, R.E., Sediments and structure of the Japan Sea, Geol. Soc. Am. Bull., 86, 651-664, 1975.

Lugg, R., Marine seismic sources, In: Fitch, A., ed., Developments in geophysical exploration methods, Appl. Sci. Publ., London, 143-203, 1979.

Mackenzie, K.V., Nine-term equation for the sound speed in the oceans, J. Acoust. Soc. Am., 70, 807-812, 1981.

Maruyama, T., On the force equivalents of dynamic elastic dislocations with reference to the earthquake mechanism, Bull. Earthq. Res. Inst., 41, 467-486, 1963.

Maxwell, A.E., von Herzen, R.P., Hsü, K.J., *et al.*, Deep sea drilling in the South Atlantic,

Science, 168, 1047-1059, 1970.

Mazzotti, S., Le Pichon, X., Henry, P., *et al.*, Full interseismic locking of the Nankai and Japan-west Kurile subduction zones: an analysis of uniform elastic strain accumulation in Japan constrained by permanent GPS, J. Geophys. Res., 105, 13159-13177, 2000.

McGuire, J.J., Seismic cycles and earthquake predictability on East Pacific Rise transform faults, Bull. Seismol. Soc. Am., 98, 1067-1084, 2008.

McGuire, J.J., Collins, J.A., Gouedard, P., *et al.*, Variations in earthquake rupture properties along the Gofar transform fault, East Pacific Rise, Nature Geoscience, 5, doi:10.1038/NGEO1454, 2012.

McMechan, G.A., Clayton, R.W., and Mooney, W.D., Application of wave field continuation to the inversion of refraction data, J. Geophys. Res., 87, 927-935, 1982.

メンケ, W., 柳谷俊, 塚田和彦訳, 離散インバース理論, 古今書院, pp.294, 1997.

The MELT Seismic Team, Imaging the deep seismic structure beneath a mid-oceanic ridge: the MELT experiment, Science, 280, 1215-1218, 1998.

Miura, S., Kodaira, S., Nakanishi, A., *et al.*, Structural characteristics controlling the seismicity of southern Japan Trench fore-arc region, revealed by ocean bottom seismographic data, Tectonophys., 363, 79-102, 2003.

Miura, S., Suyehiro, K., Shinohara, M., *et al.*, Seismological structure and implications of collision between the Ontong Java Plateau and Solomon Island Arc from ocean bottom seismometer-airgun data, Tectonophys., 389, 191-220, 2004.

Mjelde, R., Shimamura, H., Kanazawa, T., *et al.*, Crustal lineaments, distribution of lower crustal intrusives and strucrtural evolution of the Voring margin, NE Atlantic; new insight from wide-angle seismic models, Tectonophys., 369, 199-218, 2003.

Momma, H., Iwase, R., Mitsuzawa, K., *et al.*, Preliminary results of a three-year continuous observation by a deep seafloor observatory in Sagami Bay, central Japan, Phys. Earth Planet. Inter., 108, 263-274, 1998.

Montagner, J.-P., Seismic anisotropy of the Pacific Ocean inferred from long-period surface wave dispersion, Phys. Earth Planet. Inter., 38, 28-50, 1985.

Montagner, J.-P., Karczewski, J.-F., Romanowicz, B., *et al.*, The French pilot experiment OFM-SISMOBS: first scientific results on noise level and event detection, Phys. Earth Planet. Inter., 84, 321-336, 1994.

Moore, G.F., Shipley, T.H., Stoffa, P.L., *et al.*, Structure of the Nankai Trough accretionary zone from multichannel seismic reflection data, J. Geophys. Res., 95, 8753-8765, 1990.

Moore, G.F., Bangs, N.L., Taira, A., *et al.*, Three-dimensional splay fault geometry and implications for tsunami generation, Science, 318, doi:10.1126/science.1147195, 2007.

Mutter, J.C., Talwani, M., and Stoffa, P.L., Origin of seaward-dipping reflectors in oceanic crust off the Norwegian margin by "subaerial sea-floor spreading," Geology, 10, 353-357, 1982.

Nagumo, S., Ouchi, T., Kasahara, J., *et al.*, Sub-Moho seismic profile of the Mariana Basin: ocean bottom seismograph long range explosion experiment. Earth Planet. Sci. Lett., 53, 93-102, 1981.

Nagumo, S., and Ouchi, T., An effect of source on Po/So generation evidenced by a deep-focus earthquake, Geophys. Res. Lett., 17, 965-968, 1990.

中川徹, 小柳義夫, 最小二乗法による実験データ解析, 東京大学出版会, pp.216, 1982.

Nakajima, T., and Kanai, Y., Sedimentary features of seismoturbidites triggered by the

1983 and older historical earthquakes in the eastern margin of the Japan Sea, Sediment. Geol., 135, 1-19, 2000.

Nakamura, Y., Noguchi, T., Tsuji, T., *et al.*, Simultaneous seismic reflection and physical oceanographic observations of oceanic fine structure in the Kuroshio extension front, Geophys. Res. Lett., 33, doi:10.1029/2006GL027437, 2006.

Nakanishi, A., Shiobara, H., Hino, R., *et al.*, Detailed subduction structure across the eastern Nankai Trough obtained from ocean bottom seismographic profiles, J. Geophys. Res., 103, 27151-27168, 1998.

中西正男, 沖野郷子, 海洋底地球科学, 東京大学出版会, pp.320, 2016.

Nasu, N., von Huene, R., Ishiwada, Y., *et al.*, Interpretation of multichannel seismic reflection data, Legs 56 and 57, Japan Trench transect, Deep Sea Drilling Project, Init. Repts. DSDP, 56 & 57, 490-503, 1980.

Nawa, K., Suda, N., Fukao, Y., *et al.*, Incessant excitation of the Earth's free oscillations, Earth Planets Space, 50, 3-8, 1998.

Nettles, M., Wallace, T.C., and Beck, S.L., The March 25, 1998 Antarctic Plate earthquake, Geophys. Res. Lett., 26, doi:10.1029/1999GL900387, 1999.

Nettles, M., Ekström, G., and Koss, H.C., Centroid-moment-tensor analysis of the 2011 Tohoku earthquake and its larger foreshocks and aftershocks, Earth Planets Space, 99, 1-9, 2011.

Nishimura, C.E., and Forsyth, D.W., The anisotropic structure of the upper mantle in the Pacific, Geophys. J. Int. 96, 203-227, 1989.

Norris, R.A., and Johnson, R.H., Submarine volcanic eruptions recently located in the Pacific by SOFAR hydrophones, J. Geophys. Res., 74, 650-664, 1969.

Obana, K., Kodaira, S., Kaneda, Y., *et al.*, Microseismicity at the seaward updip limit of the western Nankai Trough seismogenic zone, J. Geophys. Res., 108, doi:10.1029/2002JB002370, 2003.

Obana, K., Kodaira, S., and Kaneda, Y., Microseismicity around rupture area of the 1944 Tonankai earthquake from ocean bottom seismograph observations, Earth Planet. Sci. Lett., 222, 561-572, 2004.

Obana, K., Kodaira, S., Shinohara, M., *et al.*, Aftershocks near the updip end of the 2011 Tohoku-Oki earthquake, Earth Planet. Sci. Lett., 382, 111-116, 2013.

Obara, K., Inhomogeneous distribution of deep slow earthquake activity along the strike of the subducting Philippine Sea Plate, Gondwana Research, 16, 516-526, 2009.

大中康譽, 松浦充弘, 地震発生の物理学, 東京大学出版会, pp.396, 2002.

Oliver, J., and Isacks, B., Deep earthquake zones, anomalous structures in the upper mantle and the lithosphere, J. Geophys. Res., 72, 4259-4275, 1967.

Omori, F., On the aftershocks of earthquake, J. Coll. Sci. Imp. Univ. Tokyo, 7, 111-200, 1894.

Osler, J.C., and Chapman, D.M.F., Quantifying the interaction of an ocean bottom seismometer with the seabed, J. Geophys. Res., 103, 9879-9894, 1998.

Ouchi, T., Spectral structure of high frequency P and S phases observed by OBS's in the Mariana Basin, J. Phys. Earth, 29, 305-326, 1981.

Padmos, L., and VanDecar, J.C., The 7 March 1988 north Pacific intraplate earthquake, Geophys. Res. Lett., 20, 2175-2178, 1993.

Park, J.-O., Tsuru, T., Kaneda, Y., *et al.*, A subducting seamount beneath the Nankai accretionary prism off Shikoku, southwestern Japan, Geophys. Res. Lett., 26, 931-934, 1999.

Park, J.-O, Tsuru, T., Kodaira, S., *et al.*, Splay fault branching along the Nankai subduction zone, Science, 297, 1157-1160, 2002.

Park, M., Odom, R.I., and Soukup, D.J., Modal scattering: a key to understanding oceanic T-waves, Geophys. Res. Lett., 28, 3401-3404, 2001.

Ponce-Correa, G., Mutter, J.C., and Carbotte, S., Fresnel Zone: A Pitfall in Seismic Imaging of Mid-Ocean Ridge Magma Lenses, Geophys. Res. Lett., 26, 3021-3024, 1999.

Pozgay, S.H., Wiens, D.A., Conder, J.A., *et al.*, Complex mantle flow in the Mariana subduction system: evidence from shear wave splitting, Geophys. J. Int., 170, 371-386, 2007.

Pozgay, S.H., Wiens, D.A., Conder, J.A., *et al.*, Seismic attenuation tomography of the Mariana subduction system: Implications for thermal structure, volatile distribution, and slow spreading dynamics, Geochem. Geophys. Geosyst., 10, doi:10.1029/2008GC002313, 2009.

Prawirodirdjo, L., and Bock, Y., Instantaneous global plate motion model from 12 years of continuous GPS observations, J. Geophys. Res., 109, doi:10.1029/2003JB002944, 2004.

Purdy, G.M., The correction for the travel time effects of seafloor topography in the interpretation of marine seismic data, J. Geophys. Res., 87, 8389-8396, 1982.

Raitt, R.W., Shor, G.G., Jr., Morris, G.B., *et al.*, Mantle anisotropy in the Pacific Ocean, Tectonophys., 12, 173-186, 1971.

Ranero, C.R., and von Huene, R., Subduction erosion along the Middle America convergent margin, Nature, 404, 748-752, 2000.

Rayleigh, Lord, On the pressure developed in a liquid during the collapse of aspherical cavity, Phil. Mag., Ser. 6, 34, 94-98, 1917.

Reasenberg, P., and Aki, K., A precise, continuous measurement of seismic velocity for monitoring in situ stress, J. Geophys. Res., 79, 399-406, 1974.

Reed, D.H., Selsam, R.L., and Knox, W.A., SEG standards for marine seismic hydrophones and streamer cables, Geophys., 52, 242-248, 1987 (Errata in 52, 720).

Regan, J., and Anderson, D.L., Anisotropic models of the upper mantle, Phys. Earth Planet. Inter., 35, 227-263, 1984.

Reid, H.F., The mechanics of the earthquake, the California Earthquake of April 18, 1906, Report of the State Investigation Commission, Vol.2, Carnegie Inst. Wash., Washington, D.C., 1910.

Rhie, J., and Romanowicz, B., A study of the relation between ocean storms and the Earth's hum, Geochem. Geophys. Geosyst., 7, doi:10.1029/2006GC001274, 2006.

Ryan, W.B.F., Carbotte, S.M., Coplan, J.O., *et al.*, Global multi-resolution topography synthesis, Geochem. Geophys. Geosyst., 10, Q03014, doi:10.1029/2008GC002332, 2009.

齋藤正彦, 線型代数入門, 東京大学出版会, pp.274, 1966.

斎藤正徳, 地震波動論, 東京大学出版会, pp.539, 2009.

Sakaguchi, A., Chester, F., Curewitz, D., *et al.*, Seismic slip propagation to the updip end of plate boundary subduction interface faults: Vitrinite reflectance geothermometry on Integrated Ocean Drilling Program NanTro SEIZE cores, Geology, 39, 395-398, 2011a.

Sakaguchi, A., Kimura, G., Strasser, M., *et al.*, Episodic seafloor mud brecciation due to great subduction earthquakes, Geology, 39, 919-922, 2011b.

Sato, M., Ishikawa, T., Ujihara, N., *et al.*, Displacement above the hypocenter of the 2011 Tohoku-Oki earthquake, Science, 332, doi:10.1126/science.1207401, 2011.

Sato, T., No, T., Kodaira, S., *et al.*, Seismic constraints of the formation process on the back-arc basin in the southeastern Japan Sea, J. Geophys. Res., 119, 1563-1579, doi:10.1002/2013JB010643, 2014.

Scherbaum, F., Of Poles and Zeroes, 2nd ed., Springer, pp.268, 2007.

Scholz, C.H., Crustal movements in tectonic areas, Tectonophys., 14, 201-217, 1972.

Scholz, C.H., Earthquakes and friction laws, Nature, 391, 37-42, 1998.

Scholz, C., The Mechanics of Earthquakes and Faulting, Second Ed., Cambridge Univ. Press, pp.504, 2002.

Schubert, G., Froidevaux, C., and Yuen, D.A., Oceanic lithosphere and asthenosphere: thermal and mechanical structure, J. Geophys. Res., 81, 3525-3540, 1976.

Shearer, P., Introduction to Seismology, Second Ed., Cambridge Univ. Press, pp.412, 2009.

Sheriff, R.E., and Geldart, L.P., Exploration Seismology, Cambridge Univ. Press, pp.628, 1995.

Shimamura, H., and Asada, T., Velocity anisotropy extending over the entire depth of the oceanic lithosphere, In: Hilde, T.W.C. and Uyeda, S., eds., Geodynamics of the Western Pacific-Indonesian Region, AGU Geodynamics Series, 11, 121-125, 1983.

Shimamura, H., Anisotropy in the oceanic lithosphere of the Northwestern Pacific Basin, Geophys. J. Roy. Astr. Soc., 76, 253-260, 1984.

Shinohara, M., Suyehiro, K., and Murayama, T., Microearthquake seismicity in relation to double convergence around the Solomon Islands arc by ocean-bottom seismometer observation, Geophys. J. Int. 153, 691-698, 2003.

Shinohara, M., Yamada, T., Kanazawa, T., *et al.*, Aftershock observation of the 2003 Tokachi-oki earthquake by using dense ocean bottom seismometer network, Earth Planets Space, 56, 295-300, 2004.

Shinohara, M., Hino, R., Yoshizawa, T., *et al.*, Hypocenter distribution of plate boundary zone off Fukushima, Japan, derived from ocean bottom seismometer data, Earth Planets Space, 57, 93-105, 2005.

Shinohara, M., Araki, E., Kanazawa, T., *et al.*, Deep-sea borehole seismological observatories in the western Pacific: temporal variation of seismic noise level and event detection, Ann. Geophys., 49, 625-641, 2006.

Shinohara, M., Fukano, T., Kanazawa, T., *et al.*, Upper mantle and crustal seismic structure beneath the northwestern Pacific Basin using seafloor borehole broadband seismometer and ocean bottom seismometers, Phys. Earth Planet. Inter., doi:10.1016/j.pepi.2008.07.039, 2008.

Shinohara, M., Machida, Y., Yamada, T., *et al.*, Precise aftershock distribution of the 2011 off the Pacific coast of Tohoku Earthquake revealed by an ocean-bottom seismometer network, Earth Planets Space, 64, 1137-1148, 2012.

Smith, W.H.F., and Sandwell, D.T., Global sea floor topography from satellite altimetry and ship depth soundings, Science, 277, 1956-1962, 1997.

Sohn, R.A., Hildebrand, J.A., and Webb, S.C., A microearthquake survey of the high-temperature vent fields on the volcanically active East Pacific Rise (9° 50'N), J. Geophys. Res., 104, 25367-25377, 1999.

Spiess, F.N., Chadwell, D., Hildebrand, J.A., *et al.*, Precise GPS/Acoustic positioning of seafloor reference points for tectonic studies, Phys. Earth Planet. Inter., 108, 101-112, 1998.

Stokes G.G., On the theory of oscillatory waves, Transactions of the Cambridge Philosophical Society, 8, 441-473, 1847.

Stolt, R.H., Migration by Fourier transform, Geophys., 43, 23-48, 1978.

Storchak, D.A., Schweitzer, J., and Bormann, P., The IASPEI standard seismic phase list, Seismol. Res. Lett., 74, 761-772, 2003.

Storchak, D.A., ISC-GEM hypocenters 1904 to 2012, International Seismological Centre, 2015.

Suetsugu, D., Shiobara, H., Sugioka, H., *et al.*, Probing south Pacific mantle plumes with ocean bottom seismographs, Eos, Trans., AGU, 86, 429-444, 2005.

Suetsugu, D., Shiobara, H., Sugioka, H., *et al.*, Topography of the mantle discontinuities beneath the South Pacific superswell as inferred from broadband waveforms on seafloor, Phys. Earth Planet. Inter., 160, 310-318, 2007.

Suetsugu, D., Isse, T., Tanaka, S., *et al.*, South Pacific mantle plumes imaged by seismic observation on islands and seafloor, Geochem. Geophys. Geosyst., 10, doi:10.1029/2009GC002533, 2009.

Suetsugu, D., and Shiobara, H., Broadband ocean-bottom seismology, Ann. Rev. Earth Planet. Sci., 42, 27-43, 2014.

Sugioka, H., Fukao, Y., Kanazawa, T., *et al.*, Volcanic events associated with an enigmatic submarine earthquake, Geophys. J. Int., 142, 361-370, 2000.

Sugioka, H., Fukao, Y., and Hibiya, T., Submarine volcanic activity, ocean acoustic-waves and internal ocean tides, Geophys. Res. Lett., 32, doi:10.1029/2005GL024001, 2005.

Sugioka, H., Okamoto, T., Nakamura, T., *et al.*, Tsunamigenic potential of the shallow subduction plate boundary inferred from slow seismic slip, Nature Geoscience, 5, doi:10.1038/NGE01466, 2012.

Sutton, G.H., McDonald, W.G., Prentiss, D.D., *et al.*, Ocean-bottom seismic observatories, Proc. IEEE, 53, 1909-1921, 1965.

Sutton, G.H., Duennebier, F.K., Iwatake, B., *et al.*, An overview and general results of the Lopez Island OBS experiment, Mar. Geophys. Res., 5, 3-34, 1981.

末広潔，1980 年代の海底地震観測，地震，44 特集号，27-40, 1991.

Suyehiro, K., Kanazawa, T., Hirata, N., *et al.*, Broadband downhole digital seismometer experiment at site 794: a technical paper, Proc. ODP, Sci. Results, 127/128, Pt.2, 1061-1071, 1992.

Suyehiro, K., and Nishizawa, A., Crustal structure and seismicity beneath the forearc off northeastern Japan, J. Geophys. Res., 99, 22331-22348, 1994.

Suyehiro, K., Kanazawa, T., Hirata, N., *et al.*, Ocean downhole seismic project. J. Phys. Earth, 43, 599-618, 1995.

Suyehiro, K., Takahashi, N., Ariie, Y., *et al.*, Continental crust, crustal underplating, and low-Q upper mantle beneath an oceanic island arc, Science, 272, 390-392, 1996.

末広潔, 深海掘削孔内観測と地球科学, 地学雑誌, 109, 907-919, 2000.

Suzuki, K., Hino, R., Ito, Y., *et al.*, Seismicity near the hypocenter of the 2011 off the Pacific coast of Tohoku earthquake deduced by using ocean bottom seismographic data, Earth Planets Space, 64, 1125-1135, 2012.

Sykes, L.R., Mechanism of earthquakes and nature of faulting on the mid-oceanic ridges,

J. Geophys. Res., 72, 2131-2153, 1967.

Taira, A., Saito, S., Aoike, K., *et al.*, Nature and growth rate of the Northern Izu-Bonin (Ogasawara) arc crust and their implications for continental crust formation, The Island Arc, 7, 395-407, 1998.

Taira, A., Tectonic evolution of the Japanese island arc system, Annu. Rev. Earth Planet. Sci., 29, 109-134, 2001.

Takahashi, N., Suyehiro, K., Shinohara, M., *et al.*, Aftershocks and faults of the Hyogo-ken Nanbu Earthquake beneath Akashi Strait, J. Phys. Earth, 44, 337-347, 1996.

Takahashi, N., Suyehiro, K., and Shinohara, M., Implications from the seismic crustal structure of the northern Izu-Bonin arc, The Island Arc, 7, 383-394, 1998.

Takahashi, N., Kodaira, S., Tsuru, T., *et al.*, Seismic structure and seismogenesis off Sanriku region, northeastern Japan, Geophys. J. Int., 159, 129-145, 2004.

Takahashi, N., Kodaira, S., Klemperer, S.L., *et al.*, Crustal structure and evolution of the Mariana intra-oceanic island arc, Geology, 35, 203-206, 2007.

Talwani, M., Windisch, C.C., Stoffa, P.L., *et al.*, Multichannel seismic study in the Venezuelan Basin and the Curacao Ridge, In: Talwani, M. and Pitman III, W.C., eds., Island arcs deep sea trenches and back-arc basins, AGU Monograph Maurice Ewing Series 1, 83-98, 1977.

Tamaki, K., Suyehiro, K., Allan, J., *et al.*, Tectonic synthesis and implications of Japan Sea ODP drilling, Proc. ODP, Sci. Results, 127/128, Pt.2, 1333-1348, 1992.

Tanimoto, T., Excitation of microseisms, Geophys. Res. Lett., 34, doi:10.1029/2006GL029046, 2007.

Tolstoy, M., Cowen, J.P., Baker, E.T., *et al.*, A sea-floor spreading event captured by seismometers, Science, 314, 1920-1922, 2006.

Toomey, D.R., Wilcock, W.S.D., Solomon, S.C., *et al.*, Mantle seismic structure beneath the MELT region of the East Pacific Rise from P and S wave tomography, Science, 280, 1224-1227, 1998.

Toomey, D.R., Wilcock, W.S.D., Conder, J.A., *et al.*, Asymmetric mantle dynamics in the MELT region of the East Pacific Rise, Earth Planet. Sci. Lett., 200, 287-295, 2002.

Trehu, A., Coupling of ocean bottom seismometers to sediment: results of tests with the U.S. Geological Survey ocean bottom seismometer, Bull. Seismol. Soc. Am., 75, 271-289, 1985.

Tsai, V.C., Nettles, M., Ekstroem, G., *et al.*, Multiple CMT source analysis of the 2004 Sumatra earthquake, Geophys. Res. Lett., 32, doi: 10.1029/2005GL023813, 2005.

Tsuru, T., Park, J.-O., Takahashi, N., *et al.*, Tectonic features of the Japan Trench convergent margin off Sanriku, northeastern Japan, revealed by multichannel seismic reflection data, J. Geophys. Res., 105, 16403-16413, 2000.

Turcotte, D., and Schubert, G., Geodynamics, Third Ed., Cambridge Univ. Press, pp.636, 2014.

Usher, M.J., Burch, R.F., and Guralp, C., Wide-band feedback seismometers, Phys. Earth and Planet. Inter., 18, 38-50, 1979.

宇津徳治, 地震のマグニチュードと余震の起こり方, 地震, 10, 35-45, 1957.

Utsu, T., Aftershocks and earthquake statistics (IV)—Analyses of the distribution of earthquakes in magnitude, time, and space with special consideration to clustering characteristics of earthquake occurrence (2), J. Fac. Sci. Hokkaido Univ., Ser. VII, 3, 379-441,

1971.

宇津徳治, 地震学第 3 版, 共立出版, pp.390, 2001.

Utsu, T., A list of deadly earthquakes in the world: 1500-2000, International handbook of Earthquake & Engineering Seismology, Pt. A, 719-732, 2002.

Verma, R.K., Elasticity of some high-density crystals, J. Geophys. Res., 65, 757-766, 1960.

Vine, F.J., and Matthews, D.H., Magnetic anomalies over oceanic ridges, Nature, 199, 947-949, 1963.

Wadati, K., On shallow and deep earthquakes, Geophys. Mag., Tokyo, 1, 162-202, 1928.

Walker, D.A., High-frequency Pn and Sn phases recorded in the western Pacific, J. Geophys. Res., 82, 3350-3360, 1977.

Wang, K., and Suyehiro, K., How does plate coupling affect crustal stresses in northeast and southwest Japan?, Geophys. Res. Lett., 26, 2307-2310, 1999.

Wang, K., Stress-strain 'paradox', plate coupling, and forearc seismicity at the Cascadia and Nankai subduction zones, Tectonophys., 319, 321-338, 2000.

渡辺偉夫, 日本近海で発生した津波のマグニチュード決定の地域性, 地震, 48, 271-280, 1995.

渡辺偉夫, 日本被害津波総覧, 第 2 版, 東京大学出版会, pp.238, 1998.

Webb, S.C., The equilibrium microseism spectrum, J. Acousti. Soc. Am., 92, 2141-2158, 1992.

Webb, S.C., Broad band seismology and noise under the ocean, Rev. Geophys., 36, 105-142, 1998.

Wegener, A., Die Entstehung der Kontinente und Ozeane. 4th Ed., 1929.

Wei, S., Helmberger, D., and Avouac, J.-P., 2012 Wharton basin earthquakes off-Sumatra: complete lithosphere failure, J. Geophys. Res, 118, 3592-3609, 2013.

Wessel, P., Smith, W.H.F., Scharoo, R., *et al.*, Generic Map Tools: improved version released, Eos, Trans., AGU, 94, 409-420, 2013.

White, R.S., Spence, G.D., Fowler, S.R., *et al.*, Magmatism at rifted continental margins, Nature, 330, 439-444, 1987.

White, R.S., McKenzie, D., and O'Nions, R.K., Oceanic crustal thickness from seismic measurements and rare earth elelment inversions, J. Geophys. Res., 97, 19683-19715, 1992.

Whitmarsh, R.B., and Lilwall, R.C., Ocean-Bottom Seismographs, In: Structure and Development of Greenland-Scotland Ridge, Plenum Publishing, 257-286, 1983.

Wielandt, E., and Streckeisen, G., The leaf-spring seismometer—design and performance, Bull. Seismol. Soc. Am., 72, 2349-2367, 1982.

Wielandt, E., Design principles of electronic inertial seismometers, In: Kanamori, H., and Boschi, E., eds., Earthquakes: Observation, Theory and Interpretation, North-Hollland, 354-365, 1983.

Wiens, D., and Stein, S., Age dependence of oceanic intraplate seismicity and implications for lithospheric evolution, J. Geophys. Res., 88, 6455-6468, 1983.

Williamson, E.D., and Adams, L.H., Density distribution in the Earth, J. Washington Acad. Sci., 13, 413-428, 1923.

Willis, H.F., Underwater explosions—Time interval between successive explosions, British Admir. Report, WA-47, 21, 1941.

Wilson, J.T., A new class of faults and their bearing on continental drift, Nature, 297, 343-347, 1965.

Wolfe, C.J., Solomon, S.C., Laske, G., *et al.*, Mantle shear-wave velocity structure beneath the Hawaiian hot spot, Science, 326, 1388-1390, 2009.

Wolfe, C.J., Solomon, S.C., Laske, G., *et al.*, Mantle P-wave velocity structure beneath the Hawaiian hotspot, Earth Planet. Sci. Lett., 303, 267-280, 2011.

Wysession, M.E., Okal, E., and Miller, K.L., Intraplate seismicity of the Pacific Basin, 1913-1988, Pure Applied Geophys., 135, 261-359, 1991.

Yamanaka, Y., and Kikuchi, M., Asperity map along the subduction zone in northeastern Japan inferred from regional seismic data, J. Geophys. Res., 109, B07307, doi:10.1029/2003JB002683, 2004.

Yilmaz, Ö., Seismic Data Analysis: processing, inversion, and interpretation of seismic data (Rev. ed. of Seismic Data Processing, 1987), Investigations in Geophysics, Vol.I, Soc. Exploration Geophysicists, 2001 (pp.2024, electronic form).

Zelt, C.A., and Smith, R.B., Seismic traveltime inversion for 2-D crustal velocity structure, Geophys. J. Int., 108, 16-34, 1992.

Zelt, C.A., Hojka, A.M., Flueh, E.R., *et al.*, 3D simultaneous seismic refraction and reflection tomography of wide-angle data from the central Chilean margin, Geophys. Res. Lett., 26, 2577-2580, 1999.

Zelt, C.A., Sain, K., Naumenko, J.V., *et al.*, Assessment of crustal velocity structure models using seismic refraction and reflection tomography, Geophys. J. Int., 153, 609-626, 2003.

Ziolokowski, A., A method for calculating the output pressure waveform from an air-gun, Geophys. J. Roy. Astr. Soc., 21, 137-161, 1970.

Ziolkowski, A., Measurement of air-gun bubble oscillations, Geophys., 63, 2009-2024, 1998.

Zipf, G.K., Human behavior and the principle of least effort, Addison-Wesley, 1949.

雑誌略名

Am. Assoc. Petrol. Geol. Mem.: American Association of Petroleum Geologists Memoir (AAPG)

Ann. Geophys.: Annales Geophysicae (European Geosciences Union)

Annu. Rev. Earth Planet. Sci.: Annual Review of Earth and Planetary Sciences

Bull. Earthq. Res. Inst.: Bulletin of the Earthquake Research Institute of the University of Tokyo（東京大学地震研究所彙報）

Bull. Seismol. Soc. Am.: Bulletin of the Seismological Society of America

Earth Planet. Sci. Lett.: Earth and Planetary Science Letters (Elsevier)

Eos, Trans., AGU: Eos, Tranactions, American Geophysical Union (AGU)

Geochem. Geophys. Geosyst.: Geochemistry, Geophysics, Geosystems (American Geophysical Union)

Geol. Soc. Am. Mem.: Geological Society of America Memoir (GSA)

Geophys.: Geophysics (Society of Exploration Geophysicists)

Geophys. J. Int.: Geophysical Journal International (Royal Astronomical Society)

Geophys. J. Roy. Astr. Soc.: Geophysical Journal of the Royal Astronomical Society

Geophys. Mag.: Geophysical Magazine (Central Meteorological Observatory of Japan)

Geophys. Res. Lett.: Geophysical Research Letters (American Geophysical Union)

Init. Repts. DSDP: Initial Reports of the Deep Sea Drilling Project (U.S. Government Printing Office)

J. Acoust. Soc. Am.: Journal of the Acoustical Society of America
J. Geophys.: Journal of Geophysics (1974-1988, Springer).
J. Geophys. Res.: Journal of Geophysical Research (American Geophysical Union)
Mar. Geophys. Res.: Marine Geophysical Researches (Springer)
Phil. Trans. Roy. Soc. London A: Philosophical Transactions of the Royal Society of London A
Phys. Earth Planet. Inter.: Physics of the Earth and Planetary Interior (Elsevier)
Proc. IEEE: Proceedings of the IEEE (Institute of Electrical and Electronics Engineers)
Proc. ODP Sci. Results: Proceedings of the Ocean Drilling Program Scientific Results (U.S. Government Printing Office)
Pure Applied Geophys.: Pure and Applied Geophysics (Springer)
Rev. Geophys.: Review of Geophysics (American Geophysical Union)
Seismol. Res. Lett.: Seismological Research Letters (GeoScience World)
Tectonophys.: Tectonophysics (Elsevier)

索引

Index

ア　行

カ　行

サ　行

タ　行

ナ　行

ハ　行

マ　行

ヤ　行

ラ　行

数字・アルファベット

著者略歴

末広　潔（すえひろ・きよし）

1951 年　生まれる

1980 年　東京大学大学院理学系研究科博士課程修了，理学博士

東北大学理学部助手，千葉大学理学部助教授，東京大学海洋研究所教授，

現海洋研究開発機構（JAMSTEC）深海研究部長・研究担当理事，

統合国際深海掘削計画国際管理機構（IODP-MI）代表，などを経て

現　在　国立研究開発法人海洋研究開発機構（JAMSTEC）上席研究員，

東京海洋大学特任教授

主要著書　『岩波講座地球惑星科学 4 地球の観測』（共著，岩波書店，1996 年）

『岩波講座地球惑星科学 8 地殻の形成』（共著，岩波書店，1997 年）

『地球の内部で何が起こっているのか？』（共著，光文社新書，2011 年）ほか

海洋地震学

2017 年 2 月 24 日　初　版

[検印廃止]

著　者　末広　潔

発行所　一般財団法人　東京大学出版会

代表者　吉見俊哉

153–0041　東京都目黒区駒場 4–5–29

電話 03–6407–1069　　FAX 03–6407–1991

振替 00160–6–59964

印刷所　三美印刷株式会社

製本所　牧製本印刷株式会社

ISBN 978–4–13–060762–9 Printed in Japan